全国高等职业教育农业部规划教材

农药使用与推广

NONGYAO SHIYONG YU TUIGUANG

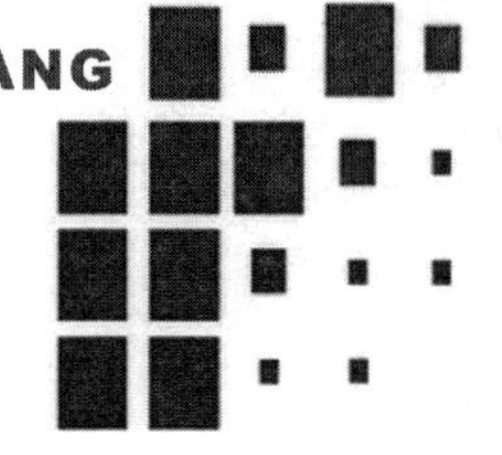

陈勇兵　主编

中国农业出版社

编写人员名单

主　　编　陈勇兵

编写人员　蔡爱国　沈祥峰　欧阳新建

吕　超

前言

我国农业、农村发展对高职农业技术类专业人才的要求是：适应社会主义市场经济需要的，德、智、体、美全面发展的，具备设施农作物生产、管理、经营的基础理论、基本知识与基本技能，面向设施农作物生产及示范、设施运行维护管理及农产品、农业投入品营销经营等岗位“能生产、会管理、懂经营”的高素质技术应用型人才和创业者。主要就业岗位有生产技术服务指导、农产品及农资营销、农业实体建设与管理等。农化企业岗位群作为农口专业高职高专毕业生理想的热门经典就业方向，其市场开发、产品营销、试验示范、产品登记、车间管理、售后服务及网点拓展岗位都需要具备农药使用与推广营销的综合知识和技能。

农药作为最主要的农业投入品，在保护植物及其产品免受有害生物危害、改善农产品品质和确保农林业稳定增产方面起着重要作用。它产生于人类与有害生物作斗争的过程中，科学技术的发展又直接推动了农药的发展和进步。但是像任何科学的发展一样，市场始终是促进发展的潜在动力。农药的发展及其价值的体现，在很大程度上与市场的需求紧密相连，是否拥有市场以及市场占有率的高低是衡量一个农药产品是否成功的关键，同时也是农药企业生存与发展的关键。

我国农药市场范围广阔而且潜力巨大，每年需要防治的农作物面积达2亿公顷，涉及到几乎所有的栽培植物；我国的农药企业有2 000多家，农药品种繁多，农药的买方市场已经形成。但是，农药企业的销售难，农民购买农药难，客户选择一个合适的农药品种难，农药的科学合理使用难的情况却依然存在。这些问题的出现与农药的营销推广关系十分密切，因此农药的科学使用与市场推广越来越引起各方面的关注。

目前，高职高专植物保护类课程有植物保护、农作物病虫害防治及园艺植物病虫害防治等，以上课程无一例外地侧重于农作物病虫害防治基础、农作物病虫害识别、病虫害发生规律和综合防治四大内容。农药作为最重要的防治手段、农产品无害化生产的关键及农化营销岗位的技能基础在教材中没有得到充分的体现。农药市场推广岗位所依托的市场营销课程基本参照经济类课程如市场营销、市场营销与策划设立，无法很好地融入农药推广的特点，形成了学生的知识盲点。

农药使用与推广课程克服了上述缺点，根据学校定位与特色，科学开发建设，根据专业的服务方向和特点，很好地结合了学生的就业岗位需求。

作为植物保护课程的延伸拓展和营销推广学科的融合课程，农药使用与推广按照职业岗位能力分析程序和做法，与行业、企业共同开发职业岗位培养目标课程，依托校企优势资源，合作编写课程教材。本着“挖掘优势资源潜力，发展高等职业教育，优化岗位课程结构，打造特色校企品牌”的指导思想，恪守“互相合作、互利互惠、实现双赢、共同发展”的基本原则，与各农化企业建立校企合作关系。通过合作，形成以社会人才市场和学生就业需求为导向，以行业、企业为依托的校企合作、产学结合的联合办学体制和机制，共同建设农化营销高级技能人才培养、孵化载体。

本教材共分五个项目：

项目一，农药安全合理使用整体决策。主要建设正确选用农药种类与剂型、了解农药的毒性、农药应用技术优化三方面内容。

项目二，农药法规、管理制度解读。主要建设农药生产管理体系、农药经营管理体系、农药使用管理制度三方面内容。

项目三，农药推广运作。主要建设农药产品技术策略、农药产品定位、农药产品包装设计、农药产品价格体系、农药单品品牌建立五方面内容。

项目四，农药推广渠道构建与市场开发。主要建设农药营销渠道模式、农药市场调研、客户网络构建、渠道利润分配体系构建、农药市场快速突破、农药区域市场拓展、农药的库存管理、窜货管理等八方面内容。

项目五，农药促销方式与推广策略。主要建设农药广告实务、农药铺货管理策略、农药常用促销方式、终端店推广、客情关系维护、农药新产品推广策略六方面内容。

在教材内容的取舍上，本着“实用、够用、管用”的原则，实行“三破三立”：在课程体系研究设计上，破学科体系的惯性，立行动、能力指向的交叉课程；在教材编写设计上，破学科条块的局限，立职业需求式、任务式的教学环境；在教学方法创新上，破纸上谈兵式的理论，立岗位、就业实用主义的准绳。在编写过程中，我们力求文字简练、通俗易懂，使读者从中吸取知识营养，在农药使用与推广过程中加以应用受益，并力求准确无误。但由于受学业和水平限制，错误和疏漏之处在所难免，敬请广大读者不吝指正。

编　者

2013年9月

目 录

前言

项目一　农药安全合理使用整体决策 …………………… 1

任务 1　农药的选用 …………………… 2

一、农药的种类 …………………… 3

二、农药的剂型 …………………… 14

【练习与思考】 …………………… 18

任务 2　农药的毒性 …………………… 18

一、农药的急性毒性 …………………… 19

二、农药的慢性毒性 …………………… 25

三、农药对生态的毒性 …………………… 26

四、农药对环境的毒性 …………………… 29

【练习与思考】 …………………… 34

任务 3　农药应用技术优化 …………………… 34

一、种子处理 …………………… 35

二、种苗处理 …………………… 39

三、土壤处理 …………………… 39

四、喷雾法 …………………… 40

五、喷粉法 …… 44
六、熏蒸法 …… 45
七、颗粒撒施法 …… 47
八、涂抹法 …… 49
九、撒滴法 …… 51
【练习与思考】 …… 52

项目二　农药法规、管理制度解读 …… 53

任务 1　农药生产管理体系 …… 53
一、农药生产管理制度 …… 53
二、农药质量管理制度 …… 57
三、农药登记制度 …… 64
四、进出口农药登记管理 …… 73
五、农药标签管理 …… 77
六、农药知识产权保护制度 …… 85
任务 2　农药经营管理体系 …… 97
一、农药经营管理制度 …… 97
二、农药广告审查制度 …… 100
任务 3　农药使用管理制度 …… 103
一、限用、禁用农药监督管理 …… 103
二、农副产品中农药残留的监督管理 …… 105
三、违反农药管理法规的法律责任 …… 109

项目三　农药推广运作 …… 114

任务 1　农药产品技术策略 …… 114

一、技术策略的定义 …… 115
二、技术策略的分类 …… 116
三、技术策略规划原则 …… 117
四、技术经营策略应各取所需 …… 119
【练习与思考】 …… 121
任务 2　农药产品定位 …… 121
一、产品定位的概念 …… 122
二、产品定位的内容 …… 123
三、产品定位的研究模型 …… 123
四、产品定位的步骤 …… 125
五、产品定位的建议 …… 126
【练习与思考】 …… 128
任务 3　农药产品包装设计 …… 128
一、产品包装的目的及功能 …… 129
二、包装设计中常见的弊端 …… 130
三、包装设计的发展趋势 …… 132
四、产品包装的设计方案 …… 133
五、包装设计注意事项 …… 135
【练习与思考】 …… 145
任务 4　农药产品价格体系 …… 145
一、市场价格混乱的表现 …… 146
二、市场价格混乱的原因 …… 147
三、如何建立产品价格体系 …… 148
四、产品价格体系制订方法 …… 149
五、新品价格体系制订的注意事项 …… 150
【练习与思考】 …… 150
任务 5　农药单品品牌建立 …… 151

一、坚持精品出效益 …… 152
二、卓越团队战斗意识 …… 152
三、有效进攻确保胜利 …… 153
【练习与思考】 …… 153

项目四　农药推广渠道构建与市场开发 …… 154

任务1　农药营销渠道模式 …… 155
一、农药营销环境分析 …… 155
二、农民购买行为分析及现有农药渠道模式 …… 159
三、农药营销渠道构建的原则及选择策略 …… 171
四、农药营销渠道新模式 …… 172
五、各种营销渠道模式的选择应用 …… 181
【练习与思考】 …… 183
任务2　农药市场调研 …… 184
一、市场调研的现实意义 …… 185
二、市场调研计划 …… 185
三、市场调研的对象及内容 …… 186
四、市场调研的方式 …… 188
五、市场调研的途径 …… 190
六、调研结果分析 …… 192
【练习与思考】 …… 193
任务3　客户网络构建 …… 193
一、传统客户网络构建的进程及缺陷 …… 194
二、新形势下客户网络构建的策略 …… 195
三、客户选择与网络优化 …… 199
【练习与思考】 …… 200

任务 4　渠道利润分配体系构建 …………………………… 201
一、合理稳定的价格体系是有利可分的基础 ………… 201
二、渠道利润分配体系构建的一般原则 ……………… 202
【练习与思考】 …………………………………………… 202
任务 5　农药市场的快速突破 ……………………………… 203
一、选择合适的品种 ……………………………………… 203
二、选择合适的市场 ……………………………………… 204
三、选择合适的方法 ……………………………………… 204
四、市场快速突破策略 …………………………………… 205
【练习与思考】 …………………………………………… 208
任务 6　农药区域市场拓展 ………………………………… 208
一、市场调研分析 ………………………………………… 210
二、确定目标市场 ………………………………………… 210
三、制订区域营销规划方案 ……………………………… 211
四、区域市场的持续巩固 ………………………………… 213
【练习与思考】 …………………………………………… 213
任务 7　农药的库存管理 …………………………………… 213
一、安全库存量 …………………………………………… 214
二、年份差异性 …………………………………………… 214
三、区域分类管理 ………………………………………… 214
四、客户分类管理 ………………………………………… 214
五、掌握好发货节奏 ……………………………………… 215
六、变一次结算为年中、年末两次结算 ………………… 215
七、将库存率纳入考核指标 ……………………………… 215
【练习与思考】 …………………………………………… 216
任务 8　窜货管理 …………………………………………… 216
一、何谓农药市场窜货 …………………………………… 217

二、农药市场窜货表现 …… 217
三、农药市场窜货的危害 …… 218
四、农药市场窜货的主体 …… 219
五、农药市场窜货的原因 …… 220
六、农药市场窜货的防范 …… 220
七、窜货的市场积极性 …… 224
【练习与思考】 …… 224

项目五　农药促销方式与推广策略 …… 225

任务1　农药广告实务 …… 226
一、农化广告发展历程 …… 226
二、农药行业常见媒体 …… 228
三、农化广告投放策略 …… 232
四、平面广告操作策略 …… 235
五、渠道终端联动策略 …… 240
【练习与思考】 …… 242
任务2　农药铺货管理策略 …… 242
一、铺货信息扫描 …… 243
二、准确铺货定位 …… 245
三、明确铺货目标 …… 245
四、制定铺货策略 …… 246
五、制定激励政策 …… 247
六、加强铺货监控 …… 249
七、做好铺货后的服务 …… 249
八、加强相关保障 …… 250
【练习与思考】 …… 250

任务3 农药常用促销方式 …… 251
一、常见促销策略 …… 251
二、促销赠品操作 …… 253
三、产品推广会 …… 258
四、POP促销 …… 262
【练习与思考】 …… 262
任务4 终端站店推广 …… 263
一、为什么要进行站店推广 …… 264
二、谁来做站店推广 …… 264
三、什么时候做站店推广 …… 265
四、站店推广如何争取终端配合 …… 265
五、站店推广“五步曲” …… 266
六、新站店推广员培训 …… 267
【练习与思考】 …… 267
任务5 客情关系维护 …… 267
一、客情关系维护策略 …… 269
二、新业务员客情关系维护 …… 271
【练习与思考】 …… 274
任务6 农药新产品推广策略 …… 275
一、产品开发定位要准 …… 276
二、新产品推广策略要新 …… 277
三、推广要善于借力 …… 286
四、企业要讲信用 …… 287
【练习与思考】 …… 288

参考文献 …… 289

项目一　农药安全合理使用整体决策

【项目提要】

本项目主要讲授杀虫剂、杀菌剂、除草剂、杀线虫剂；农药剂型、农药的急性毒性、农药的慢性毒性、农药的生态毒性、农药的环境毒性；种子处理法、种苗处理法、土壤处理法、喷粉法、熏蒸发、颗粒撒施法、涂抹法、撒滴法等农药常见使用方法；常见农药中毒及急救治疗。

要求学生通过学习重点掌握：

1. 常见杀虫剂的种类；

2. 常见杀菌剂的种类；

3. 常见除草剂的种类；

4. 常见杀线虫剂的种类；

5. 农药常见的加工剂型；

6. 农药的急性毒性；

7. 农药的慢性毒性；

8. 农药的生态毒性；

9. 农药的环境毒性；

10. 农药种子处理法；

11. 农药种苗处理法；

12. 农药土壤处理法；

13. 农药喷粉法、熏蒸法、颗粒撒施法、涂抹法、撒滴法等常见使用方法；

14. 常见农药中毒及急救治疗。

任务 1 农药的选用

【知识目标】

1. 熟悉常见杀虫剂的种类；
2. 熟悉常见杀菌剂的种类；
3. 熟悉常见除草剂的种类；
4. 熟悉常见杀线虫剂的种类；
5. 熟悉农药常见的加工剂型；
6. 了解农药的急性毒性；
7. 了解农药的慢性毒性；
8. 了解农药的生态毒性；
9. 了解农药的环境毒性。

【技能目标】

1. 能根据杀虫剂、杀菌剂、除草剂、杀线虫剂的作用机理正确选用农药；
2. 能根据生产防控需要正确选用合适的农药剂型；
3. 能根据农药毒性要求正确选择农药品种。

“农药”是“农用药剂”的简称。

根据2001年11月29日国务院发布的《中华人民共和国农药管理条例》（2001年修订版），我国对农药的定义为：农药是指用于预防、消灭或者控制危害农林业的病、虫、草和其他有害生物以及有目的地调节植物、昆虫生长的化学合成物，或者来源于生物、其他天然物质的一种物质或者几种物质的混合物及其制剂。

农药包括农药原药和农药制剂。农药原药包括有效成分和少量杂质，有效成分是指能够杀灭控制有害生物的化学成分，少量杂质是农药合成过程中的产物。绝大多数农药原药必须加工制成各种剂型和制剂才能用于实际防治。

农药的剂型是指具有一定组分和规格的农药加工形式，如乳油、粉剂、颗粒剂、悬浮剂等。一种剂型可以制成多种不同用途、不同含量的产品，称为农药制剂。对于使用者来讲，在农资市场上购买到的是农药企业已经加工好的农药制剂。根据我国农药管理的要求，市场上销售的农药都应标明产品中含有的各有效成分通用名称及含量，还应有农药生产许可证号、农药标准证号和农药登记证号（即农药“三证”号）。因此，用户在购买农药时一定要检验农药包装上的“三证”号是否齐全。

一、农药的种类

农药品种众多，现在世界上各国注册登记的农药有 1 000 多种，其中常用的达 300 多种。根据农药有效成分的用途，通常把农药分为如下类型。

（一）杀虫剂

杀虫剂是一类用于防治农、林、卫生、储粮及畜牧等方面害虫或害螨的农药。杀虫剂按照来源和化学成分可分为无机杀虫剂和有机杀虫剂两类。无机杀虫剂主要是含砷、氟和硫等元素的无机化合物。有机杀虫剂又可分为天然来源有机杀虫剂和人工合成有机杀虫剂。天然来源有机杀虫剂主要包括植物源杀虫剂和微生物源杀虫剂。人工合成有机杀虫剂包括多种类型，如有机氯类杀虫剂（由于残留期长，已很少使用）、有机磷酸酯类杀虫剂、氨基甲酸酯类杀虫剂、拟除虫菊酯类杀虫剂、昆虫生长调节剂等。

1. 有机磷酸酯类杀虫剂　简称有机磷杀虫剂，其主要杀虫作用机制是抑制昆虫体内神经组织中胆碱酯酶的活性，破坏神经信号的正常传导，引起一系列神经系统中毒症状，导致死亡。这类杀虫剂品种繁多，开发应用历史悠久，使用范围广泛。从对硫磷成为全世界用量最大、最重要的有机磷杀虫剂以来，已有五六十年历史，目前有机磷仍然是最重要的杀虫剂，已经商品化的品种多达 300 多种，常用的有数十种。多数有机磷杀虫剂兼有触杀、胃毒和熏蒸等多种杀虫作用方式。一般品种杀虫谱很广，但有些品种也具有较好的选择性。这类杀虫剂中有不少品种对哺乳动物急性毒性大，使用中应注意其安全性。我国从2007年1月1日开始，全面禁止甲胺磷、对硫磷、甲基对硫磷、久效磷、磷铵5种高毒有机磷杀虫剂的生产、销售和使用。一些中等毒性和低毒有机磷杀虫剂如毒死蜱、马拉硫磷、辛硫磷、敌敌畏等仍是重要杀虫剂。

2. 拟除虫菊酯类杀虫剂 这是模拟除虫菊花中所含的天然除虫菊素而合成的一类杀虫剂，由于它们的化学分子结构与天然除虫菊素相似，所以统称为拟除虫菊酯类杀虫剂。其作用方式主要是触杀和胃毒作用，无内吸作用，有的品种具有一定的渗透作用。此类杀虫剂具有高效、杀虫谱广及对人、畜和环境较安全的特点。此类杀虫剂重要的品种已达60多种，仍在发展之中。自20世纪80年代初在我国开始使用，短期内得到了广泛的推广应用。但这类杀虫剂容易使害虫产生抗药性，目前，对华北地区的瓜（棉）蚜已几乎丧失了防治效果。

3. 氨基甲酸酯类杀虫剂 此类杀虫剂的分子中都有氨基甲酸的分子骨架，所以统称为氨基甲酸酯类。这类杀虫剂是在研究天然毒扁豆碱生物活性和化学结构的基础上发展起来的。自1965年第一个商品化的品种甲萘威（即西维因）问世后已有50多年的历史，现已经发展为一类重要的杀虫剂。目前商品化的品种已有50多个，但真正大吨位的品种仅十几个。此类杀虫剂的中文通用名均用“威”作后缀，如灭多威、涕灭威、克百威等。此类杀虫剂的作用机制类似于有机磷杀虫剂，具有触杀、胃毒和内吸等杀虫作用，杀虫范围不如有机磷杀虫剂广，不少氨基甲酸酯类杀虫剂品种具有杀虫高效、毒性较低、选择性较强的特点。

4. 新烟碱类杀虫剂 新烟碱类杀虫剂是20世纪90年代发展起来的一类全新结构的超高效杀虫剂，也是自菊酯类杀虫剂问世以来销售量增长最快的一类杀虫剂。除比较常见的吡虫啉以外，市场上可见到的新烟碱类杀虫剂还有啶虫脒和噻虫嗪等。其中吡虫啉和啶虫脒称为第一代新烟碱类杀虫剂，噻虫嗪等称为第二代新烟碱类杀虫剂。新烟碱类杀虫剂虽然也作用于害虫的神经系统，但与传统的有机磷、氨基甲酸酯和拟除虫菊酯类农药不同的是不存在交互抗性。

吡虫啉是目前应用最广的新烟碱类杀虫剂，其广谱、高效、持效期长，为全球销量最高的杀虫剂。对刺吸式口器的蚜虫、叶蝉等害虫以及鞘翅目害虫有非常好的防治效果，适用于土壤处理和种子处理，还可用于防治建筑物上的白蚁以及猫、狗等宠物身上的跳蚤等。

5. 沙蚕毒素类杀虫剂　沙蚕是一种生活在海滩泥沙中的环节蠕虫，体内含有一种有毒物质称沙蚕毒素，对害虫有很强的毒杀作用。在研究天然沙蚕毒素的杀虫活性、有效成分、化学结构、杀虫机制等的基础上，人们仿生合成了一类生物活性和作用机制类似于天然沙蚕毒素的有机合成杀虫剂。这类杀虫剂品种不多，但杀虫谱较广，尤其在水稻害虫防治方面，应用范围大，如杀虫双和杀虫单。其主要作用机制是作用于神经系统，阻遏昆虫中枢神经胆碱能突触的传递，导致昆虫死亡。一般兼有触杀和胃毒作用方式，有些品种还有熏蒸作用。由于杀虫作用靶标不同，这类杀虫剂与对有机磷、氨基甲酸酯、拟除虫菊酯类杀虫剂产生抗药性的害虫无交互抗药性问题。

沙蚕毒素类杀虫剂对家蚕有很强的杀伤力，桑叶上只要有少量的药剂，家蚕吃了就会中毒死亡。在养蚕地区，若采取细雾喷洒措施使用此类杀虫剂，细小雾滴飘移极易污染桑叶，进而造成家蚕中毒死亡。因此，在养蚕地区的水稻田使用此类杀虫剂时，一定要注意克服此类杀虫剂的药剂飘移问题。

6. 昆虫生长调节剂类杀虫剂　昆虫生长调节剂是通过抑制昆虫生理发育，如抑制蜕皮、抑制新表皮形成、抑制取食等措施最后导致害虫死亡的一类药剂。由于其作用机理不同于以往作用于神经系统的传统杀虫剂，且毒性低、污染少，对天敌和有益生物影响小，有助于无公害绿色食品生产、可持续农业的发展，有益于人类健康，因此被誉为“第三代农药”“21 世纪的农药”“非杀生性杀虫剂”“生物调节剂”“特异性昆虫控制剂”等。目前常见的几丁质合成抑制剂有除虫脲（灭幼脲一号）、氟铃脲、氟啶脲等；蜕皮激素类杀虫剂有抑食肼、虫酰肼等。由于这类杀虫剂符合人类保护生态环境的总目标，迎合人们所关注的解决农药污染途径这一热点，成为杀虫剂研究与开发的重点领域之一。

7. 微生物源杀虫剂 微生物源杀虫剂是利用能使害虫致病的微生物（细菌、真菌、病毒等）或微生物发酵产物的杀虫物质（称为抗生素）制成的杀虫剂。目前世界上已分离出昆虫致病细菌 90 多种，已知的昆虫致病真菌有 530 余种，已知的昆虫致病病毒达 700 种以上。但商品化的微生物源杀虫剂只有苏云金杆菌、白僵菌、绿僵菌、核型多角体病毒（NPV 病毒）、阿维菌素及其类似物、多杀菌素等少数几种。用于防治害虫的微生物源杀虫剂一般具有安全、选择性较强的特点。有的品种虽然原药毒性高，但由于单位面积的有效成分用量很低，因此，加工成制剂使用也是安全的。微生物源杀虫剂的不足之处是应用效果受环境影响大，药效发挥慢，防治暴发性害虫效果差。

8. 植物源杀虫剂 植物源杀虫剂是以野生或栽培植物为原料，经加工制成的杀虫剂。很多植物体内含有杀虫活性物质，可以用作杀虫剂，如我国古代就开始使用艾蒿叶熏蚊蝇。除直接利用含有杀虫物质的植物的某些部位，如除虫菊花、鱼藤的根、烟草的茎，粉碎成粉状或用水浸出液作杀虫剂使用外，还可用化学溶剂将植物中的杀虫活性物质提取出来，加工成合适的剂型使用。常用的植物源杀虫剂有烟碱、鱼藤酮、除虫菊素和印楝素等。

通常植物中杀虫活性物质的含量很少，因此靠种植杀虫植物作为商品杀虫剂的来源并不经济。研究植物中的杀虫活性物质的化学结构，再进行人工模拟合成，是发展杀虫剂的重要途径。拟除虫菊酯类杀虫剂就是在研究除虫菊素的化学结构的基础上仿生合成出来的。

9. 杀螨剂 螨类属于蛛形纲，与昆虫纲的害虫在形态上有很大差异，在对农药的敏感性方面也有不同。有些农药对螨类特别有效，而对昆虫纲的害虫毒力相对较差或无效，因此特称为杀螨剂。有许多杀虫剂兼具杀螨作用，如有机磷杀虫剂中很多品种都具有杀螨作用，杀菌剂硫黄也有很好的杀螨活性，矿物油对害螨也有很好的杀灭作用。杀螨剂分无机硫杀螨剂和有机合成杀螨剂两大类。无机硫杀螨剂硫黄在杀菌剂部分介绍，有机合成杀螨剂一般指防治蛛形纲中有害螨类的杀虫剂，这类杀虫剂一般指只杀螨不杀虫或以杀螨为主的药剂，一般对人、畜等高等生物具有较高的安全性。

（二）杀菌剂

杀菌剂指能够杀死植物病原微生物或抑制其生长发育，从而防治植物病害的农药。植物病害绝大多数由植物病原真菌引起，少数由植物病原细菌、植物病原病毒引起。因此，杀菌剂可分为杀真菌剂、杀细菌剂、杀病毒剂，在我国通常称为杀菌剂。

1. 无机硫杀菌剂　硫黄及其无机化合物具有杀菌和杀螨作用，是人类使用历史最久的农药之一，因为原料易得，成本低廉，防效稳定，不易诱发抗药性，现在仍在广泛使用。硫黄不溶于水，主要加工成粉剂、悬浮剂、烟剂、可湿性粉剂等剂型，可采用熏蒸法、熏烟法、喷雾法等。作为杀菌剂使用的硫黄无机化合物主要有石硫合剂（石灰硫黄合剂的简称，有效成分为多硫化钙）、多硫化钡等。石硫合剂是以生石灰和硫黄粉为原料加水熬制而成的，使用时可以自制自用，近年来也有工厂化生产固体或晶体石硫合剂等的剂型，使用时更高效、安全且方便。

无机硫杀菌剂在气温高于30℃时，要适当降低施药浓度，减少施药次数，对硫黄敏感的作物（如瓜类、豆类、苹果、桃等）最好不要使用无机硫杀菌剂。

2. 有机硫杀菌剂　有机硫杀菌剂比较重要的品种主要是代森系列和福美系列，如代森锰锌、代森锌、福美双、炭疽福美（福美双和福美锌的混合物）等，均属二硫代氨基甲酸盐类。这类杀菌剂的共性是比较容易分解，特别是在潮湿环境和酸性条件下。这类杀菌剂一般具有杀菌谱广、防效好、毒性低、药害风险小等特点。另外，这类杀菌剂不容易引发病原菌的抗药性，与比较容易诱发抗药性的内吸杀菌剂混配使用往往能够延缓或消除后者的抗药性风险，所以常常与内吸杀菌剂混配使用，如生产中广泛使用的霜脲氰·代森锰锌、多菌灵·福美双悬浮剂等药剂中均含有有机硫杀菌剂成分。

3. 有机磷杀菌剂 主要品种有稻瘟净、异稻瘟净和三乙磷酸铝等。稻瘟净和异稻瘟净主要用于防治水稻稻瘟病，具有保护作用和一定的治疗作用，还能兼治其他一些病害及叶蝉、飞虱等害虫。稻瘟净具内渗作用，异稻瘟净具内吸作用。三乙磷酸铝经植物叶片或根部吸收后，具有向顶性与向基性双向内吸输导作用，更兼具保护与治疗作用，可采用多种方法施药，防治多种植物的霜霉病等病害。

4. 取代苯杀菌剂 有效成分结构中含有苯环结构的杀菌剂，如甲霜灵、敌磺钠、乙烯菌核利等都是以苯胺为原料合成的杀菌剂。硫菌灵和甲基硫菌灵从化学结构上是取代苯类杀菌剂，但从毒理学上讲，它们实际上是在植物体内转化成苯并咪唑类杀菌物质而发挥作用，故药剂特点、防治对象、使用方式与多菌灵相当。甲霜灵具有高效、持效期长、双向内吸作用，兼有保护和治疗作用，可防治作物的霜霉病、疫病及谷子白发病等病害。百菌清是一类非常重要的保护性杀菌剂，可防治多种植物病害。

5. 杂环类杀菌剂 有效成分化学结构中含有杂环（即在碳原子组成的环状结构中，个别碳原子由氮、氧或硫原子取代而形成）的杀菌剂，如苯并咪唑类的多菌灵，是我国吨位最大的有机合成杀菌剂，具有高效、广谱等特点，兼具保护和内吸治疗作用，可喷雾防治水稻稻瘟病、麦类赤霉病、油菜菌核病等病害；种子处理防治麦类黑穗病、棉花苗期病害等；种薯浸药液防治甘薯黑斑病。三唑类的三唑酮具有高效、广谱、持效期长、内吸性等特点，兼具保护和治疗作用，能用于防治禾谷类作物白粉病、锈病等病害。

6. 农用抗生素 抗生素是微生物产生的物质，一般由其代谢产物中分离得到，有的亦可人工合成。农用抗生素的化学成分都是经过严格分析鉴定的，实际上也正是这些化学物质在起杀菌作用，只是这些化学物质的来源途径是微生物代谢。抗生素类杀菌剂一般化学性质稳定、高效，具有内吸治疗活性，防治对象有一定的选择性，持效期短，对植物、高等动物、环境均较安全等。其中的井冈霉素已发展成为最大吨位的农用抗生素品种，主要用于防治水稻纹枯病。此外，如公主岭霉素、多抗霉素（即多氧霉素）、春雷霉素（即春日霉素）等在生产中都有广泛的应用。抗生素类杀菌剂的专化性比较强，适用的防治对象较窄，比较容易产生抗药性，但是井冈霉素至今尚未出现抗药性问题。

7. 含铜杀菌剂　含铜杀菌剂的杀菌谱很宽，几乎对各种病原菌都有效。铜的多种盐类、氧化物及氢氧化铜等都是很好的杀菌剂，如硫酸铜、碱式硫酸铜、氧化亚铜等。有机酸铜能够提高铜的杀菌毒力和药效，还可以降低铜的用量，如琥胶肥酸铜、环烷酸铜等。有机酸铜比较安全。

8. 甲氧基丙烯酸酯类杀菌剂　甲氧基丙烯酸酯类杀菌剂是一类低毒、高效、广谱、内吸性杀菌剂，几乎对所有真菌病害如白粉病、锈病、颖枯病、霜霉病、稻瘟病等均有良好的杀菌活性。与生产上使用的其他类型杀菌剂没有交互抗性，而且能在植物体内、土壤和水中很快降解，具有保护、治疗、铲除、渗透作用，无致癌和致突变等特点，是一类极具发展潜力和市场活力的新型农用杀菌剂。甲氧基丙烯酸酯类杀菌剂是目前世界上杀菌剂的研究开发热点，已经有7个化合物商品化，仍有很多化合物处于研究开发之中。

（三）除草剂

用以消灭或控制杂草生长的农药称为除草剂，亦称除莠剂。除草剂使用范围包括去除农田、苗圃、林地、森林防火道、草原、草坪、花卉、非耕地，铁路、公路沿线，仓库及机场周围环境等的杂草、灌木等有害植物，以及河道、池塘、湖泊、水库等水域的水生杂草等。

我国从20世纪50年代后期开始使用2,4-滴、燕麦灵等除草剂，随后除草剂种类和化学除草面积迅速发展，多种多样的除草剂品种为我国农业的发展和各种社会活动提供了非常有利的杂草防治手段。除草剂可以从作用方式、施药部位、化合物来源等多方面分类。

按作用方式分为两类：①灭生性（非选择性）除草剂。即在正常用量下对作物和杂草无选择地全部杀死的除草剂，如草甘膦、百草枯等。②选择性除草剂。只杀死杂草而不伤害作物，甚至只杀死某一种或某一类杂草的除草剂，其中又可分为能防除单子叶杂草而对双子叶作物安全的单子叶除草剂（如烯禾啶、喹禾灵等），能防除双子叶杂草而对单子叶植物安全的双子叶除草剂（如麦草畏等）。

按施药部位分为三类：①茎叶处理剂。直接喷洒于杂草植株上，抑制或杀死杂草的除草剂（如敌稗、灭草松等），一般在作物生育期或某生长阶段，或非耕地杂草出苗后使用。②土壤处理剂。作物播种前或播后苗前施于土表或混入土壤中（如野麦威等），作物苗后施于土表，抑制或杀死正在萌发的杂草（如利谷隆等）。③茎叶兼土壤处理剂。即可用于作物芽前作土壤处理，抑制和杀死刚萌动的杂草，也可在作物生长期作茎叶处理（如氟磺胺草醚、莠去津等）。

按化合物来源分为三类：①无机除草剂。如叠氮化钠、硫酸铜等无机化合物，此类化合物选择性差，用量大，杀草谱窄，目前已不再使用。②生物源除草剂。用天然的微生物或植物、真菌和细菌等产生的具有杀革活性的化合物作为除草剂，如苯草酮、除草霉素、双丙氨膦等。③有机合成除草剂。发展最快，是种类最多的农药，使用范围广，已经占到世界农药市场份额的1/2。

下面按照化学结构分类方法介绍几类常用的除草剂。

1. 苯氧羧酸类除草剂 最早的一类人工合成除草剂，早在20世纪40年代就发现了2,4-滴的强大生理活性，随即开发成功了第一个内吸性除草剂及其钠盐，后来又陆续开发成功了2,4-滴丁酯、

2甲4氯等一系列衍生物，成为一大类除草剂。因为都是以苯氧基羧酸为基本分子骨架，所以统称为苯氧羧酸类除草剂。其他如禾草灵、喹禾灵等也是从苯氧羧酸基本骨架衍生而得到的新品种。

2. 磺酰脲类除草剂　分子中具有磺酰脲结构的一类除草剂，是20世纪70年代开始研究开发的超高效除草剂。目前仍是除草剂领域开发最活跃的药剂，其中有许多超高效类型的除草剂品种，每公顷仅需施药1～2克。现已有10多个品种，如甲磺隆、氯磺隆、苄嘧磺隆等，此类除草剂的通用名称均以“磺隆”作为后缀。

这类除草剂通过植物的根和叶吸收，药效缓慢，主要通过抑制乙酰乳酸合成酶（ALS）的活性来抑制植物生长。不同植物对磺酰脲类除草剂的敏感性差异很大，更由于磺酰脲类除草剂的长残效性，因此，在使用时必须注意对后茬作物的安全性。磺酰脲类除草剂原药多为固体，可加工成可湿性粉剂、悬浮剂和干悬浮剂等。

3. 三嗪类除草剂　以三嗪环为基本化学结构的广谱性除草剂，是20世纪50年代研究开发的一大类高效除草剂，至今仍是一类重要的除草剂。其作用机制是抑制杂草光合作用。该类药剂具有内吸作用，但在玉米体内可被降解而解毒，故此类除草剂中的一些品种（如莠去津、草净津）适合在玉米地使用。使用方法主要采用土壤处理，也可以采取茎叶处理，是我国目前防除玉米田杂草的重要除草剂品种。

4. 取代脲类除草剂　20世纪50年代开发成功的一类重要的除草剂，是以脲为基本骨架而合成的一系列化合物，统称为取代脲类除草剂，中文命名中多采用“隆”作为此类除草剂产品通用名的后缀，如绿麦隆、利谷隆等。此类除草剂品种很多，大部分用作土壤处理，少数品种也可用作芽前芽后兼用性除草剂。

5. 酰胺类除草剂　分子中含有酰胺结构的除草剂，如甲草胺、乙草胺、丁草胺等。酰胺类除草剂的一部分品种为茎叶处理剂，如敌稗；更多的品种是土壤处理剂，如乙草胺、丁草胺。酰胺类除草剂是防治一年生禾本科杂草的特效产品，对阔叶杂草防效较差。

酰胺类除草剂作为土壤处理时的用量，与土壤特性有密切的关系，随着土壤有机质及黏重度增加而使用量相应加大。这类除草剂均在作物播前或播后苗前进行土壤处理，中等土壤湿度或施药后遇小雨利于药效的发挥，干旱时一定要施药后混土。

6. 氨基甲酸酯类除草剂 以氨基甲酸酯为分子骨架的一大类除草剂，代表品种如野麦畏、禾草特等。大多数品种通过根部吸收，并迅速向茎叶传导，使用方法为播前处理防除一年生禾本科杂草及某些阔叶杂草。

此类除草剂都是容易挥发的化合物，从湿土表面及植物茎叶通过挥发迅速消失，土壤有机质的吸附作用在防止此类除草剂挥发中起很大作用。因此，此类除草剂在使用时的关键问题是防止挥发，土壤处理施药后应及时混拌入土中 5～8 厘米，水田施药时一定要有保水层。

7. 有机磷类除草剂 分子结构中含有磷元素的一类除草剂，此类除草剂品种较少，代表品种有草甘膦。有机磷除草剂的主要作用部位是植物的分生组织，通过抑制植物分生组织的细胞分裂而对植物发生作用。草甘膦接触土壤后容易失效，因此只能作叶面喷雾使用，不能用作土壤处理剂。

8. 硝基苯胺类除草剂 以硝基苯胺为基本骨架的一类除草剂，是从 20 世纪 50 年代开始研究筛选的，代表品种有氟乐灵、地乐胺、二甲戊灵。此类除草剂的特点是：

（1）杀草谱广。对一年生禾本科杂草有特效，还可防除部分一年生阔叶杂草及宿根高粱等多年生杂草。

（2）药效稳定。可以在干旱条件下施用。

（3）为土壤处理剂。多在作物播种前或播后苗前施药，药剂被杂草的幼芽或幼根吸收后，通过除杀作用杀伤杂草的幼芽和幼根，进而导致杂草死亡。

（四）杀线虫剂

线虫又名蠕虫，属无脊椎动物线形动物门线虫纲，线虫为害所造成的植物受害症状时常被当作病害处理。与真菌、细菌、病毒等病原微生物相比，病原线虫具有主动趋向和用口针刺入寄主并自行转移为害的特点。线虫的为害不仅是吸取植株养分引起减产和品质下降，还可使植物根细胞过度增长成为瘿瘤，失去吸收养分和水分的能力，使植株衰死；另外，线虫的为害也可导致植物更容易遭受病原菌的袭击而导致作物发生病害，例如棉花枯萎病、黄萎病的发生，在一定程度上是同线虫的为害相关的。

杀线虫剂是指主要用于毒杀线虫的农药，用以防治线虫的药剂一般都是毒性很强的杀虫剂，用于防治线虫时则特称为杀线虫剂。由于线虫体壁外层为不具有任何细胞结构的角质层，透气性、透水性和化学离子的渗透性均较差，线虫的神经系统又不甚发达，因而很难找到有效的杀线虫剂。大部分杀线虫剂主要用于处理土壤，少部分用于种子处理，苗木和植物生长期间喷雾使用。常用杀线虫剂按其化学结构可分为4个类型。

1. 卤代烃类杀线虫剂　主要有氯化苦、溴甲烷、二溴化乙烯、二溴氯丙烷和滴滴混剂等品种。这类杀线虫剂在生产中使用较早，多是土壤熏蒸剂，具有较高的蒸汽压，通过药剂在土壤中扩散，直接毒杀线虫。由于有对人毒性大和田间用量多等缺点，这类杀线虫剂的发展受到限制。

2. 硫代异硫氰酸甲酯类杀线虫剂　主要有棉隆、威百亩和敌线酯的混合物等。这类杀线虫剂能释放出硫代异硫氰酸甲酯，即氰化物离子使线虫中毒死亡。

3. 有机磷类杀线虫剂　此类杀线虫剂主要有克线磷、硫线磷、甲基异柳磷、虫线磷、治线磷、丰索磷等。这类杀线虫剂发展较快，品种较多，线虫对这一类化合物较敏感。其作用机制是胆碱酯酶受到抑制而中毒死亡。许多品种有内吸作用或触杀作用，共同特点是杀线虫谱较广，并在土壤中很少有残留，是目前较理想的杀线虫剂。

4. 氨基甲酸酯类杀线虫剂　主要有克百威、涕灭威、丁硫克百威等。这类杀线虫剂在生产中使用较多，均为广谱性杀线虫剂，也是重要的内吸性杀虫剂，其作用机制主要是损害神经活动，减少线虫迁移、侵染和取食，从而减少线虫的繁殖和危害。

杀线虫剂中除了棉隆、威百亩外，大多是高毒和剧毒农药，如涕灭威、克百威等，使用时应注意安全。许多杀线虫剂也是杀虫剂、杀菌剂、除草剂。土壤熏蒸消毒剂氯化苦、溴甲烷、滴滴混剂就是对地下害虫、病原菌和线虫都有毒杀作用的药剂；土壤熏蒸消毒剂棉隆既能杀线虫，也能杀虫、杀菌和除草。

二、农药的剂型

除少数品种外，农药原药一般不能直接施用，必须根据原药特性和使用的具体要求与一种或多种没有药物作用的非药物成分（通常称农药辅助剂，或简称农药助剂）配合使用，加工或制备成某种特定的形式，这种加工后的农药形式就是农药剂型，如乳油、可湿性粉剂、悬浮剂等。

（一）乳油

乳油主要利用其制剂中乳化剂的两亲（既亲水又亲油）活性将农药原药和有机溶剂等以极小的油珠（1～5 微米）均匀分散在水中并形成相对稳定的乳状液喷雾使用。

乳油的乳化受水质（如水的硬度）、水温影响较大，使用时最好先进行小量试配，乳化合格后再按要求大量配制。如果在使用时出现了浮油或沉淀，药液就无法喷洒均匀，导致药效无法正常发挥，甚至出现药害。乳油兑水形成的乳状液属热力学不稳定体系，乳液稳定性会随时间而发生变化，农药有效成分大多也容易水解。所以，配制药液需搅拌，药液配好要尽快用完，对于机动喷雾器药液箱还必须加搅拌装置。

乳油大多使用挥发性较强的芳烃类有机溶剂，贮运中必须密封，未用完的药剂也必须密闭保存，以免溶剂挥发，破坏了配方均衡而影响使用。另外，乳油一般不直接喷施，但可以加水稀释成不同浓度，以适用于不同容量的喷雾方式。

（二）可湿（溶）性粉剂

可湿性粉剂主要利用制剂中表面活性剂（润湿剂、分散剂）的作用，在加水稀释时可以较好润湿、分散并可搅拌形成相对稳定的悬浮液供喷雾使用。

由于可湿性粉剂的粒子一般较粗，我国一般要求95%以上通过325目（即粒径44微米）标准筛。可湿性粉剂药粒沉降较快，施用中更应注意加强搅动，否则就会造成喷施的药液前后浓度不一致，影响药效。可湿性粉剂的粉粒在高硬度水中可能会发生团聚现象，配制药液时必须考虑水质对可湿性粉剂悬浮性能的影响。

可湿性粉剂为固态农药制剂，配制低容量喷雾（一般药液量小于2升）药液时会显得黏度太大而不能有效喷雾，所以，可湿性粉剂一般只作常量喷雾使用。另外，可湿性粉剂一般添加比粉剂更多的助剂和具有更高的有效含量，尽管二者外观相似，但干粉状态的可湿性粉剂其粉粒的分散性较差，所以可湿性粉剂不能直接喷粉使用，贮运或使用过程中也要注意防止吸潮，以免影响使用。尽管有些产品混合了特殊的乳化剂，但可湿性粉剂一般不与其他剂型混合使用。由于易与乳油中的乳化剂发生反应，可湿性粉剂与乳油混合常常引起聚结和沉淀。有时候可以在已经按施药比例配制好的可湿性粉剂药液中加入少量的乳油，但是混溶性须在配制之前进行试验。

像粉剂一样，可湿性粉剂含有非常小的颗粒，所以喷雾操作者必须注意防止粉尘飘移到脸上。尽管可湿性粉剂在兑水使用时容易分散和润湿，但为了保证较好的混合性，有些可湿性粉剂需要用总用水量的5%提前混合成糊状物，然后糊状物再与剩余水混合时还应该搅拌。

可溶性粉剂是在可湿性粉剂基础上发展起来的一种农药剂型，其农药原药必须溶于水，在使用上与可湿性粉剂类似。

（三）悬浮（乳）剂

一般地，水不溶性固体原药形成的悬浮体系称悬浮剂，水不溶性液体原药形成的悬浮体系称悬乳剂，两种原药皆有（混配）的悬浮体系称悬浮乳剂。

不管悬浮体系中农药原药的形态如何，悬浮（乳）剂的使用与乳油和可湿性粉剂类似，皆是加水稀释形成均匀分散和悬浮的乳状液，供喷雾使用，使用中的操作要求也与乳油和可湿性粉剂相似。但悬浮（乳）剂以水为分散相，可与水任意比例均匀混合分散，使用时受水质和水温的影响较小，使用方便且不污染环境，是比较理想的稀释后使用的农药剂型。

悬浮（乳）剂属于热力学不稳定体系，且太多是非牛顿流体，贮运过程中影响制剂稳定性的因素非常复杂。目前，还很少有制剂贮存不分层或不沉淀。所以，悬浮（乳）剂使用时必须进行外观检验，如有分层或沉淀经摇动可恢复，加水分散和悬浮合格，可正常使用，否则，不能使用，以免因上下部分农药有效成分含量不同，或制剂分散、悬浮性不合格造成在药液中分布不均，使喷出的药液前后农药有效成分不同而影响药效，甚至出现药害。

（四）水剂

水剂中的农药原药在水中溶解性好而且化学性质稳定，加水稀释可以形成非常稳定的水溶液，可供多种喷雾法使用。由于农药原药在水中溶解性很好而且稳定，所以配制药液时一般不会遇到什么问题。但是，由于我国水剂的加工一般不添加润湿助剂，喷洒后的药液对防治靶标润湿性差，容易造成药液流失，影响防效并污染环境。所以，水剂的使用应根据实际使用情况适当添加润湿助剂。

（五）水乳剂

水乳剂是兑水稀释后喷雾使用的农药剂型，在加水稀释施用时和乳油类似，都是以极小的油珠（1～5 微米）均匀分散在水中形成相对稳定的乳状液，供各种喷雾方法施用。

水乳剂在外观及理化性状上类似于悬浮（乳）剂，属于热力学不稳定体系。贮存过程中，随温度和时间的变化，分散油珠可能会发生凝聚变大而破乳。所以，使用水乳剂时一般要求先检查制剂的外观，理想的水乳剂产品应该是均相稳定的乳状液，没有分层与析水现象。如果有轻微分层或析水，经摇动后可恢复成均相，也可以使用。水乳剂兑水稀释时与乳油一样，也要求可自发乳化分散或稍加搅拌即能形成相对稳定的乳状液。

由于水乳剂中含有比较多的水，所以制剂中一般都加入一定量的防冻剂。即便如此，使用中也必须注意水乳剂的正确贮存，尤其是未使用完的制剂，必须密封并放置在0℃以上环境中。

（六）微乳剂

从本质上讲，农药微乳剂和水乳剂同属水包油的乳状液分散体系，只不过微乳剂使用了较大量（一般在20%以上）的乳化剂和辅助剂，将不溶于水的农药有机相高度分散在水中，使制剂看起来与真溶液一样。在一定温度范围内，微乳剂属于热力学稳定体系。超出这一温度范围，制剂就会变混浊或发生相变，稳定性被破坏从而影响使用。

微乳剂在加水稀释施用时与水剂类似，入水自发分散并可形成近乎透明的乳状液。此外微乳剂兑水稀释呈近乎透明的乳状液，而不像乳油形成浓乳白色乳状液，主要是由于微乳剂使用了大量乳化剂和辅助剂，在水中分散的液珠极其细微所致。也正是由于如此高的分散度，才使微乳剂在使用中表现出好于乳油等常规剂型的药液渗透性能。需要指出的是，微乳剂并非传统习惯认为的乳状液越浓药效越好；相反，如果微乳剂兑水稀释后呈乳白色，反而表明这种微乳剂产品质量不合格。

水乳剂和微乳剂都是为替代乳油而开发的水基化农药剂型，具有较好的环境相容性。

（七）水分散粒剂

水分散粒剂是在可湿性粉剂和悬浮（乳）剂基础上发展起来的农药制剂粒性化新剂型，一般呈球状或圆柱状颗粒，在水中可以较快地崩解、分散成细小颗粒，稍加摇动或搅拌即可形成高悬浮的农药分散体系，供喷雾施用。它避免了可湿性粉剂加工和使用中粉尘飞扬的现象，克服了悬浮（乳）剂贮存与运输中制剂理化性状不稳定的问题。尤其对于高活性的除草剂，加工成水分散粒剂，可避免其飘移，具有很高的安全性。所以，水分散粒剂在生产、贮运和使用中应该避免过度挤压，以免颗粒破碎而失去了剂型优势。水分散粒剂外形似（颗）粒剂，具有粒剂的性能，但一般都具有较高的有效含量，不能直接用来撒施。

除了上述常用农药剂型外，还有粉剂、颗粒剂、超低容量喷雾剂、热烟雾剂、烟剂、种衣剂等农药剂型，使用者应根据病虫害防治的需要选择使用相应的剂型。

【练习与思考】

1. 常见杀虫剂有哪些种类？
2. 列举你熟悉的常见杀菌剂的种类。
3. 常见除草剂有哪几种？
4. 常见杀线虫剂有哪几种？
5. 农药常见的加工剂型有哪几种？
6. 生产中的农药急性毒性有哪几种情况？
7. 试述农药的慢性毒性。
8. 农药对生态有何危害？
9. 农药的“三致”毒性有何危害？

任务2 农药的毒性

【知识目标】

1. 了解农药的急性毒性；
2. 了解农药的慢性毒性；
3. 了解农药的生态毒性；
4. 了解农药的环境毒性。

【技能目标】

能根据农药毒性要求正确选择农药品种。

农药对生物（动物、植物和微生物）可产生直接或间接的毒害作用，造成生物体器官或生理功能损伤，这种对人、畜、禽等非防治目标生物产生的毒害作用称之为农药的毒性。

一、农药的急性毒性

农药对生物的毒害作用可分为急性毒性和慢性毒性两种。急性毒性是指药剂进入生物体后，在短时间内引起的中毒现象。毒害作用的大小，不仅取决于农药固有性质，还取决于作用方式和部位。对大多数动物而言，小剂量的速灭磷、涕灭威所产生的毒性症状比大剂量的马拉硫磷、灭幼脲要严重得多。同一种农药，在相同剂量下经皮对生物体造成的危害比经口要小一些，伤害眼睛比损害皮肤后果更为严重。

1. 致死中量的定义　评价农药急性毒性最常用的尺度是致死中量（LD_{50}）。所谓致死中量是指杀死一半供试动物所需要的农药剂量，亦称半数致死量。单位通常用毫克/千克表示。这里的毫克是给药的剂量单位，千克是供试动物的体重单位。常用的给药方式有经口（灌胃）、经皮（涂抹皮肤）、经呼吸道（从空气中吸入）。

2. 农药的急性毒性分级标准　1975 年世界卫生立法会议通过了世界卫生组织（WHO）推荐的农药危害分级标准。该标准根据大鼠的急性经口和经皮两种给药方式测定的 LD_{50} 值，分固体和液体两种存在形态，对农药毒性进行了分级（表 1－1）。

表 1－1　世界卫生组织的农药危害分级标准（毫克/千克）

毒性分级	分级符号	经口 LD_{50}		经皮 LD_{50}	
		固体	液体	固体	液体
Ⅰa	剧毒	≤5	≤20	≤10	≤40
Ⅰb	高毒	5～50	20～200	10～100	40～400
Ⅱ	中等毒	50～500	200～2 000	100～1 000	400～4 000
Ⅲ	低毒	>500	>2 000	>1 000	>4 000

我国农药毒性分级也套用了世界卫生组织推荐的农药毒性分级标准模式，且随着社会进步，科学发展分级标准的精度也在提升。在20世纪80年代，我国实行的农药毒性分级标准为三级，即高毒、中等毒和低毒（表1－2）。而现行的农药毒性分级标准分4个级别5个档次，与世界卫生组织推荐的分级标准比较，增加微毒级别，且弃置了固体和液体产品的分类，增添了吸入半数致死浓度的评价标准（表1－3）。

表1－2　20世纪80年代我国农药急性毒性分级标准

给药方式	高毒	中等毒	低毒
大鼠经口 LD_{50}（毫克/千克）	＜50	50～500	＞500
大鼠经皮 LD_{50}（毫克/千克）	＜200	200～1 000	＞1 000
大鼠吸入 LD_{50}（毫克/米^3）	＜2	2～10	＞10

表1－3　我国现行的毒性分级标准　（毫克/千克）

毒性分级	分级符号	经口 LD_{50}	经皮 LD_{50}	吸入 LD_{50}
Ⅰa	剧毒	≤5	≤20	≤20
Ⅰb	高毒	5～50	20～200	20～200
Ⅱ	中等毒	50～500	200～2 000	200～2 000
Ⅲ	低毒	500～5 000	2 000～5 000	2 000～5 000
Ⅳ	微毒	＞5 000	＞5 000	＞5 000

3. 农药急性毒性分级　根据现行的农药急性毒性分级标准，把我国比较常用的207种农药毒性分级结果汇于表1－4至表1－7。由表1－4可知，在常用的农药品种中，90％以上的农药属于中毒、低毒、微毒品种。除草剂相对杀虫剂和杀菌剂安全性更高，没有剧毒、高毒品种。换言之，在我国使用的农药中，杀虫剂毒性最高，其次是杀菌剂，除草剂毒性最低，这就是引起农药中毒最多的往往是杀虫剂的原因所在。

表 1-4　我国常用农药的毒性分级构成

毒性分级	LD_{50}（毫克/千克）	杀虫剂		杀菌剂		除草剂		合计	
		品种数	占总数百分比（%）	品种数	占总数百分比（%）	品种数	占总数百分比（%）	品种数	占总数百分比（%）
剧毒	≤5	4	3.9	0	—	0	—	4	1.9
高毒	5～50	14	13.6	1	2.9	0	—	15	7.3
中等毒	50～500	50	48.5	9	26.5	6	8.6	65	31.4
低毒	500～5 000	30	29.1	10	29.4	40	57.1	80	38.6
微毒	>5 000	5	4.9	14	41.2	24	34.3	43	20.8
合计		103	49.8	34	16.4	70	33.8	207	100

表 1-5　常见杀虫剂毒性分级

剧毒（≤5毫克/千克）	高毒（5～50毫克/千克）	中等毒（50～500毫克/千克）		低毒（500～5 000毫克/千克）		微毒（>5 000毫克/千克）
速灭磷	蝇毒磷	速灭威	甲基内吸磷	双甲脒	氟氰菊酯	马拉硫磷
地安磷	氧化乐果	乙硫磷	混灭威	四螨嗪	醚菊酯	苦参碱
甲拌磷	甲硫威	二嗪磷	灭杀威	氟虫脲	氟酯菊酯	灭幼脲
涕灭威	甲基硫环磷	敌敌畏	丙硫克百威	棉隆	双氧威	氟铃脲
	甲基异柳磷	稻丰散	丁硫克百威	乙酰甲胺磷	虫螨腈	定虫隆
	水胺硫磷	丙溴磷	硫双灭多威	杀螟硫磷	丁醚脲	
	克百威	喹噁磷	唑蚜威	杀螟腈	杀虫双	
	克线磷	嘧啶氧磷	溴氰菊酯	甲基毒死蜱	噻嗪酮	
	齐螨素	倍硫磷	氰戊菊酯	敌百虫	杀铃脲	
	甲胺磷	三唑磷	氯氟氰菊酯	丁酯磷	除虫脲	
	内吸磷	毒死蜱	顺式氰戊菊酯	丙硫磷	苯丁锡	
	对硫磷	亚胺硫磷	氟氰戊菊酯	丙烯菊酯	辛硫磷	
	甲基对硫磷	伏杀硫磷	氟胺氰菊酯	烯炔菊酯	顺式氯氰菊酯	
	久效磷	乐果	三氟氯氰菊酯	甲醚菊酯	高效氯氰菊酯	
		异丙威	甲氰菊酯	戊菊酯		

（续）

	剧毒（≤5毫克/千克）	高毒（5～50毫克/千克）	中等毒（50～500毫克/千克）	低毒（500～5 000毫克/千克）	微毒（>5 000毫克/千克）
			残杀威 甲萘威		
			仲丁威 抗蚜威		
			杀螟丹 棉铃威		
			氟虫腈 抑食肼		
			唑螨酯 速螨酮		
			三唑锡 氯氰菊酯		
			氟氯菊酯 硫丹		
			吡虫啉 啶虫脒		
			溴甲烷 丙线磷		
			单甲脒 杀螨脒		
种类（种）	4	14	50	30	5
占总百分数	3.9%	13.6%	48.5%	29.1%	4.9%

表1-6　常见杀菌剂毒性分级

	高毒（5～50毫克/千克）	中等毒（50～500毫克/千克）	低毒（500～5 000毫克/千克）	微毒（>5 000毫克/千克）
	戊唑酮	代森铵	甲基立枯磷	代森锌
		福美双	丙环唑	代森锰锌
		稻瘟净	氟菌唑	三乙磷酸铝
		福美胂	噁醚唑	咪鲜胺
		双胍辛胺	异菌脲	邻酰胺
		敌磺钠	菌核净	百菌清
		三唑酮	甲霜灵	甲基硫菌灵
		三环唑	噁霉灵	多菌灵
		公主岭霉素	氯苯嘧啶醇	联苯三唑醇
			腈苯唑	丙森锌

（续）

	高毒（5～50 毫克/千克）	中等毒（50～500 毫克/千克）	低毒（500～5 000 毫克/千克）	微毒（>5 000 毫克/千克）
				春雷霉素 井冈霉素 多抗霉素 链霉素
种类（种）	1	9	10	14
占总百分比	2.9%	26.5%	29.4%	41.2%

表 1-7　常见除草剂毒性分级

	高毒（5～50 毫克/千克）	中等毒（50～500 毫克/千克）			低毒（500～5 000 毫克/千克）	
	敌草快	氯嘧磺隆	敌稗	烯草酮	甲磺隆	氨氯吡啶酸
	百草枯	醚磺隆	新燕灵	草除灵	氯磺隆	咪草烟
	溴苯腈	2 甲 4 氯	克草胺	灭草松	噻磺隆	灭草喹
	辛酰溴苯腈	2,4-滴丁酯	异丙草胺	烯禾啶	苯磺隆	稗草烯
	碘苯腈	吡氟禾草灵	莎稗磷	莠去津	苄嘧磺隆	噁草酮
	氰草津	噁唑禾草灵	甲草胺	莠灭净	嘧磺隆	丙炔氟草胺
		异丙甲草胺	酚硫杀	特丁净	烟嘧磺隆	唑嘧磺草胺
		丁草特	乙草胺	嗪草酮	吡嘧磺隆	西玛津
		禾草丹	丁草胺	氰草净	乳氟禾草灵	绿麦隆
		三氟羧草醚	灭草猛	扑草净	氟乐灵	氟烯草酸
		麦草畏	绿草定	西草净	萘丙酰草胺	
		二甲戊乐灵	异噁草酮		丙草胺	
		双丁乐灵	磺草酮		甲羧除草醚	
		草甘膦	三氯喹啉		甲氧除草醚	
种类（种）	6	40			24	
占总百分比	8.6%	57.1%			34.3%	

4. 农药的急性中毒 我国每年农药急性中毒者约5万人次以上（表1-8），其中95%为杀虫剂中毒。根据中毒致因可分为生产性农药中毒、非生产性农药中毒和农药残留中毒三种情况。

（1）生产性农药中毒。指人类在生产活动中违章作业造成的中毒事故。由于我国农药品种结构不合理，大量剧毒、高毒农药投入使用，加之农民素质有限，自我保护意识不强，乱用滥用农药、违章作业现象严重，酿成农药使用者中毒事故屡屡发生。在中毒人员中，使用有机磷中毒者占89.64%，使用氨基甲酸酯中毒者占6.11%，其他占4.25%。

（2）非生产性农药中毒。一般是因服毒、投毒、误食等引起的中毒事件。在生活水平日益提高、生活节奏加快的今天，情感纠葛、家庭纠纷、经济困难、精神障碍和躯体疾病等已成为服毒自杀的主导因素。另外，误食中毒现象也比较普遍。

（3）农药残留中毒。指在生产活动中使用了严禁使用的剧毒、高毒农药品种，或不按《农药合理使用准则》操作导致食品中农药残留量过高引发的中毒现象。

表1-8 我国农药急性中毒情况（1992—1995年）

农药类别	1992		1993		1995		1995	
	事故数	所占百分数	事故数	所占百分数	事故数	所占百分数	事故数	所占百分数
杀虫剂	61 497	87.1	45 231	86.5	37 446	87.5	41 404	85.6
杀菌剂	766	1.1	681	1.3	446	1.0	403	0.8
杀鼠剂	1 497	2.1	1 407	2.7	1 141	1.1	1 387	2.9
除草剂	773	1.1	607	1.1	417	2.7	531	1.1
混合制剂	1 170	1.6	452	0.9	486	1.0	1 120	2.3
其他	4 915	7.0	3 909	7.5	2 876	6.7	3 530	7.3
合计	70 618	100	52 287	100	42 812	100	48 375	100

（4）农药中毒症状和应采取的措施。

①有机磷类农药。

中毒症状：主要表现为乙酰胆碱酯酶的活力下降，出现头晕、头痛、恶心、呕吐、流涎、多汗、胸闷、四肢乏力、视线模糊，重者出现肌颤、步态蹒跚、抽搐、瞳孔缩小、昏迷、大小便失禁等。

措施：一般采用洗胃、肌肉注射氯解磷定和多次静脉注射阿托品，必要时使用胆碱酯酶复解剂。

②氨基甲酸酯类农药。

中毒症状：氨基甲酸酯类农药的作用机制与有机磷农药相似，二者的临床表现也基本相同，主要表现为头晕、头痛、恶心、呕吐、腹痛、腹泻、流涎、多汗、瞳孔缩小、视物模糊、肢体麻木、运动障碍等。

措施：在救治中一般不使用胆碱酯酶复解剂，首选药物为阿托品肌肉注射，但剂量不宜过大，否则会造成阿托品中毒。

③拟除虫菊酯类农药。

中毒症状：其临床表现为腹痛、恶心、呕吐、流涎、头晕、乏力、视物模糊、大小便失禁等。重者伴有昏迷、抽搐。

措施：没有特效方法救治，一般按化学中毒处理。

二、农药的慢性毒性

1. 农药慢性毒性的认定　农药的慢性毒性是指生物体长期摄入或反复持续接触农药造成农药成分在体内的积蓄或器官损害出现的中毒现象。一般来说，性质稳定的农药易造成慢性中毒。

评价农药慢性毒性的大小，一般用最大无作用剂量或每日允许摄入量（ADI）表示。最大无作用剂量是指将动物试验终生，每天摄取也不发生不利影响的农药浓度。ADI 数值大小系根据最大无作用剂量，再乘以 100 乃至数千倍的安全系数确定的，以毫克/千克为单位。

2. 农药的慢性中毒　农药的慢性中毒是指长期连续摄入低剂量的农药引发的中毒现象。主要摄入途径来自食入、呼吸和皮肤接触。这些农药的有效成分及其有毒降解物、衍生物、代谢物等副产物被人体纳入，而在某些器官或组织中不断积累，表现出中毒症状，这类毒性又称蓄积性毒性。由蓄积性毒性引发的病理反应或造成的器官损伤构成毒理学意义上的农药慢性中毒。长期生活在被农药污染的环境如农药车间、喷洒过农药的农田、食用被农药污染的农牧产品等，都会对人体造成慢性中毒的威胁。

有机磷和氨基甲酸酯类农药的慢性中毒，主要表现为血液中胆碱酯酶活性下降，并伴有头晕、头痛、恶心、呕吐、多汗、乏力等症状。有机氯和菊酯类农药慢性中毒，主要表现为食欲缺乏、腹痛、失眠、头痛等症状。由于慢性中毒系农药的蓄积反应，发病缓慢，持续期长，具有隐蔽性，不易引起注意。因此，农药慢性中毒比急性中毒对人体造成的潜在危害更值得关注。

三、农药对生态的毒性

1. 农药对浮游生物藻类的毒性　藻类是水生生态系统中的初级生产者，是鱼类、水鸟和无脊椎动物的主要食物来源。同时由于藻类个体小、繁殖快、对有害物质敏感，常作为测试生物。评价农药对藻类的毒性常用有效中浓度（EC_{50}）表示。就农药对藻类的整体毒性而言，亦表现出共性的毒性效应：①当农药浓度低于一定水平时，农药对藻类有刺激生长的作用，达到一定浓度时则表现出抑制毒性；②在低浓度农药长期胁迫下，藻类能够产生抗药性，且伴随着农药浓度的提高，藻类的抗药性亦会逐渐增强。

2. 农药对水生动物的毒性

（1）农药对鱼类的急性毒性。农药对水生动物的毒性研究最多的是有机磷农药对鱼类的毒性。在高浓度有机磷农药环境中生活的鱼类容易造成急性中毒。其表现症状：开始出现急躁不安、狂游冲撞等激烈行为，然后游态不稳、张口呼吸，最后痉挛麻痹、失去平衡，直至昏迷死亡。有时急性中毒也伴有黏液增多、体色变黑等体征。农药对鱼类的毒性大小，取决于农药自身性质和鱼类的种群。不同的农药对同一种群的鱼类毒性效应差异较大。

（2）农药对鱼类的慢性毒性。长期生活在低浓度农药环境中的鱼类可能产生慢性中毒。中毒症状多表现出食欲减退、呼吸困难、食物转化率降低、生长缓慢，甚至停止生长发育。如在10毫克/升磷铵环境中生活的莫桑比克罗非鱼，摄食率和食物转化率分别较正常情况下降低35%和47%，且农药浓度越高，摄食率和食物转化率越低。此外，农药对鱼类的胚胎发育、生殖能力和酶活力都会产生不良影响，还可以造成内脏器官和造血系统损伤，威胁到正常生理活动。值得注意的还有鱼类对有机磷农药的富集效应，在相当长一段时期内，人们普遍认为，具有富集作用的农药是高残留的有机氯，而不是有机磷。大量的研究结果表明，有机磷在鱼体内的富集效应亦不容忽视。有报道显示，鲤鱼对二嗪磷、马拉硫磷和杀螟硫磷有较强的富集作用，12～48小时在肝脏、肾脏、肌肉和胆囊中的平均生物浓缩系数分别达到60.1、111.1、20.9和32.2。

一般认为，农药在鱼体内的蓄积以鱼鳃最高，其次是肝脏、肾脏等内脏器官，而肌肉含量最低。农药在鱼体内的蓄积量，伴随暴露时间延长而增加，但达到一定浓度水平后，这种富集效应随之降低。

3. 农药对土壤动物的毒性　撒施在作物、水面、森林、牧草上的农药，其最终移动归宿是土壤。试验表明，不同种类农药对土壤动物的毒性依次为：乐果＞敌敌畏＞杀虫双，且随着农药浓度的提升，毒性增强，死亡的种类和数量也显著提高。乐果低浓度（1摩尔/升）处理组中的动物种类和数量是高浓度（10摩尔/升）组的2.6倍和16.8倍。敌敌畏低浓度组是高浓度组的1.8倍和3.1倍。

生活在土壤中的有益生物，由于取食土壤中的有机物，势必将残存于土壤中的农药摄入体内，威胁土壤动物的正常生活。作为土壤代表动物的蚯蚓，在保持土壤结构、改善通透性、提高肥力等方面起着重要作用。由于蚯蚓个体大、繁殖快、便于检测，常作为土壤指示生物的代表。因此，研究农药对蚯蚓的毒性作用基本上代表了农药对土壤动物的毒性效应。

（1）农药对土壤动物的毒性效应。农药对土壤动物的毒性效应和中毒症状因农药的作用机制不同而差异很大。克百威造成蚯蚓中毒的症状表现为：躯体极度蜷缩、卷曲，体表红肿充血，不时扭曲挣扎，丧失逃避能力，体态僵硬，环节肿大糜烂，直至死亡。而杀虫双造成蚯蚓中毒的症状表现则是：蚯蚓的活动逐渐减弱，躯体伸展，全身麻痹、糜烂，直到死亡。白颈环毛蚯在18.2摩尔/升敌敌畏和乐果药液中暴露6小时，有的个体环带出现肿胀、出血；12小时后整个蚯蚓呈现暗红、溃疡；24小时后陆续出现死亡。96小时后乐果处理的供试蚯蚓全部死亡，而敌敌畏处理组尚有存活蚯蚓。农药对蚯蚓的毒性效应，除与农药种类有关外，还取决于农药的浓度大小和暴露时间的长短。在低于浓度（3.2摩尔/升）甲胺磷处理组，24小时没有蚯蚓死亡，48小时有少数个体死亡，120小时全部死亡。而在高浓度组（18.2摩尔/升），24小时后供试蚯蚓全部死亡。

（2）农药对土壤动物种群结构的毒性效应。主要表现是造成稀有类群和常见类群的减少或消失，而对数量的影响则表现为优势种群个体数量的减少。

（3）农药对经济昆虫家蚕的毒性效应。评价农药对非靶标生物的安全性是研发新农药和制订《农药合理使用准则》的主要内容。马惠等报道了27种农药对家蚕的毒性评价。供试18种杀虫剂对家蚕的24小时毒力太小（LC_{50}）依次为阿维菌素＞甲氨基阿维菌素苯甲酸盐＞顺式氯氰菊酯＞氯菊酯＞啶虫脒＞丁硫克百威＞三唑磷＞毒死蜱＞吡虫啉＞二嗪磷＞仲丁威＞喹螨醚＞苯氧威＞氟铃脲＞伏虫隆＞印楝素＞吡丙醚＞苯丁锡。杀菌剂、除草剂及植物生长调节剂对家蚕的急性毒性都很低，处理后48小时的LC_{50}值都大于40毫克/升。

家蚕对不同的农药品种的中毒症状表现各异，阿维菌素表现为：吐液、侧翻、拒食、躯体僵直、体色变褐、体型缩小、1天后出现死亡现象；氟虫腈中毒表现：吐液、拒食、扭曲身体、挣扎、1天后出现死亡现象；氟铃脲中毒表现：给药后的前3天家蚕表现异常，4天开始体色变褐、身体肿胀、失去蜕皮能力、个体开始出现死亡现象；甲氧虫酰肼的中毒症状为：提前蜕皮、头壳无法蜕掉、形成似口罩头壳、无法取食、脱水、饥饿而死。

4. 农药对鸟类的毒性　农药对鸟类的毒性最直观的表现是农药对鸟类的急性中毒，通常农药的毒性越强，引起的鸟类中毒的可能性也越大。不同农药品种因其分子结构、理化性质、作用机制不同，对鸟类的毒性差异较大。即使同一种农药，也可因剂型不同而有差异。在所有的农药中，农药对鸟类在室内急性毒性一般为乳油＞悬浮剂、乳剂＞水剂，在野外对鸟类的危害以毒饵、种衣剂与颗粒剂影响最大。为此 1990 年美国鸟类科学家联盟通过决议，呈请政府取消克百威颗粒剂的生产和使用。1994 年又发布了防止其中 12 种高毒颗粒剂对鸟类危害的行动计划，要求农药生产厂家采取措施降低其危害性。这 12 种农药是二嗪磷、毒死蜱、灭多威、地虫磷、乙拌磷、嘧虫磷、涕灭威、灭克威、甲拌磷、特丁磷、异丙胺磷和苯胺磷。

农药对鸟类生存构成的危害事例不胜枚举。在美国生态事故信息系统已记录的 3 041 件生态事件中，农药对鸟类的急性中毒事件就多达 1 167 件，占整个农药生态事故的 38.4％。长期接触农药，除可直接引起鸟类急性中毒危害外，农药对鸟类的影响还包括许多亚急性或慢性毒害，如产蛋量下降、蛋壳变薄、孵化率下降、体重减轻、对孵育出的幼鸟照顾减少、求偶和筑巢行为减退、活动能力或对刺激的反应能力降低，导致回避天敌反应迟钝，易被其他动物取食等。

四、农药对环境的毒性

不管采用什么样的施药方式，这些被撒施的农药最终归宿都要进入到环境中。撒施在土壤、水面、作物、牧场、森林中的农药，以环境的基本要素（土壤、水体、大气和生物）为媒介或载体，通过扩散与吸附、运动与吸收、富集与消解等进行多方式、多轨迹的运动与循环和能量与物质的转移与交换。运动与循环、转移与交换的结果在某一阶段或载体上，农药的毒性可能减弱或消失；在另一阶段或载体上，农药可能得到富集或变异，致使毒性增强。残留农药毒性的强或弱，除与农药本身结构或变异基团的活性有关外，也与农药在靶标作物上的沉积量，作物对农药的吸附、吸收、富集量的多少有关。

农业环境是单元之间首尾衔接、物质之间彼此转移、能量之间互相交换的循环体系。凡是农药都具有一定的挥发性，残存于水体、土壤中的农药可以通过蒸腾进入大气。漂浮在大气中的农药微粒借助气流进行迁移，通过降雨或受海拔高度影响重新返回地表。当温度升高时，这些返回地表的农药还会再次进入大气，这就是熟知的农药蒸腾效应。这种蒸腾效应是连续发生、没有国界、滚动扩展、连续循环的，也就构成了农药对多种环境要素产生毒性效应的理论基础。

1. 环境激素概念的提出 提到农药对环境的毒性，不得不提出在21世纪充满神秘色彩、充溢媒体电台的时尚名词——环境激素。1996年美国出版的《我们被偷窃的未来》一书中，首先启用了“环境激素”这一崭新概念。从此环境激素已成为国际研究的热点领域。环境激素的基本内涵是：环境中存在的一些能够像激素一样影响人体内分泌功能的外因性化学物质。这些外因性化学物质主要影响激素的正常代谢，以造成动物雌性化为重要特征。环境激素也称环境内分泌干扰化学品，或称环境雌性激素，也称内分泌干扰物等。

目前世界上有多少种环境激素尚没有定论，1996年美国环保总局（EPA）公布的环境激素60种。1997年世界野生动物基金会提出的环境激素68种，可疑化合物150多种。同年日本环境厅提出67种，而日本化学会和化学物质安全情报中心列出145种。1998年美国提出了68种，其中与环境激素有关的农药44种。在这44种农药中，杀虫剂及其代谢物25种、除草剂10种、杀菌剂9种。1999年世界自然基金会在《环境中被报告具有生殖和内分泌干扰作用的化学物质清单》中公布了125种，其中农药86种，占125种环境激素的68.8%。在86种农药中包括杀虫剂38种、除草剂29种、杀菌剂15种、其他农药4种。在环境激素农药中有机氯农药占有相当大比重。另外，有人也认为多菌灵、异菌脲、福美双、咪鲜胺、二溴乙烷、敌稗、二嗪农、倍硫磷等是环境激素。

2. 农药对生殖发育的毒性　大量的流行病学和毒理学研究表明，许多农药会影响生殖激素的分泌和代谢，导致性功能紊乱，从而干扰动物和人类的生殖活动。

环境激素农药滴滴涕（DDT）能使雌性动物甲状腺功能紊乱，破坏体内激素平衡，导致钙代谢异常，生殖功能降低，后代出现先天性畸形。美国研究人员发现，自从DDT泄漏事件发生后，佛罗里达州湖中的鳄鱼数量急剧减少，而且雌鳄鱼的卵不能成熟，雄鳄鱼的阴茎普遍萎缩，仅为正常阴茎的1/4。1935年的调查报告指出，佛罗里达南部的美洲狮出现雄狮雌性化现象。除美洲狮外，哺乳动物出现异常变化的还有海豹和海豚。20世纪80年代后期到90年代前期，在美国的新泽西州到佛罗里达州沿岸生栖的海豚半数以上死亡，墨西哥海湾也有大量海豚死亡的报道。用含100毫克/千克浓度的DDT饲喂雏鸡，蛋孵化率和存活率降低。用同样浓度的DDT饲喂白喉鹑，虽然产蛋率正常，但蛋的受精率和孵化率降低了，且雏鹑不能存活。用含有DDT的饲料喂公鸡，其睾丸只有正常大小的18%。而几代暴露于DDT环境中的蚊子可能变成雌雄同体。

环境激素对生殖健康的影响在人类身上也有明显体现。有报道，生产开蓬（一种有机氯杀虫剂，已禁用）的工人，不仅失去了性欲，发生阳痿，并且精子数量减少。当母亲血清中DDE（DDT在人体中降解产物）浓度达到85.6毫克/升时，男孩患隐睾，尿道下裂危险性相对增高。在芬兰1970—1986年出生的男孩尿道下裂发病率比以前增加了2倍。近年来，儿童月经初潮、胸部发育等性发育异常病例逐渐增加。性早熟已成为全世界普遍存在的社会问题，美国的一项调查表明，美国48.3%的黑人女孩和14.7%的白人女孩在8岁以前就开始月经初潮。有些农药可以损害人体的生殖系统，引起不育症、自然流产、早产等，如土壤熏蒸剂二溴氯丙烷可引起男性不育症，杀虫双与自然流产和早产有关。在越南战争中美国使用了一种落叶剂2,4,5-T（2,4,5-三氯苯基乙酸），该落叶剂中含有环境激素二噁英。在美军喷洒过落叶剂的地区，女性流产的发生率是正常地区的2.2～2.7倍，畸形儿发生率是正常地区的13倍以上。对参加越南战争1 545名美军士兵的妻子调查发现，其不孕、早产、流产、畸形儿的发病率明显高于未参战士兵的妻子。

3. 农药对酶体系的毒性　农药通过食物链可以逐级富集、逐级放大、不断蓄积，当蓄积到一定浓度时对有机体就会产生伤害。

有机氯农药对肝微粒体多功能氧化酶有诱导作用。多功能氧化酶是哺乳动物体内一种解毒酶，能把体内有毒物质（如农药）氧化或羟化成极性化合物排出体外，但同时又能诱导肝微粒体内多功能氧化酶细胞光滑内脂增生，使哺乳动物肝负荷量增大，对肝功能产生不利影响。有机氯农药还可诱导肝脏的酶类、微粒体酶，从而加速内源性激素的代谢和排泄，如DDT对ATP酶有抑制作用，艾氏剂、狄氏剂可以使大鼠谷-丙转氨酶和醛缩酶活性增高，乙撑硫脲（ETU）和代森锰锌是甲状腺过氧化物酶的抑制剂等。

有机磷农药除对胆碱酯酶产生抑制外，对其他酶也会产生影响。拟除虫菊酯类农药主要影响超氧化物歧化酶的活性。超氧化物歧化酶是生物体内一种重要的抗氧化防御酶，其基本功能是清除由代谢产生的活性氧，控制自由基引起的质膜过氧化。就氯氰菊酯对草鱼体内超氧化物歧化酶的影响而言，鱼鳃中的超氧化物歧化酶活性呈现促进—抑制—促进效应，如用3微克/升浓度的氯氰菊酯处理草鱼6小时，其超氧化物歧化酶活性高于对照组；12小时出现抑制，酶活性降到最低值，24小时开始回升，48小时恢复到正常水平，72小时的酶活性高于对照组。

4. 农药对免疫系统的毒性　有机磷农药对免疫功能的影响主要表现在两个方面：其一是某些农药可能使机体发生致敏反应。这是由于某些有机磷农药化合物具有半抗原性，它们可以与体内蛋白质结合成为复合抗原，从而产生抗体，使抗体发生过敏反应。其二是某些有机磷农药本身就是免疫抑制剂。敌百虫可使受试动物的网状内皮系统的吞噬功能下降，从而降低机体的抵抗能力。敌百虫的降解产物敌敌畏可损害鲤鱼的免疫功能。长期接触低剂量的马拉硫磷能够降低几种不同免疫系统的功能。

5. 农药的致癌、致畸、致突变性　说到人类最可怕的疾病，非癌症莫属。人类最可怕的物质，当然也非致癌物莫属。有些农药具有致癌、致畸、致突变作用已成为不容置疑的客观事实。其“三致”作用的基本机制是：当某些农药的活性基团作用于细胞染色体时，使染色体的数目或结构发生变化，改变了携带遗传信息的某些基因，使这些组织、细胞生长失控，发生变异。若发生在生殖细胞，则可能造成流产、畸胎或患遗传性疾病，胎儿出生后体细胞遗传物质的突变易引起肿瘤。流行病学调查发现，许多农药接触者的染色体畸变率高于对照组，农药喷洒季节染色体的畸变率比非喷洒季节高出 5 倍。多环芳烃、芳族胺、芳族偶氮化合物、氯乙烯、有亲电子基的烷化剂等都是强致癌物。它们或其代谢产物可与 DNA 以共价键结合，造成 DNA 的不可修复性损伤，导致细胞癌变。

近些年的肿瘤发病率调查显示，肿瘤发病率有增高趋势。有证据显示，一些杀菌剂可导致淋巴瘤发病率升高，有机磷农药与多发性白血病关系密切。其中敌敌畏、敌百虫、乐果、甲基对硫磷等进入人体能使细胞的 DNA 鸟嘌呤甲基化，引起细胞病变，且敌敌畏作用最强。常与除草剂接触的人群，多发性骨髓瘤的发病率是正常人群的 8 倍。还有调查表明，乳腺癌以及食道癌、胃癌、肝癌等消化系统的肿瘤增加与有机氯农药暴露有关。一些氨基甲酸酯类农药能产生亚硝氨类化合物。这些亚硝酸盐除了损害神经系统外，还有致癌作用。利谷隆除草剂会对大鼠甲状腺、前列腺及睾丸等器官产生影响，导致睾丸畸形，雄性激素依赖组织体积减小。1973—1991 年世界上前列腺癌增加了 127%，平均每年上升 2.9 个百分点。1980—1987 年美国乳腺癌发病率人数猛增了 32%，50 岁左右的女性乳腺癌的发病率从 1/20 上升到 1/8。体内脂肪和血清中的 DDE 及多氯联苯（PCBS）含量高的妇女，其乳腺癌发病率高于低含量的妇女。

目前世界上投入使用的农药在 500 种以上，涉及的制剂数以万计。究竟有多少种农药具有“三致”作用，可以诱发多少种癌症不得可知。多数明确具有“三致”作用的农药都是后来在生活实践中发现的。目前已报道有“三致”作用的农药：二溴乙烷、除草醚致癌、致畸、致突变；二溴氯丙烷致癌、致突变、致男性不育；2,4,5-T、敌枯双、三环锡、内吸磷、二嗪磷、甲萘威、腐霉利、多菌灵、利谷隆等致畸形；杀虫脒、杀草强、DDT、六六六、艾氏剂、狄氏剂、莠去津、乙撑硫脲、氰草津等致癌；敌百虫、敌敌畏、乐果等致突变。已报道由于农药诱发的癌症有乳腺癌、前列腺癌、睾丸癌、卵巢癌、甲状腺癌、子宫内膜癌、精巢癌、膀胱癌、食道癌、胃癌、肝癌等。

【练习与思考】

1. 生产中的农药急性毒性有哪几种情况？
2. 试述农药的慢性毒性。
3. 农药对生态有何危害？
4. 农药的“三致”毒性有何危害？

任务3 农药应用技术优化

【知识目标】

1. 学习种子农药处理的方法；
2. 熟悉种苗农药处理的作用原理；
3. 熟悉土壤农药处理的目的；
4. 掌握各类农药喷雾技术；
5. 熟悉各类农药喷粉技术；
6. 熟悉各类农药熏蒸技术；
7. 熟悉各类农药颗粒撒施技术；
8. 熟悉农药涂抹技术；
9. 熟悉农药撒滴技术。

【技能目标】

1. 能正确使用农药对种子进行处理；
2. 能正确使用农药对种苗进行处理；
3. 能正确使用农药进行土壤处理；
4. 掌握各类农药喷雾技术；
5. 掌握常见农药喷粉技术；
6. 掌握各类农药熏蒸技术；
7. 掌握各类农药颗粒撒施技术；
8. 掌握农药涂抹技术；
9. 掌握农药撒滴技术。

农药的使用方法绝不是唯一的，针对农作物病虫草害的发生种类和发生特点，根据农作物的作用方式和作用特性，选择不同的农药剂型和施药机具，可以采用多种多样的农药使用方法。

一、种子处理

种子是植物生长发育的开始，是植物发育生长过程中最早遭受病虫等有害生物危害的阶段，种子往往带有病菌，在播种以后引起植株发病，种子播种后也会引起土壤害虫的危害。因此，为植物全程健康考虑，需要对种子进行药剂处理。把农药施用在种子上，或者对种子进行各种物理或生物措施处理，都属于种子处理。种子处理技术的主要特点是经济、省药、省工，操作比较安全。

1. 浸种法　浸种法是将种子浸渍在一定浓度的药液里，经过一定时间使种子吸收或黏附药剂，然后取出晾干，从而消灭种子表面和内部所带病原菌或害虫的方法。浸种法处理种子操作手续比较简单，一般不需要特殊设备，将待处理的种子直接放入配制好的药液中，稍加搅拌，使种子与药液充分接触即可。为了避免种子吸水膨胀后露出药液而影响浸种效果，浸种药液一般需要高出浸渍种子10～15厘米。

浸种法处理种子的防病虫效果与使用药液的浓度、药液温度以及浸渍时间有密切关系。浸种所用的药液浓度并不是根据种子质量计算所得，而是表示药液中农药有效成分的含量。比如，当使用福美双浸种，如果使用药液的浓度为0.2%，则表示每100千克药液中含有福美双（折百计）0.2千克。浸种法使用的药液可以连续使用，但要清楚配制一次药液可连续使用几次，既不要盲目地无限制地重复使用，也不要随便将还可以继续使用的药液倒掉。如果农药有效成分在水中不稳定，则最好现配现用。

浸种时间长短主要取决于种子的吸水量和吸水速度，并与水温、种子成熟度和饱满度有关。一般情况下浸种时间为：番茄5～6小时；辣椒8小时；茄子10～12小时，最多24小时；黄瓜4～6小时；水稻种子可达48～72小时。浸种时间过长和不足都将影响种子萌发，原则是使种子吸足水分但不过量。浸种结束的标志是：种皮变软，切开种子，种仁（即胚及子叶）部位已充分吸水时为止。比较准确的方法是按种子的吸水量来计算，茄果类种子的吸水量应达到种子干重的70%～75%，瓜类为50%～60%，豆类在100%左右。但是，实际操作过程中必须注意，药液浓度、药液温度和浸种时间与浸种效果是互相关联的。对于同等浓度的药液，药液温度高，浸种时间就要缩短；药液温度低，浸种时间可适当加长；反之药液浓度大、温度高，浸种时间就短；药液浓度小、温度低，浸种时间就长。具体浸种时间要根据药剂使用说明进行操作。

浸过的种子一般需要晾晒，对药剂忍受力差的种子浸种后还应按要求用清水冲洗，以免发生药害；有的浸种后可直接播种，这要依农药种类和土壤墒情而定。

2. 拌种法　拌种法就是将选定数量和规格的拌种药剂与种子按照一定比例进行混合，使被处理种子外面都均匀覆盖一层药剂，并形成药剂保护层的种子处理方法。药剂拌种既可湿拌，也可干拌，但以干拌为主。药剂拌种一般需要特定的拌种设备，具体做法是将药剂和种子按比例加入滚筒拌种箱内，滚动拌种，待药剂在种子表面散布均匀即可。一般要求拌种箱的种子量为拌种箱最大容量的 2/3～3/4，以保证种子与药剂在拌种箱内具有足够的空间翻动和充分接触，达到较好的拌种效果。拌种箱的旋转速度一般以每分钟 30～40 转为宜，拌种时间 3～4 分钟，可正反方向各旋转 2 分钟。拌种完毕后一般要求停顿一定时间，待药粉在拌种箱沉降后再取出种子。

为了保证种子安全，药剂拌种一般是在播种前一段时间对种子进行药剂处理，但对于某些对种子比较安全的药剂，可以采用预先拌种法。预先拌种法一般是在播种前较长一段时间，几个月甚至 1～2 年进行药剂拌种，可以增加药剂作用时间，降低药剂使用量。有时为了增加药剂在种子上的黏附效果，也可以先将种子用少量清水沾湿，再拌药粉，但是拌种完毕后需要晾晒，并尽快播种，以免发生药害。对于像棉籽一样的种子，由于种子外部带有一层绒毛，不能直接用来药剂拌种，可以先行脱绒或浸泡后再与药剂混合拌种。

拌种使用的农药剂量因作物种类不同而异，表面光滑的种子表面药剂附着量小，表面粗糙的种子药剂附着量大。如使用可湿性粉剂拌种，禾谷类种子（水稻种子例外）表面比较光滑，药粉附着量一般为种子重的 0.2%～0.5%，而棉花种子的药剂附着量可以达到 0.5%～2.0%。所以，实际使用中必须根据种子种类及药剂特性认真选择拌种药剂的浓度。药剂拌种的浓度主要有两种计算方法，一是按照农药拌种制剂占处理种子的质量百分含量，如 50%多菌灵可湿性粉剂拌种浓度为 0.2%，表示每 100 千克种子需要 50%多菌灵可湿性粉剂 0.2 千克；另一种计算方法是按照拌种药剂的有效含量占处理种子的质量百分含量计算，同样以 50%多菌灵可湿性粉剂拌种为例，如拌种浓度为 0.2%，则表示每 100 千克种子需要 50%多菌灵可湿性粉剂 0.4 千克。目前生产上多采用第一种计算方法。

拌种使用的农药剂型以粉剂、可湿性粉剂等粉体剂型为主。拌种使用的农药有效成分一般以内吸性药剂为好，当然也可以根据实际防治对象选择适宜的药剂。拌种用药剂选择的原则是在保证不至于出现药害的前提下达到最好的防治效果。药剂拌种防治病虫效果的好坏不仅与药剂选择及其性能指标有关，还与拌种质量的好坏有关。有些地方仍然采用比较原始的木锨翻搅的拌种方式，药剂黏附不均且容易脱落，还容易损伤种子，达不到理想的拌种效果。有条件的地方应该尽可能利用专用拌种器拌种，如果确实没有专用拌种器，也可以使用圆柱形铁桶，将药剂和种子按照规定的比例加入桶内，封闭后滚动拌种。

拌好药的种子一般直接用来播种，不需再进行其他处理，更不能进行浸泡或催芽。如果拌种后并不马上播种，种子在贮存过程中就需要防止吸潮。

3. 闷种法 闷种法是将一定量的药液均匀喷洒在播种前的种子上，待种子吸收药液后堆在一起并加盖覆盖物堆闷一定时间，以达到防止病虫危害目的的一种种子处理方法。闷种法实际上是介于浸种与拌种之间的一种种子处理方法，又称作半干法。

闷种法主要利用了挥发性药剂在相对封闭环境中所具有的熏蒸作用而起到防治病虫害的目的，所以闷种法多选用挥发性强、蒸汽压低的农药进行闷种处理，比如福尔马林、敌敌畏等。近年来，一些内吸性较好的杀菌剂品种也被用来进行闷种处理。闷种法使用的药液浓度比浸种法高得多，要求农药制剂必须能够在水中较好分散，所以闷种经常使用的农药剂型有水剂、乳油、可湿性粉剂、悬浮剂等，但不能使用粉剂。

闷种法使用药液的具体浓度主要根据药剂特性和种子情况决定，一般按照规定定量加入药剂稀释液。药液浓度高、种子对药剂敏感，闷种时间要短；药液浓度低、种子耐药性强，闷种时间可适当加长。比如，水稻种子用2%的福尔马林水溶液闷种，时间为8小时；小麦种子用0.1%萎锈灵水溶液闷种，时间为4小时。闷种法处理后的种子晾干即可播种，一般不需其他处理。但是由于闷种后种子已经吸收了较多水分，不宜久贮，以免贮存过程中种子发热影响发芽率。这也是闷种法使用受到限制的主要原因。

4. 包衣法 包衣法是将种衣剂包覆在种子表面形成一层牢固

种衣的种子处理方法，也是一项把防病、治虫、消毒、促长融为一体的种子处理技术。种子包衣需要专用的农药剂型，即种衣剂；需要专用的包衣设备，即种子包衣机；也需要规范的包衣操作程序，即一般需要脱粒精选、药剂选择、包衣处理、计量包装等过程。通过种子包衣，可以防止病、虫、草、鼠等有害生物对种子和幼苗的危害，起到保护种苗的作用；可以为种子萌发和幼苗生长提供相关营养物质，起到促芽助长的作用；还可以调整种子大小、形状，利于机械播种，起到种子丸粒化、标准化的作用。

种子包衣法具有许多优点。种子包衣使用的药剂配方中可以包含杀菌剂、杀虫剂、植物生长调节剂，也可以含有肥料、微量元素等利于种子萌发与生长的营养物质，这些有效成分可以单独使用，也可以复合使用，而且与浸种或拌种所用药肥不同，种子包衣后这些成分能够在种子上立即固化成膜，在土中遇水溶胀，但不被溶解，不易脱落流失，具有更好的靶标施药性能；另外，种子包衣是一种隐蔽施药技术，对人、畜及天敌安全。

二、种苗处理

与种子处理方法相似，配制一定浓度的药液，采取浸秧法或者蘸根法处理植物幼苗，达到防治病虫害目的的处理方法为种苗处理。种苗处理的作用原理是：①药剂对种苗表面上或内部潜伏的病原菌产生灭杀作用，作用方式有触杀、熏蒸和内吸（或内渗进入种皮）等。②药剂在种苗周围的土壤环境中形成扩散层。在扩散层内活动的病原菌、害虫和杂草种子（或已萌发的草籽）可被药剂杀死或受到抑制。

三、土壤处理

土壤处理是采用适宜的施药方法把农药施到土壤表面或土壤表层中对土壤进行药剂处理。土壤处理的目的通常有：①杀灭土壤中的植物病原菌、害虫、线虫、杂草。②阻杀由种子带入土壤的病原菌。③将内吸性杀虫剂、杀菌剂经种子、幼芽及根吸收传送到幼苗中防治作物地上部分的病虫害。④将内吸性植物生长调节剂通过根吸收进入植物体内，对作物的生长和发育进行化学调控，或为果树缺素症供给某些营养元素。可在播种前处理，也可在生长期间施于植株基部附近的土壤，如用药液浇灌或在地面打洞后投入颗粒状的内吸药剂。

土壤处理的药剂分为熏蒸剂和非熏蒸剂，熏蒸化学药剂包括溴甲烷、氯化苦、棉隆、威百亩、异硫氰酸甲酯、1,3-二氯丙烯等。非熏蒸性化学药剂包括克线磷、双氯酚、硫线磷、敌线酯、线螨磷、敌克松、多菌灵、五氯硝基苯、三唑酮、扑海因、恶霉灵、苯菌灵、甲霜灵等。

土壤处理技术按操作方式和作用特点可以分为土壤覆膜熏蒸消毒技术、土壤化学灌溉技术、土壤注射技术等。

四、喷雾法

用喷雾机具将液态农药喷洒成雾状分散体系的施药方法称为喷雾法，喷雾法是防治农、林、牧有害生物的最重要的施药方法之一，也可用于卫生和消毒等。根据喷雾场所和防治的需要，研究发展出了多种多样的喷雾方法，每种喷雾方法都有其特点和使用范围。农药喷雾技术的分类方法很多，根据喷雾机具、作业方式、施药液量、雾化程度、雾滴运动特性等参数，喷雾技术可以分为各种各样的喷雾方法，常用的分类方法介绍如下。

1. 根据施药液量分类 喷雾过程中施药液量的多少大体是与雾化程度相一致的，采用粗雾喷洒，就需要高的施药液量，而采用细雾喷洒方法，就需要采用低容量或超低容量喷雾方法。单位面积（每公顷）所需要的喷洒药液量称为施药液量或施液量，单位用“升/公顷”表示。施药液量是根据田间作物上的农药有效成分沉积量以及不可避免的药液流失量的总和来表示的，是喷雾法的一项重要技术指标。

（1）高容量喷雾法。每公顷施药液量在600升以上（大田作物）或1 000升以上（树木或灌木林）的喷雾方法称高容量喷雾法

（HV），也称常规喷雾法或传统喷雾法。高容量喷雾方法的雾滴粗大，所以也称粗喷雾法。高容量喷雾法田间作业时，粗大的农药雾滴在作物靶标叶片上极易发生液滴聚并，引起药液流失。在我国大容量喷雾法是应用最普遍的方法。

（2）中容量喷雾法。每公顷施药液量在 200～600 升（大田作物），或 500～1 000 升（树木或灌木林）的喷雾方法（MV）。中容量喷雾法与高容量喷雾法之间的区分并不严格。中容量喷雾法是采取液力式雾化原理，使用液力式雾化部件（喷头），适应范围广，在杀虫剂、杀菌剂、除草剂等喷洒作业时均可采用。中容量喷雾法田间作业时，农药雾滴在作物靶标叶片也会发生重复沉积，引起药液流失，但流失现象比高容量喷雾法轻。

（3）低容量喷雾法。每公顷施药液量在 50～200 升（大田作物），或 200～500 升（树木或灌木林）的喷雾方法（LV）。低容量喷雾法雾滴细、施药液量小、工效高、药液流失少、农药有效利用率高。对于机械施药而言，可以通过调节药液流量调节阀、机械行走速度和喷头组合等实施低容量喷雾作业；对于手动喷雾器，可以通过更换小孔径喷片等措施来实施低容量喷雾；另外，采用双流体雾化技术，也可以实施低容量喷雾作业。

（4）很低容量喷雾法。每公顷施药液量在 5～50 升（大田作物），或 50～200 升（树木或灌木林）的喷雾方法（VLV）。很低容量喷雾法和低容量喷雾法之间并不存在绝对的界线。很低容量喷雾法工效高、药液流失少、农药有效利用率高，但容易发生雾滴飘移。其雾化原理可以是液力式雾化，通过更换喷洒部件实施，也可以是低速离心雾化原理，或采用双流体雾化技术，也可以实施低容量喷雾作业。

（5）超低容量喷雾法。每公顷施药液量在 5 升以下（大田作物），或 50 升（树木或灌木林）以下的喷雾方法称为超低容量喷雾法（ULV），雾滴直径小于 100 微米，属细雾喷洒法。其雾化原理是采取离心雾化法或称转碟雾化法，雾滴直径决定于圆盘（或圆杯等）的转速和药液流量，转速越快雾滴越细。超低容量喷雾法的施药液量极少，必须采取飘移喷雾法。由于超低容量喷雾法雾滴细小，容易受气流的影响，因此施药地块的不同以及喷雾作业的行走路线、喷头高度和喷幅的重叠都必须严格设计。

实际上喷雾过程中的施药液量很难绝对划分清楚，低容量喷雾法以下施液量的 3 种喷雾方法雾滴较细或很细，所以也统称为细喷雾法。

2. 根据喷雾方式分类

（1）飘移喷雾法。指利用风力把雾滴分散、飘移、穿透、沉积在靶标上的喷雾方法。该法的雾滴按大小顺序沉降，距离喷头近处飘落的雾滴多而大，远处飘落的雾滴少而小。雾滴愈小，飘移愈远，据测定直径 10 微米的雾滴，飘移可达千米之远。而喷药时的工作幅宽不可能这么宽，每个工作幅宽内降落的雾滴是多个单程喷洒雾滴沉积累积的结果，所以飘移喷雾法又称飘移累积喷雾法。飘移喷雾法可以有比较宽的工作幅，比常规针对性喷雾法有较高的工作效率并减少能量消耗，在防治突发性、暴发性害虫中能起重要作用。其缺点是喷施的小雾滴容易被自然风吹离目标区域以外而飘失。

超低量喷雾机在田间作业时须采用飘移喷雾法。以东方红-18型超低量喷雾机为例，作业时机手手持喷管手把，向下风向一边伸出，弯管向下，使喷头保持水平状态（风小及静风或喷头离作物顶端高度低于 0.5 米时可有 5°～15°仰角），并使喷头距作物顶端高出 0.5 米，在静风或风小时，为增加有效喷幅、加大流量，可适当提高喷头离作物顶端的高度。作业行走路线根据风向而定，走向最好与风向垂直，但喷向与风向的夹角不得超过 45°。在地头每个喷幅处应设立喷幅标志，从下风向的第一个喷幅开始喷雾。

如果喷雾的走向与作物行不一致，则每边需要一个标志。假如喷雾走向与作物行一致，只要一个标志就可以了。当一个喷幅喷完后，立即关闭截止阀，并向上风向行走，到达第二个喷幅标志处或顺作物行对准对面标志处。喷头调转 180°，仍指向下风向，在打开截止阀的同时向前顺作物行或对准标志行走喷雾，按顺序把整块农田喷完。

（2）定向喷雾法。同飘移喷雾法相对的喷雾方法，指喷出的雾流具有明确的方向性。采用定向喷雾可以采取如下措施：①调整喷头的角度，使喷出的雾流针对农作物而运动，手动或机动喷雾机利用这一方法进行定向喷雾。②强制性的定向沉积，利用适当的遮挡材料把作物或杂草覆盖起来而在覆盖物下面喷雾，使雾滴直接沉积在下面的杂草或作物上。

（3）针对性喷雾法。定向喷雾的一种，即通过配置喷头和调整喷雾角度，使雾滴沉积分布到作物的特定部位。

（4）置换喷雾法。对株冠层大而浓密的果园喷雾，雾滴很难直接沉积到冠层内部的叶片上，利用风机产生的强大气流裹挟雾滴进入冠层内，置换株冠层内原有空气而沉积在株冠层内的喷雾方法。该法可以实现低容量喷雾，使农药沉积分布均匀、利用率高，同时省工省时，但该法必须通过风送式果园喷雾机实现。

（5）静电喷雾法。通过高压静电发生装置使雾滴带电喷施的喷雾方法。静电喷雾法的工作原理可分为药液液丝充电、带电后雾滴碎裂和带电雾滴在靶标表面沉积三部分。带电雾滴与不带电雾滴在作物表面上的沉积有显著差异。由于静电作用，带电雾滴在一定距离内对生物靶标产生撞击沉积效应，并可在静电引力的作用下沉积到叶片背面，将农药有效利用率提高到90%以上，可以节省农药，并消除雾滴飘移，减少对环境的污染。静电喷雾需要静电喷雾机和专用油剂，其缺点是带电雾滴对高郁闭度作物株冠层的穿透力较差。

静电喷雾作业受天气影响相对较小，早晚和白天均可进行喷雾，适用于有导电性的各种农药制剂。但是静电喷雾器需要有产生直流高压电的发生装置，因而机器结构比较复杂，成本比较高。

（6）循环喷雾法。利用药液回收装置，将喷雾时没有沉积在靶标上的药液循环利用的喷雾技术措施。其工作原理是在喷洒部件的对面加装单个或多个药雾回收（或回吸）装置，回收的药液聚集在单个或多个集液槽内，经过滤后再输送返回药液箱。循环喷雾在果园风送液力喷雾上发展比较成熟，该法可以节省农药，减轻环境污染，已经有多种样机在生产上使用。但循环喷雾方法需要的喷雾机具复杂，防治成本高。

（7）精准喷雾法。利用现代信息识别技术确定有害生物靶标的位置，通过控制技术把农药准确地喷洒到靶标上的喷雾技术。精准喷雾技术可通过以下两种方法实现：①全球定位系统（GPS）和地理信息系统（GIS）的应用，施药者能准确确定喷杆喷雾机在田间的位置，保证喷幅间衔接，避免重喷、漏喷。②基于计算机图像识别系统采集和分析计算杂草特征，根据有害生物靶标的有无控制喷头的开关，做到定点喷雾。

五、喷粉法

喷粉法就是利用机械所产生的风力把低浓度的农药粉剂吹散后，使粉粒飘扬在空中，再沉积到作物和防治对象上的施药方法。喷粉法是一种比较简单的农药使用技术，其主要特点是使用方便、工效高、粉粒在作物上沉积分布比较均匀、不需用水，在干旱、缺水地区更具有应用价值。按照喷粉时的施药手段可以把喷粉法分为以下几类。

1. 手动喷粉法 指用人力操作的简单器械进行喷粉的方法，如利用手摇喷粉器，以手柄摇转一组齿轮使最后输出的转速达到1 600转/分以上，并以此转速驱动风扇叶轮产生很高风速的气流，以把粉剂吹散。由于手摇喷粉器一次装载药粉不多，因此只适宜于小块农田、果园以及温室大棚采用。手摇喷粉法的喷粉质量往往受手柄摇转速度的影响，达不到规定的转速或风速不足时，就会影响到粉剂的分散和分布。

2. 机动喷粉法 指用发动机驱动的风机产生强大的气流进行喷粉的方法。这种风机能产生所需的稳定风速和风量，保证喷粉的质量。机引或车载时的机动喷粉设备，一次能够装载大量粉剂，适用于大面积农田中采用，特别适合于大型果园和森林。

3. 飞机喷粉法 利用飞机螺旋桨产生的强大气流把粉剂吹散，

进行空中喷粉的方法。使用直升机时，主螺旋桨所产生的下行气流特别有助于把药粉吹入农田作物或森林、果园的株丛或树冠中，是一种高效的喷粉方法。对于大面积的水生植物如芦苇等，利用直升机喷粉也是一种有效的防治方法。

喷粉法在实施过程中由于细小粉粒飘移，容易污染环境，目前在露地很少使用，但在温室大棚等保护地仍可采用，因此称之为温室大棚粉尘法施药技术。粉尘法是喷粉法的一种特殊形式，就是在温室、大棚等封闭空间里喷撒具有一定细度和分散度的粉尘剂，使粉粒在空间扩散、飞翔、飘浮形成飘尘，并能在空间飘浮相当长的时间，因而能在作物株冠层很好地扩散、穿透，产生比较均匀的沉积分布。粉尘法施药喷洒的粉尘剂粉粒细度要求在10微米以下。粉尘法的优点是工效高、不用水、省工省时、农药有效利用率高、不增加棚室湿度、防治效果好。但不可在露地使用，也不宜在作物苗期使用。

六、熏蒸法

熏蒸法是指用气态农药或用在常温下容易汽化的农药处理农产品、密闭空间或者土壤等的农药使用方法。熏蒸法只有采用熏蒸药剂才能实施，熏蒸药剂是指在所要求的温度和压力下能产生对有害生物致死的气体浓度的一种化学药剂。熏蒸法要求有一个密闭的空间以把熏蒸药剂与外界隔开，防止药剂蒸汽逸散。

1. 温室大棚电热硫黄熏蒸法　在有电源供应的条件下，可以在温室大棚安装电热熏蒸器，利用电热恒温加热和部分药剂的升华特性，使药剂升华、汽化成极其微细的颗粒，药剂颗粒在温室大棚内做充分的布朗运动，均匀沉积分布在植物叶片表面，保护植物免受病虫害的侵害。此种方法简单易行，防治效果好，在草莓白粉病、番茄疫病等的防治中均取得了优异的效果。

2. 土壤覆膜熏蒸消毒法　土壤熏蒸是杀灭土传病原菌、病原线虫和地下害虫及杂草的有效措施。但由于土壤耕作层的体积很大，而且土壤团粒对某些熏蒸剂有吸附作用，所以土壤熏蒸用药量很大、耗资较多。土壤熏蒸有 3 种施药方法：

（1）土壤注射法。把熏蒸剂定量地注入一定深度的土中。须在土面上打出足够多注射孔以保证注入足够的剂量和分布的均匀性，也可在打孔后由玻璃漏斗灌药，再用泥土封口。

（2）开沟、施药、覆土。

（3）覆膜施药法。有专用的拖拉机牵引覆膜熏蒸机。药液从机后排液管流入土层下面，随即由拖拉机自动覆土，并同时自动覆膜。此法高速高效，主要在大面积农田上采用此法。在较小面积的经济作物田和温室大棚中则多采取罐装熏蒸剂的人工覆膜熏蒸法。土壤熏蒸后经过一定时间后必须揭膜彻底散气，再进行农事作业。土壤熏蒸常用的熏蒸药剂有溴甲烷、氯化苦、棉隆、威百亩等，下面仅以溴甲烷土壤熏蒸为例简单介绍。

溴甲烷对土壤中的病原真菌、线虫、害虫、杂草等均能有效地杀死，并且能够加快土壤颗粒结合的氮素迅速分解为速效氮，促进植物生长，因而溴甲烷土壤覆膜熏蒸法成为世界上应用最广、效果最好的一种土壤熏蒸技术，我国在种植烟草、草莓、黄瓜、番茄、花卉、草坪以及人参、丹皮等中草药的土壤上已广泛应用。溴甲烷土壤熏蒸方法有热法和冷法两种处理方法，用量范围一般在 50～100 克/米^2，可以根据土传病害发生程度以及土壤类型调整，我国市场有 35 千克大钢瓶溴甲烷和 681 克的小包装溴甲烷出售。

（1）热法。热法熏蒸一般适用于温室大棚，特别是早春季节处理温室大棚土壤，必须采用热法操作。热法操作所需要的材料有大钢瓶装液化溴甲烷、蒸发器及加热装置、地秤或溴甲烷流量计、塑料软管、覆盖土壤的塑料膜等。热法处理时先把通气用塑料软管置放在整理好的土壤表面，再覆盖塑料膜，并把塑料膜周边深埋入土中，埋入深度以 20～30 厘米为宜，以防止溴甲烷从四周逸出。把溴甲烷钢瓶出口同蒸发器的进口相连接，蒸发器的出口再通过塑料管同预先置放在土壤表面的通气用塑料软管相连接，连接处用土压埋。

（2）冷法。对于小罐包装溴甲烷（市场上常见为 681 克包装），在使用时无需加热，称为冷法熏蒸操作。这种小包装溴甲烷备配有一只专用的破罐器，使用比较方便，适用于苗床、小块温室大棚土壤熏蒸。这种小包装溴甲烷在土壤熏蒸处理时不需要加热处理，也不需要塑料管，在使用时需要预先在土壤表面放置一块木板或砖块，木板或砖块上平稳放置破罐器，把溴甲烷罐平稳地卡放在破罐器上。用塑料膜覆盖处理的地块，用手掌隔着塑料膜把溴甲烷罐压下，听到“哧”的一声，说明溴甲烷罐已被刺破，溴甲烷已经喷出。溴甲烷熏蒸时土壤温度应保持在8℃以上。覆膜时塑料膜四周必须埋入土内15～20厘米处，塑料膜不能有破损。熏蒸时间为48～72小时。熏蒸后揭膜通风散气7～10天以上，高温、轻壤土通风时间短，低温、重壤土通风散气时间长。遇到雨天，塑料膜不能全部揭开，可以在侧面揭开缝通风，以防雨水降落影响土壤散气通风。

土壤覆膜熏蒸消毒是一项操作程序比较复杂、风险比较大的农药使用方法，施用过程中若发生药剂毒气外逸，而人员仍滞留在密闭棚室内过长时间，容易发生人员中毒事故，操作者在使用前一定要向技术部门咨询使用方法，施用时一定要注意使用安全。

七、颗粒撒施法

对于那些毒性高的农药品种，或者那些容易挥发的农药品种，不便采用喷雾方法，此时，采用颗粒撒施方法是最好的选择。另外，从农药的使用手段来说，撒施法是最简单、最方便、最省力的方法，无须药液配置，可以直接使用，并且可以徒手使用。

撒施法使用的农药是颗粒状农药制剂，由于颗粒状农药制剂粒度大，下落速度快，受风的影响很小，特别适于在下列情况下采用：一是土壤处理；二是水田施用多种除草剂，特别是希望药剂快速沉入水底以便迅速被田泥吸附或被水稻根系吸收；三是在多种作物的心叶期施药，例如玉米、甘蔗、凤梨等。有些钻心虫如玉米螟等藏匿在喇叭状的心叶中危害植株，向心叶中施入适用的颗粒剂可以取得很好的效果，而且施药方法非常简便。

1. 地下害虫、根结线虫和苗期蚜虫的防治 颗粒剂最早使用是从土壤消毒开始的，在颗粒撒施法的研究开发中，应用最广泛的是土壤处理以防治地下害虫和苗期蚜虫。颗粒杀虫剂在防治地下害虫方面是非常有前途的，5%毒死蜱颗粒剂全面撒施，对多种蔬菜作物的地下害虫均有很好的防治效果。随着大量新型内吸农药的开发成功，采用颗粒沟施方法防治苗期病虫害的应用作物和应用面积逐步扩大。

在土壤线虫防治技术中，采用非熏蒸性杀线虫剂颗粒撒施是一种有效的方法，杀线虫颗粒剂撒施的方法有 3 种。

（1）全面撒施。为防治土壤中的大部分线虫，可以把非熏蒸性杀线虫剂颗粒（如克百威）均匀全面地撒施于土壤表面；如果撒施颗粒后再和 10～20 厘米深的土混合，效果会更好。

（2）行施。如果作物是以每隔 60 厘米或更大间隔成行种植的话，可以成行处理。在作物播种或移栽前，在播种行开 25～30 厘米宽的沟，把杀线虫剂颗粒撒施在沟内，覆土、播种，作物行间是不需要处理的。对很多蔬菜和大田作物可用行施方法，可以节省农药用量的 1/2～3/4，并且减少劳动力，因此我们说行施是一种最经济有效的施用杀线虫剂的方法。

（3）点施。如果作物的株行距都很宽（如果树），用点施的方法可节省大量药剂，但这种点施的方法必须采用手动施药，比较费工、费时。颗粒剂点施过程中，需要解决的是如何把药剂量准确均匀地施入田间。单纯依靠人员徒手操作，很难做到。

2. 谷类作物茎秆钻蛀害虫的防治 颗粒撒施除了可以用于地下害虫的防治外，还可以用于禾谷类作物茎秆钻蛀害虫的防治，如用 3%杀虫双大粒剂撒施处理水稻田，可以有效地防治水稻二化螟。

3. 水田大粒剂撒施法 大型颗粒（即大粒剂）较重，与绿豆的大小近似，可以抛掷到很远的农田中。这是大粒剂的主要特点，也是它的特殊用途。我国农药科技人员根据杀虫双和杀虫单的水溶性以及稻田土壤对杀虫双和杀虫单的不吸附性这两个特征，把这两种杀虫剂制成了3%和5%两种大粒剂，在防治水稻螟虫上取得了良好的效果。大粒剂撒施法消除了喷雾法的雾滴飘移对蚕桑的危害，使杀虫双得以在稻区推广应用。大粒剂的使用主要是采取抛施的方法，这样不仅可以减少操作人员在稻田中的作业时间，减轻了劳动强度，对稻田的破坏性也比较小。大粒剂属于崩解剂型粒剂，在水田中会很快崩解而溶入水中，并被水稻根系所吸收。如5%杀虫双大粒剂每千克约有2 000粒，每亩稻田的撒粒量为1千克左右，平均每平方米水田着粒量为2～4粒。在8小时内有效成分便可扩展到全田，24小时内可以达到全田均匀分布。抛掷距离最远可达20米左右，不过一般应控制在5米左右的撒幅中，便于掌握撒施的均匀性。杀虫双大粒剂在各种规模的稻田中均可使用。在面积较小的稻田中操作人员无须下田，在田埂上抛施即可。在面积较大的稻田中，可以分为若干个作业行，行间距离可保持10米左右，所以工效很高。在漏水田不能使用，因为杀虫双或杀虫单在土壤颗粒上不能吸附，容易发生药剂渗漏。另外，撒粒时稻田必须保水5厘米左右，以利于药剂被水稻充分吸收。

需要指出的是：有些用户有时把颗粒剂溶散在水中再进行喷雾，这种用法一部分是由于用户对颗粒剂的用途不了解，还有一部分用户误认为泡水喷雾的效果优于撒粒。这些认识都是不正确的。因为一方面有许多颗粒剂的有效成分是剧毒的，撒粒时比较安全，喷雾则很危险，如甲拌磷、克百威（即呋喃丹）、涕灭威等，也是国家明文规定禁止喷雾用的；另一方面，颗粒剂有其特殊的功能和效力，生产成本也比喷雾用的制剂高，所以把颗粒剂泡水喷雾是得不偿失的。

八、涂抹法

用涂抹器将药液涂抹在植株某一部位的局部施药方法称为涂抹法。涂抹用的药剂为内吸剂或触杀剂，按涂抹部位划分，分为涂茎法、涂干法和涂花器法3种。为使药剂牢固地黏附在植株表面，通常需要加入黏着剂。涂抹法施药有效利用率高，没有雾滴飘移，费用低，适用于果树和树木，以及大田除草剂的使用。

1. 杂草防除中的涂抹技术 防治敏感作物的行间杂草，可以利用内吸传导强的除草剂和除草剂的位差选择原理，以高浓度的药液通过一种特制的涂抹装置，将除草剂药液涂抹在杂草植株上，通过杂草茎叶吸收和传导，使药剂进入杂草体内，甚至到达根部，以达到除草的目的。这种技术具有用水少、节省人工、对作物安全、应用范围广，农田、果园、橡胶园、苗圃等均可使用，拓展了一些老除草剂的新用途。

应用涂抹法必须具备 3 个条件：一是所用的除草剂必须具有高效、内吸传导性，杂草局部着药即起作用；二是杂草与作物在空间上有一定的位置差，或杂草高出作物，或杂草低于作物；三是除草剂的浓度要大，使杂草能接触足够的药量。涂抹法施药的除草剂浓度因除草剂与涂抹工具不同而异，例如在棉花、大豆和果园施用草甘膦防除白茅等杂草，用绳索涂抹，药与水的比例是 1∶2，用滚动器涂抹则为 1∶(10～20)。

涂抹法施药液量较低，每公顷低于 110 升（每 667 $米^2$ 约 7.5 升），因此，操作要求快涂抹施药前，要经过简短培训，做到均匀涂抹。在气温高、湿度大的晴天涂抹施药时，有利于杂草对除草剂的吸收传导。

2. 棉花害虫防治中的涂茎技术 利用杀虫剂（如氧乐果、吡虫啉等）的内吸作用，在药液中加入黏着剂、缓释剂（如聚乙烯醇、淀粉等），用毛笔或端部绑有棉絮、海绵的竹筷蘸取配制好的药液，涂抹在棉花幼苗的茎部红绿交界处，该法对棉花蚜虫的防治效果在 95%以上，并能防治棉花红蜘蛛和一代棉铃虫。这种涂茎施药方法与喷雾法相比，农药用量可以降低 1/2，另外对天敌的杀伤力也小。需要注意的是，采用涂茎方法时，要防止把药液滴落在叶片和幼嫩的生长点上，以防灼伤叶片或烧死棉苗。

3. 树干涂抹技术 把一定浓度的药液涂抹在树干或刮去树皮的树干上，以达到控制病虫害的目的，这种方法称为树干涂抹技术。树干涂抹一般使用具有内吸作用的药剂，使内吸药剂被植株吸收而发生作用。一般多用这种方法施用杀虫剂来防治害虫，也可施用具有一定渗透力的杀菌剂来防治病害。这种施药技术药液没有飘移，几乎全部黏附在植物上，药剂利用率高，不污染环境，对有益生物伤害小，使用方便。

树干涂抹法防治病害，多用于涂抹刮治后的病疤，防止其复发或蔓延。例如，酸橙树腐烂病刮治后涂抹腐必清、腐烂敌等杀菌剂；果树的流胶病，在刮去流胶后，涂抹石硫合剂；果树的膏药病、脚腐病等，刮削病斑后，涂抹石硫合剂等药剂，都有很好的防治效果。方法是将配置好的药液，用毛笔、排刷、棉球等将药液涂抹在幼树表皮或刮去粗皮的大树枝干上，或发病初期的二三年生枝上，然后用有色塑料薄膜包裹树干、主枝的涂药部位（避免阳光直射、防止影响药效）；或用脱脂棉、草纸蘸药液，贴敷在刮去粗皮的枝干上，再用塑料薄膜包扎。涂药的浓度、面积、用量，视树冠的体积大小和涂药的时间，以及施用的目的和防治对象而异。

但要注意涂抹药液的浓度不宜太大，刮去树皮的深度以见白皮层为准，过深会灼伤树皮引起腐烂而导致树势衰弱乃至死树。以春季和初秋涂抹效果为好。高温时应降低施用浓度，雨季涂抹容易引起树皮霉烂。休眠期树液停止流动，涂药无效。对果树，涂药时间至少要距采果期 70 天以上，否则果实体内残留量大。剧毒农药只准在幼年未结果果树涂抹。非全株性病虫，主干不用施药，只抹树梢。衰老园更不宜用涂抹法防治病虫。

九、撒滴法

撒滴法施药需要专用的农药剂型——撒滴剂，仅适用于水稻田和其他水田作物，不能用于旱田作物。商品撒滴剂是装在特制的撒滴瓶中供撒滴用的药液。撒滴剂包装瓶的内盖上有数个小孔（一般 3～4 个），施药时药液无需加水稀释，不需要使用喷雾器，操作人员打开撒滴瓶的外盖，手持药瓶左右甩瓶将药液抛撒入田即可。用 18%杀虫双撒滴剂防治水稻害虫，施药时手持药瓶，在田间或田埂缓步行走，左右甩动药瓶。处理 667 米^2 稻田只需 5～10 分钟，且不需要强劳力。施药时间不受天气条件的影响和限制。为使药剂入水后能迅速扩散，用撒滴剂时田间应有4～6厘米水层，施药后保水3～5天。

【练习与思考】

1. 常见种子农药处理方法有哪几种?
2. 试述种苗农药处理的作用原理。
3. 试述土壤农药处理的目的。
4. 农药喷雾方法有哪几类?
5. 农药喷粉方法有哪几类?
6. 如何使用农药进行土壤覆膜熏蒸?
7. 如何使用农药进行颗粒撒施防治?
8. 如何进行树干涂抹?
9. 如何进行农药撒滴?

项目二　农药法规、管理制度解读

【项目提要】

本项目主要讲授解析我国现行的农药生产管理体系、农药经营管理体系和农药使用管理体系。

要求学生通过学习重点掌握：

1. 农药生产管理制度；
2. 农药质量管理制度；
3. 农药登记制度；
4. 进出口农药登记管理；
5. 农药标签管理；
6. 农药知识产权保护制度；
7. 农药经营管理制度；
8. 农药广告审查制度；
9. 限用禁用农药管理制度；
10. 农副产品中农药残留的监督管理；
11. 违反农药管理法规的法律责任。

任务 1　农药生产管理体系

一、农药生产管理制度

1. 农药生产许可条件　为了加强农药工业管理，促进农药工业健康有序发展，《农药管理条例》规定，国家对农药生产（包括原药生产、制剂加工和分装）实行生产许可制度。农药生产许可证或生产批准文件由国家经济贸易委员会（原化工部门）审核批准后颁发。其中，生产有国家标准或者行业标准的农药产品的，应当向国家经济贸易委员会申请农药生产许可证；生产尚未制定国家标准、行业标准，但已有企业标准的农药产品的，应当经省、自治区、直辖市经济贸易管理部门（原省级化工部门）审核同意后，报国家经济贸易委员会批准，取得农药生产批准文件。

具备下列条件的企业方可取得生产许可证（或生产批准文件），但是，法律、行政法规对企业设立的条件和审核或批准机关另有规定的，服从其规定。

①企业所生产的农药产品必须依法取得农药登记。

②有一支足以保证产品质量并维持和进行正常生产的专业技术人员、熟练技术工人及计量、检验人员的队伍，能严格按照图纸、生产工艺和技术标准进行生产、检测和管理。

③有与其生产的农药相适应的厂房、生产设施和卫生环境。

④有产品国家标准、行业标准或经产品标准管理机构认可的企业标准。

⑤有按规定程序批准的正确、完整的设计图纸或技术文件。

⑥有保证该产品质量的生产设备、工艺装备和计量检验与测试手段。

⑦产品生产过程中安全设施齐全；生产环境的尘毒浓度符合国家标准，对“三废”排放有相应的治理措施，并达到国家规定标准。

农药生产企业应按照农药产品质量标准、技术规程进行生产，生产记录必须完整、准确。农药产品包装必须贴有标签或者附具说明书。标签应当紧贴在农药包装物上。标签或者说明书应当标明农药名称（包括有效成分和含量）、企业名称（包括企业详细地址、邮编、电话）、产品批号（或生产日期）和农药登记证号、农药生产许可证或农药生产批准文件号，以及农药质量、容量、产品性能、毒性、用途、使用技术、使用方法、有效期和注意事项及中毒后的急救措施等；农药分装产品还应当注明分装单位。产品出厂前，应经质量检验并附有产品质量检验合格证。不符合产品质量的不得出厂。

2. 农药生产企业的权利与义务　市场经济是法治经济，一个企业要想在激烈的市场竞争中站稳脚跟，并不断发展壮大自己，了解、掌握和充分运用法律赋予的权利，及履行自己应尽的义务，具有至关重要的意义。

依据《农药管理条例》和《条例实施办法》，农药生产企业主要有以下八方面权利：

①农药研制者和生产者申请农药田间试验和农药临时登记，在交齐资料后，有权要求省级农药检定机构在1个月内完成初审，有权要求农业部农药检定所在3个月内给予审查意见的答复。农药临时登记证有效期为1年，可以续展，但累计有效期不得超过4年；正式登记的申请，自资料交齐之日起，农业部农药检定所必须在1年内给予答复，农药正式登记证有效期5年，可以续展。

②首家登记的新农药、新制剂、新使用范围或方法的厂家，分别享受7年、5年、3年的保护期限，在资料保护期限内，未经首家登记的厂家同意，其他任何厂家进行相同产品登记时，不得无偿享用首家登记的资料。

③农药生产者可以申请使用农药商品名称。该商品名称经农业部批准后，由申请人专用。

④农药登记部门对农药生产、研制者提供的登记资料和样品有保守技术秘密的义务。

⑤农药生产企业有了解、掌握全国农药登记情况的权利，农业部应定期公告农药登记情况。

⑥农药生产企业有直销自产农药的权利。

⑦“三证”（登记证、生产许可证或生产批准文件、产品质量标准号）齐全的产品，农药生产企业有权依法在规定的区域内销售，任何单位无权擅自禁止、限制该产品在市场上流通。

⑧对农药管理者作出的行政处罚决定不服的，可依法申请行政救济（包括行政处罚决定过程中的陈述权、申辩权和其他程序权；行政处罚决定做出后的申请复议权、提起行政诉讼权和提出行政赔偿权等），保护自己的合法权益。

农药生产企业在享有上述权利的同时，还应履行下列义务：

①农药研制者和生产者申请农药田间试验或农药登记，应当按照《农药登记资料要求》提供农药的产品化学、毒理学、药效、残留、环境影响、标签等方面的资料，经农业部审查合格后，发给田间试验许可证或农药登记证。

②农药生产企业应当按照农药产品质量标准、技术规程进行生产，生产记录必须完整。

③农药产品包装必须贴有标签或者附具说明书。标签或说明书的内容必须按农药登记部门审批认可的要求制作。分装的农药应当注明分装单位。

④农药产品出厂前，应当经过质量检验，并附具产品质量合格证，不符合产品质量标准的，不得出厂。

⑤禁止生产假劣农药或国家明令禁止生产或者撤销登记的农药。生产、经营假劣农药的单位，在农业行政主管部门的监督下，负责处理被没收的假劣农药。

⑥农药临时登记证、农药登记证需要续展的，应当在登记证有效期满前1个月提出续展登记申请。登记证期满后提出申请的，应当重新办理登记手续。

⑦取得农药登记证或农药临时登记证的农药生产厂家因故关闭的，应当在企业关闭后1个月内向农业部农药检定所交回农药登记证或农药临时登记证。逾期不交的，由农业部宣布撤销登记。

⑧农药生产者应当指定固定的专业人员负责农药登记工作。

⑨申请农药登记，必须交纳登记费。进行农药登记试验（药效、残留、毒性、环境）应当提供有代表性的样品，并支付试验费。试验样品须经法定质量检测机构检测，确认样品有效成分及其含量与标明内容相符时，方可进行试验。

二、农药质量管理制度

1. 农药产品质量标准　目前，我国农药产品标准分为国家标准、行业标准、地方标准和企业标准。根据农药产品的特殊性，我国农药产品标准主要有国家标准、行业标准和企业标准组成。

（1）国家标准。在全国范围内统一的技术要求，由国务院标准化行政主管部门制定。

（2）行业标准。在全国农药行业范围内统一的技术要求，由行业主管部门制定，并报国务院标准化行政主管部门备案，在公布国家标准之后，该项行业标准即行废止。

（3）企业标准。企业生产的产品没有国家标准和行业标准的，应当制订企业标准，作为组织生产的依据。企业的产品标准须报当地标准化行政主管部门和有关行政主管部门备案。已有国家标准或行业标准的，国家鼓励企业制订严于国家标准或行业标准的企业标准，在企业内部使用。

国家标准和行业标准分为强制性标准和推荐性标准。保障人体健康，人身、财产安全的标准和法律、法规规定强制执行的标准为强制性标准，其他标准为推荐性标准。我国已制定的农药产品国家标准和行业标准大多数为强制性标准。强制性标准必须严格执行，不符合强制性标准的产品禁止生产、销售和使用。推荐性标准，国家鼓励企业自愿采用。

为了制定好我国的农药国家标准和行业标准，我国成立了全国农药标准化技术委员会。该委员会每年召开一次会议，审议并通过一批农药国家标准和行业标准，报国家技术监督局批准发布。企业标准由企业自行制订，报所在地技术监督局备案。

国家对农药产品质量实行严格的监督管理制度。国务院颁布实施的《农药管理条例》第三十条、第三十一条明确规定，禁止任何单位和个人生产、经营和使用假农药、劣质农药。有下列情形之一的为假农药：

①含有效成分的种类、名称与产品标签或者说明书上注明的农

药有效成分的种类、名称不符的。

②以非农药冒充农药或者以他种农药冒充此种农药的。

有下列情形之一的为劣质农药：

①质量与农药产品质量标准要求不符的。

②混有能够导致药害或者其他损失的有害成分的。

③超过质量保证期并失去使用价值的。

2. 农药质量简易识别方法 农药产品质量的好坏、真假，应当通过仪器设备进行科学的检测，并以法定检测机构出具的检测报告作为判定的依据。但在实际生活中，消费者在购买农药时，在没有仪器设备检测的情况下，可采取一些简单、便捷的方法，对所购农药的质量作出初步的判断。主要有以下几种方法：

（1）从农药标签及包装外观上识别真假。

①标签内容。农药登记时，对农药标签有严格要求，凡是登记的农药，其标签都应经过农业行政主管部门审查备案。经审查后确定的标签内容，要求注明产品名称、农药登记证号、产品标准号、生产许可证号（或生产批准文件号）以及农药的有效成分、含量、质量、产品性能、毒性、用途、使用方法、生产日期、有效期、注意事项和生产企业名称、地址、邮政编码等内容，分装的农药，还应当注明分装单位（进口农药产品没有产品标准号和生产许可证号或生产批准文件号）。未经农业行政主管部门批准，任何单位不得擅自修改标签内容。因此，消费者在购买农药时，要重点检查标签是否具有上述内容，如缺少上述任何上项内容，则应提出疑问。

②产品名称。标签上的产品名称必须标明农药通用名（中文通用名和英文通用名）。商品名称经国务院农业行政主管部门审查批准后也可以同时标明在标签上。目前，市场上农药产品的名称比较混乱，因此，消费者在购买农药时，要注意凡是不能确定产品中所含农药成分的，都不要轻易购买。

③产品包装。相同计量的相同产品包装应相同，不能有大有小，内外包装应完整，不能有破损。

④产品合格证。每个农药产品的包装箱内，都应附有产品出厂检验合格证，消费者在购买农药时要查看有无产品出厂合格证，以确定所购产品的质量。

⑤私自分装的农药产品。国家禁止任何单位和个人未办理农药分装登记证而擅自将大包装产品分成小包装产品。因为私自分装的农药，一般都没有标签，使用不安全，而且分装者容易在分装农药中掺杂使假。同时出了问题时，因消费者手中没有产品的原始包装，而难以追究责任。因此，散装农药农民不能购买。

（2）从农药物理形态上识别优劣。

①粉剂、可湿性粉剂。应为疏松粉末，无团块，颜色均匀。如有结块或有较多的颗粒感，说明已受潮，不仅产品的细度达不到要求，其有效成分含量也可能会发生变化，从而影响使用效果。

②乳油。应为均相液体，无沉淀或悬浮物。如出现分层和混浊现象，或者加水稀释后的乳状液不均匀或有浮油、沉淀物，都说明产品质量可能有问题。

③悬浮剂、悬乳剂。应为可流动的悬浮液，无结块，长期存放，可能存在少量分层现象，但经摇晃后应能恢复原状。如果经摇晃后，产品不能恢复原状或仍有结块，说明产品存在质量问题。

④熏蒸片剂。熏蒸用的片剂如呈粉末状，表明已失效。

⑤水剂。应为均相液体，无沉淀或悬浮物，加水稀释后一般也不出现混浊沉淀。

⑥颗粒剂。产品应粗细均匀，不应含有许多粉末。

（3）用简单的理化性能测试方法进行检查。

①可湿性粉剂。拿一透明的玻璃瓶盛满水，水平放置，取半匙药剂，在距水面1～2厘米高度一次倾入水中，合格的可湿性粉剂应能较快地在水中逐步湿润分散，全部湿润时间一般不会超过2分钟，优良的可湿性粉剂在投入水中后，不加搅拌，就能形成较好的悬浮剂，如将瓶摇匀，静置1小时，底部固体沉降物应较少。

②乳油。用一透明的玻璃瓶盛满水，用滴管或玻璃棒移取药

液，滴入静止的水面上，合格的乳油（或乳化性能良好的乳油）应能迅速扩散，稍加搅拌后形成白色牛奶状乳液，静置半小时，无可见油珠和沉淀物。

③可溶性液剂。该剂型能与水互溶，不形成乳白色，国内该剂型较少，如甲胺磷（已禁用）等。

④干悬乳剂。干悬乳剂是指用水稀释后可自发分散，有效成分以粒径1～5微米的微粒分散于水中，形成相对稳定的悬浮液。

（4）与《农药登记证》核对。国家规定，生产农药必须办理农药登记证或农药临时登记证，因此，经营单位和农民购买农药时，可以要求生产厂家、经销单位出示该产品的农药登记证复印件，并与该产品的标签核对。如发现产品的标签与登记证上的内容不一致，可提出疑问，并及时向当地农业行政主管部门反映。待问题查清楚后，再决定是否购买。

3. 农药抽样、封样和送样 国家对产品质量实行以抽查为主要方式的监督检查制度，任何单位和个人不得拒绝。质量监督包括两种形式：一是有关职能部门在一定范围内对某一产品或某些产品进行质量抽查。在进行这种抽查时，执法人员应出示有关职能部门的文件或抽查通知书。二是执法监督人员的日常监督检查，包括对质量可疑产品的抽查和对已有投诉或已产生药害事故的产品的抽查。农药执法人员在进行质量抽查时应按《农业行政处罚程序规定》进行。

（1）农药的抽样和封样。农药抽样和封样工作进行得好与坏，直接关系到所涉及产品的质量判定和案件的最终处理。因此，监督人员在办理案件需要抽样和封样时，要特别注意所抽样品的代表性，以确保抽样和封样工作的公正、科学，并保证所封样品不能被偷换。在整个抽样和封样程序中，执法监督单位至少应有两人同时在场，且都应有执法证，在需签字之处，两人应同时签字，不能由一人代签。接受检查的单位应有代表伴随整个抽查程序。在进行监督检查的抽样和封样时，应特别注意以下几项：

①要随机取样，所取的样品应能代表所涉及的办案产品。

②不同的生产日期或批号的样品应分别取样，因为生产日期或批号不同，产品质量可能不完全相同。

③最好抽取原包装产品，避免用其他包装容器。因为其他包装容器可能带水，这可能影响产品质量，给今后的案件处理工作带来许多不必要的麻烦。对乳油或可湿性粉剂、水剂等均匀性好的农药剂型，抽样量应不低于100克或100毫升；对农药原药的抽样量，应不低于100克或100毫升；对粉剂、颗粒剂、悬浮剂、各种类型的水溶性粉剂、种衣剂等均匀性差的一些农药剂型，抽样量应不低于500克或500毫升。当一个原始包装内的产品质量低于上述要求时，应抽取几个原始包装。当一个原始包装太大，难以封样和携带时，可先将该包装内的产品充分混匀（特别是种衣剂和胶悬剂，包装容器底部可能有分层，应用较粗的铁棒或木棒将其搅拌均匀），对外观均匀性好的农药剂型，可直接抽取一定量的样品至另一干净、干燥的包装容器中，供封样用；对外观均匀性差的农药剂型，应在搅拌均匀后，从上、中、下、左、右不同部位迅速抽取一定量的样品（2～3千克以上）置于较大的干净、干燥的容器中，再用四分法进行缩分，直至样品取样量在500克或500毫升以上，以便封样、携带。

④应抽取两份完全相同的样品。经封样后，一份由执法人员带走，一份留在被抽查单位，供被抽查单位申诉和复议用，同时也可以对执法人员的工作起监督作用，体现执法工作的公正性。

⑤所抽取的样品标签应完整、清楚，瓶口密封完好，没有打开过的痕迹。当标签上无生产日期或批号时，应设法在包装箱上或包装箱内寻找，并贴在抽样单或样品瓶上。

⑥抽样单应逐项填写，不能有空项。所填写的内容应与产品标签、库存量等完全一致。抽样单上要特别注意产品名称、农药登记证号、生产日期或批号、库存量、抽样量、产品标准、商标等内容的填写。填写好的抽样单应交给被抽查企业仔细阅读，确认抽样工作公正、科学，抽取的样品能代表涉及产品后，由执法人员和被抽查单位双方签字、盖章。无公章时应由被抽查企业负责人或经手人

按上手印。抽样单应为一式两份，正联由执法人员保存，副联交给被抽查企业。

⑦封样单应由封条和抽样单标签两部分组成。在封条和抽样单标签上双方应盖章并签上盖章日期。抽样单标签上应有与抽样单上相同的编号，以便使封好的样品易于区分。

⑧将样品封好前，对液体样品应先将瓶口用生料带封好，以防止样品在运输过程中漏出。最好再在样品外用塑料袋包装一次。

⑨封样时应先将样品量于信封等包装物中，然后再贴上封条、抽样单标签。特别要注意信封的两端要用封条或抽样单标签贴上，以防止被打开。再在封条、抽样单标签上贴上胶布，用粗笔在封条、抽样单标签和胶布的交叉处做好标记。

（2）农药送样。当遇到需要对产品质量进行鉴定时，执法人员应送样到法定质检机构进行质量委托检验。送样检验时，所送的样品应是由执法人员和当事人双方共同封好的样品。执法人员应向检验机构递交样品检测委托书（一式两联，一联交检测机构，另一联由检测机构签字盖章后，由执法人员带回，以确认样品已送至检测机构），说明送样原因和希望获得检测结果的时间，并仔细填写委托送样单。委托送样单相当于执法人员与质量检查机构之间签订的一份合同，其填写的好坏直接关系到检查结果判定和执法的公正性。在填写委托送样单时，应注意如下事项：

①填写的产品名称要与标签上的名称完全一致。一般来说，检测机构是按照送样人所填写的产品名称填写质检报告的，部分执法人员为了简单起见，所填写的产品名称不准确或不完整，有时或不说明有效成分含量，或不说明剂型；有的监督执法人员发现标签上的农药名称不规范，利用自己所掌握的知识主动地纠正生产企业的名称，填写正确的产品名称。如将国内某厂标签上的20％速灭杀丁乳油改为20％氰戊菊酯乳油，这就导致了质检报告上产品名称与产品标签上的名称不一致，很可能引起执法人员与生产企业或经营单位的许多不必要的争议。所以，应保证填写的产品名称与标签上的名称完全一致。

②必须填写产品生产日期或批号。产品生产日期或批号是判断产品是否属于产品保质期的依据，也是证实所送检的样品与所抽查的产品是否一致的一个有力证据。不填写产品生产日期或批号，质检机构就难以对检测结果下合格或不合格的结论，影响执法工作的进行。在遇到无生产日期或批号的样品时，执法人员应在委托送样单上填写"无"字，以使与所抽查产品相对应。

③根据所送检样品的具体情况，仔细考虑填写检测依据的产品标准或检测方法。一般情况下，执法人员应根据样品标签上的产品标准号填写产品检测所依据的标准。但有的标准没有备案，或已经是作废的标准，这些就不能作为检测的依据。另外，推荐性国家标准、推荐性行业标准虽然为国家标准、行业标准；但不是强制性标准，需核实生产企业是否执行这个标准，如果不是，则应按照企业标准进行检测。

④根据样品特点选择检测项目。执法人员应根据样品的剂型。怀疑可能存在的问题，进行有针对性的委托检测。由于农药产品技术指标较多，有些技术指标是辅助指标，不是影响质量的关键性指标。所以，执法人员原则上仅对产品的关键产品质量和使用效果技术指标进行检测。

⑤送样单位和送样人应填写执法机构和执法人。有许多执法人员在送样单位和送样人项目中填上了被检查单位和当事人，造成检测报告上只有被检查单位和当事人，没有体现执法单位和执法人的委托行为。这个检测报告相当于是被检查单位单独送样检测的一个报告，与执法活动没有任何联系。执法机构为了将自己与被检查单位区别开来，即要求在检测报告上体现与被检查单位的关系，可在送样时向检测机构说明，要求其在检测报告备注栏目中说明样品取自哪个被检查单位。如有此要求，执法机构应在其样品检验委托书上说明此项要求。

另外，需说明的一点是，凡是开展执法工作，需要对样品进行质量委托检测时，无论检测结果如何，检测费用应由委托单位即执法机构承担，不能转嫁给当事人。

三、农药登记制度

1. 农药登记制度的含义 农药登记制度是一种在农药生产、销售（包括进田）、使用前，由国家主管部门对其产品化学（质量标准）、药效、残留，对人、畜和环境安全等方面，按法定的程序和标准进行审查，符合要求的给予登记，批准生产、流通和使用的市场准入制度。

2. 实施农药登记制度的必要性

（1）农药登记是稳走农业生产、保护环境、保障人民身体健康的必要手段。农药是重要的农业生产资料之一，它对于防治农、林、牧、渔业的病、虫、草、鼠害，消灭有损于人、畜健康的病媒昆虫及其他有害物，促进农业生产的稳定发展，保护人民身体健康具有重要的作用。

据有关资料介绍，由于病、虫、草、鼠的危害，每年全世界农作物损失超过30%。随着农业生产的不断发展，一些新出现的病菌、虫、草、鼠害对农业生产的威胁也日趋严重，对防治工作提出的要求越来越高。使用农药是病、虫、草、鼠害综合防治的一个重要组成部分，是保护农业生产的主要措施。

我国是世界上生产和使用农药较多的国家之一。每年生产农药原药（按100%计）约45万吨，居世界第二位。每年使用农药商品量80万～100万吨。化学防治面积约2.6亿公顷，每年可以挽回粮食400亿～500亿千克、棉花25 000万千克左右，减少直接经济损失数百亿元。因此，农药在农业生产中占有非常重要的地位。对农药实行登记管理，就是通过科学试验，对农药的安全性和有效性进行验证，确定其是否适于实际生产应用，是否对人、畜安全，并根据科学试验的实际结果，确定产品的使用范围、使用方法、使用注意事项和安全防护措施等标签内容，从而保证农药在实际应用时安全有效地发挥农药的作用。

（2）农药登记是加强农药管理的有效措施。农药是一类有毒的特殊商品，具有利弊两面性。使用管理得当，可以发挥它对人类的有益作用，能够及时控制直到消灭病、虫、草、鼠害和病媒害虫，保障农业生产和保护人民健康；如果管理不严，使用不当，就会造成人、畜中毒，作物药害，农副产品和环境污染等不良影响。因此，为了充分发挥农药在农业生产中的积极作用，尽量减少和防止使用农药后产生的副作用，必须加强农药管理。而农药管理的核心内容就是通过建立登记制度，对农药的生产、销售和使用加以限制，保证农药的质量、安全和合理使用。农药登记实行于农药生产、销售（进口）和使用前，能够起到把关和把门的作用。既可保证国产农药的质量和安全关，又可防止国外淘汰和禁用以及影响人、畜安全及污染环境的农药产品流入我国。国内外农药管理的实践证明，农药登记是农药管理中最为行之有效的措施。

（3）农药登记是国际上普遍采用的农药管理途径。联合国粮农组织（FAO）在1969年颁布实施的《农药立法与管理准则》和1986年颁布实施的《国际农药供销与使用行为准则》中对农药登记作了明确规定，要求各国建立和实行农药登记制度。下列农药管理工作开展比较早的国家，在20世纪初就制定了农药管理法规，实行了农药登记制度。最早制定农药管理法规，实行登记制度的国家是法国（1905年），其次是美国（1910年），随后是加拿大（1927年）、德国（1937年）、澳大利亚（1945年）、日本（1948年）、英国（1952年）、瑞士（1955年），其他大部分国家起始于20世纪60年代以后。随着时代的发展和科技的进步，农药登记管理内容日益完善，要求不断提高。美国、日本等较早实行登记管理、农药生产技术先进的国家已经多次修改有关法规。农药登记管理的重点已从药效、质量管理，向农药的安全性和环境保护方面发展。而大部分发展中国家的登记管理重点还是质量监督。

3. 我国实施农药登记制度的历史 新中国成立以来，我国农药管理工作发展很快。20世纪50～60年代主要以防止农药急性中毒和质量管理为重点，70年代开始注意农药安全性问题，禁止汞制剂的生产，并在茶叶、水果、蔬菜等作物上禁止和限制使用滴滴涕、六六六、汞制剂、砷制剂，同时制定了农药安全使用标准。80

年代以来，逐步开展了农药的综合评价，建立了农药登记制度。我国实行农药登记的法律依据主要有：

（1）《农药登记规定》。1982 年 4 月由农业、化工、卫生、商业、林业各部委、国务院环境保护领导小组，联合颁布了《农药登记规定》，明确规定“凡国内生产的农药产品，投产前必须进行登记，未经登记的农药不得生产、销售和使用；外国农药产品，未经批准登记，不得进口”，并确定从 1982 年 10 月 1 日起实施农药登记制度。《农药登记规定》的制订和实施，为我国农药规范管理、依法管理奠定了初步基础。

（2）《中华人民共和国农药管理条例》。1997 年 5 月 8 日由国务院颁布实施的《中华人民共和国农药管理条例》（以下简称《农药管理条例》或《条例》）第二章第六条明确规定“国家实施农药登记制度……”，并增加了对生产、销售和使用未登记农药的监督处罚条款，进一步完善和强化了农药登记制度，促进了农药登记水平的提高。《农药管理条例》的颁布实施，使我国农药登记管理工作有法可依，标志着我国农药登记管理工作步入法制化轨道，对切实发挥登记制度在农药管理中的作用，治理和整顿农药市场的混乱局面，具有深远的历史意义和重要的现实意义。

（3）《中华人民共和国农药管理条例实施办法》。1999 年 7 月 23 日农业部颁布实施了《中华人民共和国农药管理条例实施办法》（以下简称《农药管理条例实施办法》或《条例实施办法》），该办法对农药的登记管理提出了具体的要求和规定。

依据上述法规的规定，生产（原药生产、制剂加工和分装）农药和进口农药，必须进行登记。申请登记的农药产品必须按《农药登记资料要求》的规定提供资料，经审查符合登记要求方可办理。农药登记的审批和发证机关是中华人民共和国农业部，具体工作由农业部农药检定所承担。

4. 农药登记制度的分类及要求　目前，我国农药登记主要分为 5 大类，即新农药登记、续展登记、变更登记、相同产品登记、分装登记。现将各类型登记内容及资料要求介绍如下：

（1）新农药登记。新农药是指含有的有效成分尚未在我国批准登记的国内外农药原药和制剂。对于有效成分相同而质量不同的农药，首家登记的原药属新农药，第二家登记的原药不属新农药，但仍受到登记资料的保护。首次申请原药登记的，必须同时申请制剂登记。与新农药原药同时登记的制剂属新农药，以后申请含该有效成分的制剂不再属于新农药，而属于新制剂或相同产品。

新农药登记需经过田间试验、临时登记、正式登记三个阶段进行：

①田间试验阶段。指临时登记前的田间小区或相当于田间小区性质的试验阶段，包括药效和残留试验。这一阶段一般需 1～3 年时间完成。试验要在控制条件下，按《农药登记田间药效试验准则》和《农药登记残留试验准则》进行。

申请田间试验的资料要求：田间试验申请表；产品化学有效成分；毒理学；药效；其他资料。

②临时登记阶段。田间试验之后，正式登记之前，如要进行总面积超过 10 公顷的示范试验或试销试用，或在特殊情况下使用的要申请临时登记。

申请临时登记的资料要求：临时登记申请表；摘要；产品化学；毒理学；生物学（药效）；残留；环境生态；在其他国家登记情况；标签或说明书。

③正式登记阶段。田间药效和残留试验完成以后，且有完整的毒理学和环境生态资料，可申请正式登记。

申请正式登记的资料要求：正式登记申请表；提供中文摘要；产品化学；毒理学；生物学（药效）；残留；环境生态；其他资料。

（2）续展登记。农药登记证和农药临时登记证规定了登记有效期限；登记有效期限届满，需要继续生产或继续向中国出售农药产品的，应当在登记有效期限届满前申请续展登记。其中临时登记有效期一般为 1 年，可以续展，但总有效期不得超过 4 年。在临时登记期间做残留试验的须在第一次续展登记时提出残留试验申请。正式登记有效期一般为 5 年，可以续展。在正式登记阶段期间，登记主管部门如果发现农药质量、药效、毒性、残留、环境等方面问题，可以要求申请者提供补充资料。

办理续展登记需提供下列资料：①续展登记申请表；②正在使用的标签；③需要补充的资料；④提供重新备案的符合登记要求的产品标准；⑤申请续展正式登记，还应提供省级以上农药质量检验机构的质量抽检报告；⑥其他资料。

（3）变更登记。经正式登记和临时登记的农药，在登记有效期限内改变剂型、剂量或者使用范围、使用方法的，应当申请变更登记。办理变更登记的前提是申请登记的产品中所含有的农药有效成分不是新农药，其所用的原药必须是已经取得登记的，并提供所用的原药来自于已登记企业的相关证明。变更登记包括变更剂型、变更配比、变更含量、变更配比（配成混合制剂、但不能含有新农药）、变更用途（指适用作物）和变更使用方法。

如果首家登记为临时登记，变更登记称临时登记变更；首家登记为正式登记，变更登记称正式登记变更。申请变更登记应当申请田间试验、临时变更（即 1 年变更）和正式变更（即 5 年变更）登记。

（4）相同产品登记。相同产品登记包括相同原药（母药）、相同制剂和相同制剂的相同用途和使用方法登记三种。相同原药是指申请登记的农药原药有效成分含量大于或等于首家登记的产品，且其 0.1%以上的杂质种类比首家的少或相同、杂质含量比首家的低或相同，其他的技术指标如水分含量、酸碱度等要求比首家的更严或相同。相同制剂是指申请登记的农药产品与首家登记的产品比较，其技术指标要求与首家登记的相同或更高。

生产企业申请相同产品登记前应在申请田间试验前确认自己的产品属相同产品，如果企业自己难以确认，可到农业部农药检定所咨询。咨询时需提供本企业产品的质量检测报告（原药产品需提供全分析报告，说明 0.1%以上的杂质及其含量，毒性极高、环境危害大的 0.1%以下的杂质及其含量）、申请表等。

申请相同产品登记，有三种选择：一是按照一般农药产品登记资料要求，不受任何时间的限制，提供和首家一样要求的登记资料；二是和首家登记的生产企业协商，得到其授权，可减免部分资料而获得农药登记；三是待首家登记的生产企业的产品超过登记保护期，不用经过首家登记企业的授权而可减免部分资料申请登记。

具体要求如下：

①相同原药（母药）。

a. 临时登记阶段。如果相同产品和首家登记产品质量不一致，或质量一致但在首家临时登记7年之内，首家不同意使用其资料，相同产品申请者应提供和首家相同的原药资料。

如果相同产品和首家登记质量一致（有效成分含量不低于首家产品有效成分含量，0.1%以上杂质基本一致），在首家临时登记7年之内，但经首家同意使用其资料（首家申请者出具的授权使用资料的文件），或在首家临时登记7年之后，相同产品申请者应提供：临时登记申请表；产品化学（见临时登记中原药资料）；省级以上质检机构证明与首家产品质量一致的检验报告；规范的中文标签；其他资料。

b. 正式登记阶段。如果相同产品和首家登记产品质量不一致，或质量一致，但在首家正式登记7年内，首家不同意使用其资料，或首家登记产品没有转为正式登记，相同产品需提供正式登记原药所需资料。

如果相同产品和首家登记产品一致，在首家正式登记7年内，但经首家同意使用其资料或在首家正式登记7年后，相同产品申请者应当提供：①正式登记申请表；②产品质量质检报告；③规范中文标签；④其他资料。

②相同制剂。

a. 田间试验阶段。需提供田间试验申请表。

b. 临时登记阶段。如果相同产品质量和首家临时登记产品质量不一致，或质量一致但在首家临时登记5年内，且首家不同意使用其资料，相同产品申请者应提供和首家临时登记申请者相同的资料。

如果相同产品和首家登记产品质量一致（有效成分及含量、主要技术指标、主要杂质与首家产品基本一致），在首家临时登记5年以内，但经首家同意使用其资料（首家申请者出具的授权使用资料的文件），或在首家临时登记7年之后，相同产品申请者应提供：临时登记申请表；产品化学；省级以上质检机构证明与首家产品质量一致的检验报告；首家登记5年内，首家授权使用其资料的文件；药效：杀虫、杀菌剂等要求一年两地药效验证试验，除草剂及植物生长调节剂等二年两地药效验证试验；高毒、剧毒农药要求急性经口、经皮毒性试验；其他资料。

c. 正式登记阶段。如果相同产品和首家登记产品质量不一致；或质量一致但在首家正式登记5年内，且首家不同意使用其资料，相同产品需提供正式登记资料。

如果相同产品和首家登记产品质量一致（有效成分及含量、主要技术指标、主要杂质与首家产品基本一致），在首家产品正式登记5年内，但经首家同意使用其资料；或在首家产品登记5年后；相同产品申请者应当提供：两年常温贮存稳定性试验报告；规范的中文标签；其他资料。

③相同制剂的相同用途和使用方法登记。

a. 田间试验阶段。需提交田间试验申请表。

b. 临时登记阶段。如果相同产品登记在首家产品临时登记3年以内，应提供与首家相同的资料。

如果相同产品登记在首家产品登记3年后，或在3年以内，但经首家同意，还应提供：杀虫剂、杀菌剂等要求一年两地药效验证试验，除草剂及植物生长调节剂等二年两地药效验证试验；修改后的中文标签；其他资料。

c. 正式登记阶段。如果相同用途和方法登记在首家正式登记3年内，且首家不同意使用其资料，相同用途和使用方法的产品应当提供和首家产品相同资料，如果相同用途和使用方法登记在首家正式登记3年后，临时登记期间又没有发现问题，可转为正式登记。

（5）分装登记。对大包装农药进行分装的，应申请分装登记。

分装农药产品的原包装必须是已取得农药登记的，分装登记产品标签上必须注明分装申请者，分装申请者应提供下列资料：①原申请者的授权书或协议书及其产品标准；②产品分装后的产品质量检验报告；③分装产品的标签；④分装申请者基本情况。

5. 农药登记的发展趋势

（1）登记制度更加完善。1982 年 10 月至 1997 年 5 月，我国实行农药登记的依据是农业、化工、卫生、环保、商业、林业六部委联合颁布的《农药登记规定》，属部门规章。1997 年国务院颁布实施的《农药管理条例》，明确规定“国家实行农药登记制度”，并设立了严厉的处罚条款，强化登记制度的实行，将农药登记纳入了法制化轨道。

（2）审批程序更加规范。为规范农药登记审批程序，在审批中保证公开、公正、公平，农业部农药检定所将制定《农药登记审批工作管理办法》，该办法明确了农药登记与接待分开、登记资料实行分号审批、登记审批具体程序以及审批时间要求等，并已上网公布，接受社会监督。

（3）登记要求更加严格。

第一，对试验的要求更为严格。对承担农药登记药效、毒理、残留、环境生态试验的单位，农业部将进行统一考核认证；对拟做试验的农药样品采取先检验，再试验的办法；对试验方法进行标准化、规范化。目的是提高登记试验水平，保证登记试验的真实性、科学性、可靠性。

第二，对资料要求更为严格。最近，农业部对《农药登记资料要求》进行了第二次修订并予以发布，新的资料要求体现了向国际靠拢，内外统一的原则，在内容上增加了对天敌和转基因生物等新型农药的要求，并提高了对新有效成分和相同产品的要求。例如：对原药要求全分析（有效成分和 0.1%以上杂质的定性定量分析）资料；对新有效成分在临时登记阶段要求环境生态影响资料；增加了田间药效试验地区数，由二年二地改为二年四地（杀虫剂、杀菌剂）或二年五地（除草剂）；对相同产品，在首家登记资料保护期限内，要求提供首家同意其使用资料的授权或与首家相同的资料。

第三，对农药登记有效期要求更为严格。根据《农药管理条例实施办法》中的“农药临时登记累计有效期不得超过 4 年”的规定：

①对 1999 年 7 月 23 日以后审批发放临时登记证的产品，严格执行此项规定。

②对 1999 年 7 月 23 日以前临时登记的产品，采取如下清理措施：

农业部农药检定所组织生产相同产品的企业统一进行登记试验证，以达到正式登记的要求，试验费用由参加单位分担。

对参加登记试验协作的企业，其产品的临时登记有效期可续展至 2003 年 12 月 30 日；对不参加试验的单位，有效期累计满 4 年的不再办理续展登记。

根据试验结果，一些符合正式登记要求的产品将转为正式登记，一些不符合正式登记要求的将取消登记。

根据农业生产、可持续发展等的要求，对确认不合格的产品，不再受理正式登记或变更登记，如高毒的、存在潜在危险的、对环境影响大的以及列入《鹿特丹公约》（PIC）、《关于持久性有机污染物的斯德哥尔摩公约》（POPs）等名单的产品。

（4）农药登记不仅是市场准入的管理制度，还将在农药产品结构调整中发挥重要作用。

一是实行农药登记资料保护制度和缩短新产品登记审批时间，鼓励和引导高效、安全、经济的新农药的引进和开发。在 1999 年农业部颁布实施的《农药管理条例实施办法》中明确规定了农药登记资料的保护期限，即：新有效成分保护 7 年，新制剂保护 5 年，新使用范围或方法保护 3 年。

二是采取限制或取消登记的措施，逐步停止登记和淘汰严重影响人身健康、环境生态的高毒、高残留农药及低含量农药。具体措施如下：

①从 2000 年 7 月 13 日起，停办新增已列入 PIC 名单的甲胺

磷、甲基对硫磷、对硫磷、久效磷、磷铵5种高毒有机磷农药产品的登记；

②严格执行《条例》“高毒农药不得用于蔬菜、水果、茶树、中草药材等作物”（阿维菌素等生物农药除外）的规定，并通过清理临时登记有效期满的产品，停止部分高毒或含有高毒农药产品的登记，进一步减少高毒农药产品的数量。

③农药含量最低登记限制政策。对于活性较高、价格较贵的农药产品实施最低含量登记政策。如啶虫脒单剂含量不得低于3%；加增效剂或高渗剂的含量不得低于2%；混剂中含量不得低于1%。其他如阿维菌素（0.5%/0.2%/0.1%）、高效氯氰菊酯、吡虫啉、锐劲特（5%/2%/1%）。

④若产品中含增效剂和高渗剂，还需在产品企业标准中体现。增效剂须提供其名称、结构、含量指标和含量分析方法等；高渗剂需要提供其名称、结构及其含量、渗透时间等指标和含量分析方法等。

（5）成为发展中国家农药登记的模式。根据FAO的原则，吸收发达国家的先进经验，结合本国的特点，使我国农药登记制度成为发展中国家农药登记管理的楷模。

总之，我国农药登记制度将适应21世纪农业生产和农药工业发展的需要，进一步完善，达到促进农药工业的技术进步，保护农业生产，保障人民身体健康，保护生态环境的最终目的。

四、进出口农药登记管理

我国《农药管理条例》第二十九条规定“任何单位和个人不得生产、经营、进口或者使用未经登记的农药，进口农药的货主或其代理人应当向海关出示其取得的中国农药登记证或者农药临时登记证。”为贯彻实施《农药管理条例》，切实履行联合国粮农组织和联合国环境规划署《关于在国际贸易中对某些危险化学品和农药采用事先知情同意程序的鹿特丹公约》，保护我国人民身体健康和环境，1999年6月9日，农业部和海关总署联合发布了《关于对进出口农药实施登记证明管理的通知》，规定从1999年7月1日起，对进出口农药实行登记管理制度。

1. 实施进出口农药登记管理的必要性和重要性

（1）防止国外淘汰、禁用、限用及影响人、畜和环境安全的农药产品流入我国，保障人民生命安全和保护环境的需要。我国是一个农药使用大国，每年使用农药80万～100万吨（商品量），居世界第二位，其中大部分为国内产品，同时也需进口部分国外产品作为结构上的补充。为避免盲目引进，防止国外存在安全性问题的农药进入我国，保证我国农业生产稳定持续发展，保护人民健康安全，保护环境生态，必须实行进口农药登记准入制度。自1982年实施农药登记制度以来，已先后有来自30多个国家近100家外国公司的700多个国外产品在我国取得登记并销售。

（2）规范农药出口秩序，保护合法生产、出口企业的权益，促进农药出口贸易的需要。我国是一个农药出口大国，自1993年农药出口首次超过进口后，农药出口量逐年增加。目前，已有约500个产品出口到100多个国家。然而，随着农药进出口产品和进出口企业的逐步增加，一些农药生产、经营企业擅自生产、经营未登记产品的情况时有出现；在农药出口贸易中违反国际准则、假冒伪劣、竞相压价、无序争抢市场等问题屡有发生，直接影响我国农药在国际市场上的信誉，有碍于农药出口的进一步发展。因此，为适应我国农药出口发展形势的需要，必须对出口农药实行登记管理。

（3）履行有关国际义务的需要。随着世界各国对环境生态的重视，一系列国际准则和国际公约规定相继出台，对各国政府提出了加强农药的进出口管理的要求。联合国粮农组织（FAO）在《农药立法与管理准则》《农药供销与使用国际行为准则》《农药登记后的监督和其他活动准则》中规定："政府应对农药的进口实施管理以确保与登记政策一致，没有政府主管部门的批准，任何农药都不得进口""销售系指产品推销的全过程，包括广告、产品的公共关系服务和信息服务，以及在本国市场或国际市场上的供销和出售""保证使为出口而生产的农药的质量要求和标准，与生产者本国相同产品的质量和标准一致”等。另外联合国环境规划署（UNDP）的《关于化学品国际贸易资料交换的伦敦准则》也有相关的规定。

《关于在国际贸易中对某些危险化学品和农药采用事先知情同意程序的鹿特丹公约》（简称《鹿特丹公约》），是关于危险化学品和农药国际贸易的一个重要国际公约。《鹿特丹公约》于1998年10月在荷兰鹿特丹召开的外交大会上通过，其核心内容是在国际贸易中对某些危险化学品和农药采取“事先知情同意程序”（prior informed consent，以下简称PIC程序）。列入该公约附件三的化学品和农药制剂属国际贸易中禁止或严格限制的产品，出口国必须事先征得进口国同意后才能向其出口，并对违约作出了有关规定，其中包括通报、赔偿、争端的协调以及国际法庭裁决等，以加强对进出口农药的管理是履行有关国际准则和国外公约规定的责任和义务。该公约是在1989年联合国环境规划署（UNEP）制定的《关于化学品国际贸易资料交换伦敦准则》和联合国粮农组织（FAO）制定的《国际农药销售和使用行为准则》的基础上，将这两个准则中自愿参与实行PIC程序的原则上升为一个具有法律约束力的国际文书，其目的是有助于确保各国政府获得所需的有关危险化学品和农药的资料，以便进行危害评估，并在此基础上就这些化学品和农药的进口作出决定；促进各国在这些化学品和农药的国际贸易中分担责任和开展合作，保证人类健康和环境免受危险化学品和农药的危害，并推动各国以无害环境的方式加以使用，截至2000年，共有73个国家或区域经济一体化组织签署了公约，11个国家批准和加入了公约。我国于1998年10月在《鹿特丹公约》的最后文本上签字，1999年8月签署公约。作为该公约的缔约国，必须承担相应的国际义务和责任。

2. 进出口农药登记管理的具体规定和办法 目前我国进出口农药登记管理的具体规定和办法主要包括以下方面：

①凡在我国进出口农药（包括原药、制剂或成品），进出口单位须向农业部提出申请，符合条件的，由农业部签发进出口农药登记证明。

②凡进出口列入事先知情同意程序（PIC）的农药，进出口单位须向农业部提出申请，对进口的农药，由农业部审批，签发进出口农药登记证明。对出口的农药，农业部征得进口国主管部门同意后签发进出口农药登记证明。

③海关凭农业部签发的进出口农药登记证明办理进出口手续。未取得进出口农药登记证明的农药，一律不得进出口。

④进出口农药登记证明实行一批一证制，每份证明在有效期内只能使用一次，证明内容不得更改，如需更改须由农业部换发新证。

3. 实施农药进出口登记证明管理的成效 通过实施农药进出口管理，有力地打击了擅自生产或经营未登记农药的非法行为，进一步加强了我国农药管理，在维护国家农药管理法规的权威性、净化国内农药市场、规范农药出口秩序、促进农药出口贸易的健康发展等方面起了积极作用。

（1）强化了我国农药登记管理制度。自实施进出口农药登记证明管理以来，发现未在我国取得登记就拟进口的外国农药 20 多个，未取得农药登记和生产许可就生产出口的国内产品 80 多个。有关企业通过补办农药登记，提高了对农药登记重要性的认识，增强了遵循国家有关法规生产出口农药的自觉性。

（2）有效遏制了假冒、伪劣农药产品的出口。保护了合法企业名牌产品的国际市场，拓展了正常农药出口渠道的经营业务。

近几年，假冒国内名牌农药产品出口的事件屡屡发生，不仅给合法企业造成经济损失，而且还严重影响其出口声誉。通过采取出口农药登记证明的海关监管措施，有效阻止了假冒伪劣产品的出口，维护了合法农药生产、出口企业的利益，提高了他们扩大出口创汇的积极性。

（3）提高了国产出口农药的信誉，为扩大农药出口创造了良好环境。随着我国农药登记程序和要求逐步与国际接轨，我国农药登记已得到 80 多个国家的认可，并正在被更多的国家所承认，在国内获得登记的农药出口到这些国家可以得到优惠的条件。因此，有利于国内企业降低农药出口成本，提高我国农药产品在国际市场上的竞争力，进一步扩大农药出口。

总之，实行进出口农药登记证明管理是根据国际国内有关法规，针对我国在市场经济的条件下进出口农药出现的新情况所采取的重要管理措施，其目的是加强我国农药管理，保护人、畜安全和环境生态；鼓励和支持合法企业积极创新，扩大农药出口，促进我国农药事业的蓬勃发展。

五、农药标签管理

农药标签是指为识别农药产品和介绍其主要性能所附在包装容器上的文字、图示、符号及其他说明物的统称，是紧贴或印制在农药包装上，紧随农药产品直接向广大用户传递该农药性能、使用方法、毒性、注意事项等内容的技术资料，是指导使用者安全合理使用农药产品的重要依据。

（一）农药标签内容

农药标签上的内容应告诉使用者包装内农药的名称，准确无误地反映出包装内产品的特点和用途以及如何使用该农药，如何储存和处理剩余农药，生产厂家的名称及地址等。农药标签应根据我国农药登记管理部门的规定和要求进行设计和印制。合格的农药标签应包括以下内容：

1. 农药名称　主要包括农药通用名称、农药商品名称和农药化学名称，农药化学名称一般可不在标签上出现。农药名称应以醒目大字表示，并位于整个标签的中间位置。

（1）农药通用名称。由三部分构成：有效成分含量、有效成分通用名称和剂型。上述三部分齐全时才构成一个农药通用名称。有效成分通用名称应采用中文通用名称（无中文通用名称的除外）。混合制剂的含量为组成混合制剂各有效成分的总含量。混合制剂的通用名称按《农药混合制剂通用名称命名原则》命名。农药制剂（单剂或混剂）中加入增效剂（或高渗剂等）时，增效剂（或高渗剂等）不算作有效成分，所占的比例不计入有效成分的总含量。农药制剂中加入肥料的，肥料的含量也不计入有效成分的总含量。

(2) 农药商品名称。农药商品名称的目的是为了区别于其他农药产品并突出产品品牌和树立企业形象，也是便于使用者容易掌握产品性能并准确使用。农药商品名称经农药登记主管部门批准后由申请人专用。未经商品名称专用人许可，其他企业不得占用。农药商品名称按《农药商品名称命名原则和程序》命名。

国内企业生产的农药产品，必须采用农药通用名称命名。也可同时采用农药商品名称，并同时在标签上出现。有效成分如无中文通用名称的，可只使用农药商品名称；境外进口农药产品，不能采用农药通用名称命名，只能使用农药商品名称，有外文商品名称的，一般应以其外文的译音作为其农药商品名称的命名基础，如敌杀死2.5%乳油，境内生产的农药产品，其农药名称三部分顺序为有效成分含量、通用名称和剂型，如80%敌敌畏乳油。境外进口的农药产品，其农药名称三部分的顺序为：商品名称、有效成分含量和剂型，如来福灵5%乳油。

尚未规定中文通用名称的有效成分，可使用其化学名称、商品名称或国际农药通用名称的译名作为其临时中文通用名称。

(3) 有效成分名称及含量。有效成分是指能单独起施药目的的活性物质。必须注明农药有效成分的名称及其含量。混合制剂中各有效成分的含量也应标明。

有效成分名称必须采用中文通用名称表示，无中文通用名称的用英文通用名称表示（一律采用小写英文字母）；无英文通用名称的用其化学名称表示。有效成分含量一般采用质量百分数表示。添加农药增效剂、高渗剂、安全剂或其他助剂的，应如实说明其种类、含量和效能。

单一有效成分的农药产品，应标明该有效成分的名称及其含量；两个以上有效成分的混配农药产品应依次注明各有效成分的通用名称及其含量。所标明的通用名称及其含量应与该产品标准中相应的指标一致。

2. 净含量 必须标明包装容器中农药的净质量或净容量。液态产品一般用容量单位表示，单位为毫升或升。固态产品一般用重量单位表示，单位为克或千克。零售农药产品或小包装产品净质量包括以下 12 个档次：5 千克、2 千克、1 千克、500 克、200 克、100 克、50 克、20 克、10 克、5 克、2 克和 1 克。净容量包括以下 11 个档次：5 升、2 升、1 升、500 毫升、200 毫升、100 毫升、50 毫升、20 毫升、10 毫升、5 毫升和 2 毫升。零售农药产品或小包装产品净质量或净容量一般不应在这些档次之外。

3. 厂名、厂址 必须标明制造、加工或分装企业的准确名称、地址、邮政编码、电话、传真等。境外农药产品应注明其在境内设立的代理机构的名称和地址。

4. 质量保证期 一般要求为两年以上（包括两年）。特殊产品为一年。

5. 生产日期或生产批号 应注明生产日期或生产批号。

6. 使用方法 应简明扼要地描述农药的类别、性能和作用特点，按照登记部门批准的使用范围介绍使用方法，包括适用作物、防治对象、施用适期、施用剂量和施用次数。

用于大田作物时，施用剂量应以每公顷使用该农药产品的数量表示，并注明每公顷用水量和稀释倍数；也可以每公顷使用该农药有效成分数量表示。用于树木等作物时，施用剂量单位用毫克/千克表示，并注明稀释倍数和单位面积施用量。

必须按登记部门批准使用范围和施药方法印制标签，不得随意扩大农药产品的适用作物和防治对象。

不得断言农药产品的防效为百分之几，也不得标明该产品能导致百分之几的增产和带来多大的经济收益。

7. 使用条件

（1）应标明与哪些农药不能相混或同时使用。

（2）应标明限用条件（包括地区、天气、温度、湿度、光照、土壤、地下水位）、敏感作物和禁用范围。

（3）应标明收获前安全间隔期、安全使用标准和收获物最大残留限量。

（4）应标明对有益生物的不利影响，如蜜蜂、家蚕、水生生物、禽鸟、蚯蚓、天敌等。

（5）应标明在土壤和作物体内的消解动态和可能的残留水平。

（6）应标明在土壤、水体中的环境行为。

8. 毒性标志 应在显著位置标明农药的毒性及其标志。按《农药毒性分级标准》，我国农药毒性分为五级：剧毒、高毒、中等毒、低毒和微毒。

（1）剧毒农药。以表示，并用红色字体注明"剧毒"。

（2）高毒农药。以表示，并用红色字体注明"高毒"。

（3）中等毒农药。以表示，并用红色字体注明"中等毒"。

（4）低毒农药。以低毒表示，并用红色字体注明"低毒"。

（5）微毒农药。用红色字体注明"微毒"。

9. 注意事项

（1）应标明操作农药时应穿戴的防护用品、安全预防措施及避免事项。

（2）应标明施药器械的清洗方法及残剩药液的处理方法以及废旧容器的处置方法。

（3）应标明其易燃、易爆或易腐蚀的性能，并附相应的图示。

（4）应标明未按标签说明施用时的法律责任。

10. 贮存和运输方法

（1）应详细注明贮存条件下的环境要求。

（2）必要时应注明安全运输和装卸的特殊要求。

（3）必要时应注明贮存或运输时应有的危险性标志。

（4）应注明贮存在小孩够不着的地方。

11. 中毒急救

（1）应注明中毒所引起的症状和安全预防措施。

（2）应注明中毒急救措施和可使用的解毒药剂的建议。

（3）必要时应注明对医生的建议。

12. 农药登记证号　应标明农药登记主管部门批准的农药登记证号。

13. 农药产品标准号　已经制定国家标准、行业标准、地方标准或企业标准的农药产品，应标明其产品标准号。境外进口产品没有此号。

14. 生产许可证号或生产批准证书号　应标明农药生产主管部门批准的生产许可证号或生产批准证书号。境外进口产品没有此号。

15. 农药类别颜色标志带　在标签的下方，加一条与底边平行的不褪色的特征颜色标志带，以表示不同农药类别（公共卫生用农药除外）。农药产品中含有两种或两种以上不同类别的有效成分时，其产品颜色标志带应由各有效成分对应的标志带分段组成。

除草剂——绿色；

杀虫螨/螺剂——红色；

杀菌/线虫剂——黑色；

杀鼠剂——蓝色；

植物生长调节剂——深黄色。

16. 象形图　标签上可以使用有利于安全使用农药的象形图，其使用应规范、准确。象形图不可替代必要的文字说明，应用黑白两种颜色印刷，通常位于标签的底部。其种类和含义如下：

象形图的尺寸应与标签的尺寸相协调。每个农药产品，均应有其各自合适的象形图的排列使用方式，象形图应根据产品安全措施的需要而选择使用，应与产品的安全特性相协调，毒性较低的农药可只使用较少的象形图。贮存象形图应在所有标签上印制，并位于有关配制农药的象形图组的左边。操作象形图与忠告象形图结合使用可组成配制农药的象形图组和施用农药的象形图组。忠告象形图也可组合成忠告象形图组，用于无需配制或喷施的农药。

用药后清洗的象形图也应在所有标签上印制，并位于有关施用农药的象形图组的右边。警告象形图在必要时可印于用药后清洗的象形图的右边。

象形图组也可放在特征颜色标志带内重叠使用（图 2-1）。

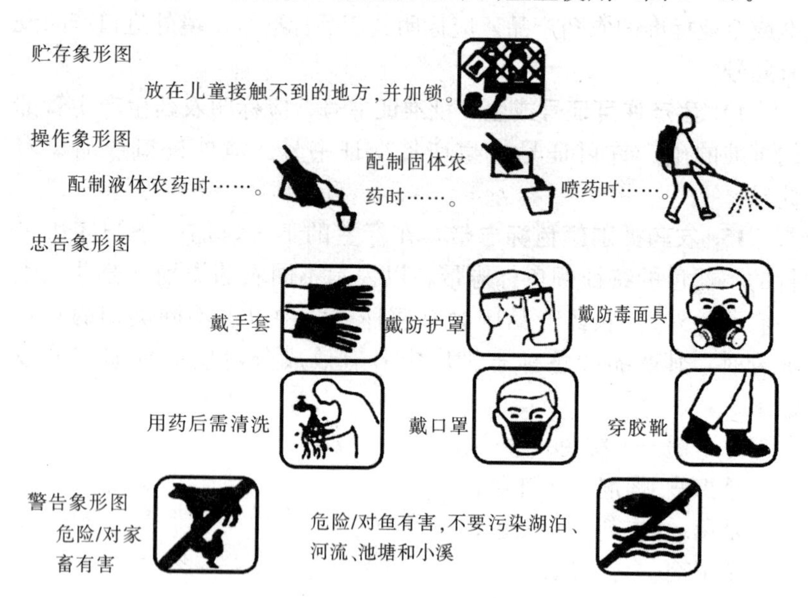

图 2-1　农药安全使用象形图

（二）标签基本要求

1. 标签内容的基本要求

（1）农药标签与包装容器不得相分离，标签内容不得在流通过程中变得模糊不清（图 2-2）。

（2）标签内容应与使用者的文化素质相适应，应简明扼要、通俗易懂。

（3）标签内容必须全面包括上述标签的基本内容，不得印刷和使用基本内容不全面的标签。

（4）标签内容必须真实、准确，产品性能介绍必须实事求是，有科学依据，不得带有广告性用语。

（5）不得使用最高级、最佳、最理想、特效、特强等用语。

（6）不得含有不科学的表示功效的断言或者保证；不得含有与其他产品的防效或安全性进行比较的内容；不得使用无毒、无害、无残留等表明农药安全性的绝对化的断言。

（7）不得使用模棱两可、言过其实的用语；不得采用暗示的方法，以致使人在产品的安全性、适用性等方面产生错觉。

（8）不得印刷含有宣传或广告意义的防效、获奖情况及各种优质产品称号的内容。

（9）不得使用含有违反农药安全使用规程的文字、语言或者图画。

（10）不得使用未经国家认可的研究成果或者不科学的词句或术语。

（11）不得使用某部门或科研机构监制生产的文字；不得出现以某部门推荐该产品使用的内容；不得印刷保险公司承保的字样。

（12）不得印刷与农药使用无关的图像或画面。

2. 版面设计要求

（1）重要的内容应尽可能配置大的空间或置于显著位置。

（2）农药名称、有效成分描述、使用方法、安全警句、毒性标志要置于突出位置。

（3）标签颜色不得使用红色作为背景颜色；背景颜色应是清晰的，不应影响标签的可读性。

（4）版面设计不得带有装饰性和奇特性。

（5）农药标签可以是一个版面（如瓶装产品），也可以是两个版面（如袋装产品）。也可以是多个版面（如盒装产品）。

3. 文字要求

（1）标签文字必须是合乎规范的汉字，不得使用非规范性的简化字或繁体字；不得采用英文或其他外国文字来代替中文汉字；不得使用斜体字；不得纵向排列或倾斜排列。

（2）字体大小应易于辨认，印刷的字体应清晰易读，标签正文应水平印刷，便于阅读。以下为标签（袋装）的设计样式：

农药登记号：
生产批准文件号：
产品标准号：
质量保证期：　　　　生产日期：

农药名称

毒性标志：　　　　净含量：

生产企业名称

地址：　　　　邮编：
电话：　　　　传真：

农药通用名称

产品特点：
使用方法：

作　物	防治对象	用药量	施药方式

限用条件：
注意事项（包括安全间隔期）：
中毒急救：
贮存条件：

颜色标志带　　　　象形图

图 2-2　农药标签

（三）标签的监督管理

根据国务院《农药管理条例》规定，“禁止经营产品包装上未附标签或者标签残缺不清的农药”“生产、经营产品上未附标签、标签残缺不清或者擅自修改标签内容的农药的，给予警告，没收违法所得，可以并处违法所得3倍以下的罚款；没有违法所得的，可以并处3万元以下的罚款。”农药标签的内容经农药登记部门审查批准后，便具有一定的法律效益。使用者按照标签上的说明使用农药，不仅能达到安全、有效的目的，而且还能起到保护消费者自身利益的作用。如果按照标签用药出现了中毒或作物药害等问题，可向有关管理部门或法院投诉，要求赔偿经济损失。生产厂家或经销单位应承担法律责任。反之，用户不按标签指南和建议使用农药，出现问题，则由使用者自己负责。因此，为了用好农药，不出现差错，避免造成意外的危害和损失，在购买农药时要认真检查包装上的标签是否清楚完整，在使用农药前一定要仔细阅读标签，看懂并完全理解标签上的内容。

20世纪90年代末以来，国内农药标签问题十分突出，有些企业不按登记批准的内容印制标签，随意更改产品名称，擅自扩大使用范围或夸大防治效果，造成作物药害和人员中毒事故屡屡发生，不仅给农民造成经济损失，同时也给农业生产和农药管理带来不利影响。因此，作为农药生产厂家、农药经营人员和农药使用者都应掌握一些农药标签的基本知识，这对于保护自己和他人的合法权益具有重要意义。

六、农药知识产权保护制度

目前，我国农药知识产权保护制度，主要有农药专利保护、农药行政保护和农药登记保护等制度。这些制度所涉及的法律、法规是《专利法》《农业化学物质产品行政保护条例》和《农药管理条例实施办法》等。现就有关的保护制度分别简要介绍如下：

（一）农药专利保护制度

1. 农药专利保护制度的概念 所谓专利，简称专利权。根据《专利法》的规定，指的是发明创造。发明创造分为发明、实用新型和外观设计三种类型。如某发明、实用新型或外观设计在向国家知识产权局专利局提出专利申请，并经依法审查合格后，专利申请人便被授予在规定时间内对该项发明创造享有专有权，即专利权。可见，在农药领域，根据发明创造内容的不同，可以提出不同类型的专利申请。具体地说，农药产品、制造方法或者其改进的技术方案均可申请发明专利。施用农药的机械、设备、装置、器具等有结构的产品设计，除申请发明专利外，还可以申请实用新型专利。农药的外包装袋或其他容器等的外形或图案，可以申请外观设计专利。

例如，某发明人发现一种新的电热灭蚊片，当采用一种新的电热灭蚊器时，可以获得良好的灭蚊效果，此时，发明人可以考虑将电热灭蚊片申请一项发明专利，电热灭蚊器（视发明程度的不同）可以申请发明专利，也可以申请实用新型专利，而电热灭蚊片的包装袋以及电热灭蚊器的外形等均可申请外观设计专利。

根据《专利法》第11条的规定，“发明和实用新型专利权被授予后，除本法另有规定的以外，任何单位或者个人未经专利权人许可，都不得实施其专利，即不得为生产经营目的制造、使用、许诺销售、销售、进口其专利产品，或者使用其专利方法以及使用、许诺销售、销售、进口依照该专利方法直接获得的产品。”农药专利申请人，一旦获得专利权后（即成为专利权人），该专利权就受《专利法》的保护，专利权人就享有了对其专利的制造、使用、销售和进口的独占性权利，其他任何单位或个人未经许可，不得以生产、经营为目的制造、使用、销售和进口其专利产品，或使用其专利方法（法律规定的除外）。否则，就构成侵犯专利权行为。

2. 专利侵权行为将产生的法律后果 根据《专利法》的有关规定，构成专利侵权行为，主要有以下三种情况，每种情况所产生的法律后果是不相同的，现将三种情况简要介绍如下。

（1）未经专利权人许可，而实施其专利权的，产生的法律后果：

①协商解决。未经专利权人许可实施其专利，即侵犯其专利权，引起纠纷的，由当事人双方协商解决。

②向人民法院起诉或请求专利管理部门处理。协商或者协商不成的，专利权人或者利害关系人可以向人民法院起诉，也可以请求管理专利工作的部门处理。该部门在处理时，认定侵权行为成立的，可以责令侵权人立即停止侵权行为，当事人不服的，可以自收到处理通知之日起 15 日内依照《中华人民共和国行政诉讼法》向人民法院起诉。

③侵权人期满后仍不停止侵权行为的，管理专利工作的部门可以申请人民法院强制执行。进行处理的管理专利工作的部门应当事人的请求，可以就侵犯专利权的赔偿数额进行调解；调解不成的，当事人可以依照《中华人民共和国民事诉讼法》向人民法院起诉。

④侵犯专利权的赔偿数额，按照权利人因被侵犯所受到的损失或者侵权人因侵权所获得的利益确定；被侵权人的损失或者侵权人所获得的利益难以确定的，参照该专利许可使用费的倍数合理确定。

⑤专利侵权纠纷涉及新产品制造方法的发明专利的，制造同样产品的单位或者个人应当提供其产品制造方法不同于专利方法的证明；涉及实用新型专利的，人民法院或者管理专利工作的部门可以要求专利权人出具由国务院专利行政部门作出的检索报告。

（2）假冒他人专利的法律后果。假冒他人专利是指在与专利产品类似的产品或者包装上加上他人的专利标记或专利号，冒充他人的专利产品，以假充真。假冒他人专利，依法承担的民事责任主要有：

①责令侵权人停止侵权行为。比如，要求其停止制造专利产品、停止继续使用和销售专利产品等。

②赔偿损失。具体的赔偿数额，由人民法院根据专利权人损失的多少来确定。《专利法》第六十条规定："侵犯专利权的赔偿数额，按照权利人因被侵权所受到的损失或者侵权人因侵权所获得的利益确定；被侵权人的损失或者侵权人获得的利益难以确定的，参照该专利许可使用费的倍数合理确定。"

③没收侵权人由侵权行为所得的产品。人民法院在判决时，可以根据专利权人的请求，没收侵权人由于侵权活动所得到的产品，或者令其拆除用以进行仿造的设备，以防止侵权人继续进行侵权违法活动。

④消除影响。我国《民法通则》第一百一十八条规定："公民、法人的专利权受到侵害的，有权要求消除影响。"例如，专利权人的产品本来在市场上享有信誉，但由于侵权人仿制的伪劣产品，极大地影响了专利产品的信誉。因此，除赔偿损失外，人民法院可以根据专利权人的要求，责令侵权人公开向专利权人道歉并登报承认错误，以消除由于专利侵权所造成的不良影响。

（3）以非专利产品冒充专利产品、非专利方法冒充专利方法的，产生的法律后果。《专利法》第五十九条规定："以非专利产品冒充专利产品，以非专利方法冒充专利方法的，由管理专利工作的部门责令改正并予公告，可以处5万元以下的罚款。"

3. 农药专利权的保护期限　根据《专利法》的规定："农药专

利权的保护期限分别是：农药发明专利权的期限为20年，农药实用新型专利权和外观设计专利权的期限为10年，均自申请日起计算。”期限届满后，专利权人对其专利就不再享有制造、使用、销售和进口的专有权，原来受法律保护的专利就成为社会的公共财富，任何单位和个人都可以无偿地使用。

（二）农药行政保护制度

1. 农药行政保护的由来 在我国，除《专利法》外，对农业化学品的知识产权保护还有一项特殊制度，即依据《农业化学物质产品行政保护条例》于1993年1月1日开始实施的行政保护。设立这项制度的背景，开始于20世纪80年代末《中美科技合作协定》续签时引起的多轮谈判，直至1992年初中美两国政府正式签署《关于知识产权保护的谅解备忘录》。对国外新的、符合一定条件的农业化学物质产品给予行政保护的目的，一是为了完善中国农业化学品知识产权保护立法，依法保护外国独占权人的合法权益；二是为了改善中国农业化工领域的对外合作、交流的法律环境；三是为了鼓励在中国市场上推广新的农药品种，适应发展现代农业的需要。

2. 行政保护的对象和范围 行政保护的对象是符合一定条件的农业化学物质发明，并且这些发明根据1986—1993年实施的《中国专利法》（即1984年通过的专利法）是不能获得专利保护的。确切地说，行政保护的对象仅指符合一定条件的农药原药产品，包括用化学合成方法生产的除草剂、杀虫剂、杀菌剂、灭鼠剂、植物生长调节剂。这样，在修改后的新专利法于1993年1月1日实施以前，通过实施行政保护，提前实现了对农业化学物质发明的全程保护。

根据《农业化学物质产品行政保护条例》的规定，行政保护的范围仅限于那些与我国政府缔结了保护知识产权双边条约的国家或地区的农业化学物质产品。迄今为止，与我国政府缔结了双边《关于保护知识产权的谅解备忘录》的国家或地区有美国、日本、瑞典、挪威和欧共体，因此，这些国家或地区的企业和其他组织以及个人，都可以依照《农业化学物质产品行政保护条例》的规定，向我国化工行政主管部门申请农业化学物质产品行政保护。

应该明确的是，行政保护是对工业产权的法律保护，《农业化学物质产品行政保护条例》属于工业产权法律范畴，而不能顾名思义地理解为行政法；它所调整的对象和范围具有涉外因素，是涉外法规，不适用于国内有关的企业、经济组织和个人。但是，当国外独占权人依法获得行政保护后，国内任何企业和个人都必须遵守《农业化学物质产品行政保护条例》的有关规定，不得侵权。

3. 行政保护的条件　从行政保护的对象来看，申请行政保护的农业化学物质产品必须具备三项条件：

（1）1993 年 1 月 1 日前依照《中国专利法》的规定其独占权不受保护的。

（2）1986 年 1 月 1 日至 1993 年 1 月 1 日期间，获得禁止他人在申请人所在国制造、使用或者销售的独占权的。这里，农业化学物质产品独占权人是指对申请行政保护的农业化学物质产品的制造、使用和销售享有完全权利的人。行政保护要求申请人的所在国与对该对象独占权的授予国必须一致；当申请人的所在国籍不一致时，要求申请人的国籍应与对该对象独占权的授予国一致；在申请人是法人的情况下，该法人的登记注册国与对该对象独占权的授予国一致。

（3）提出行政保护申请日前尚未在中国销售的。根据第一、第二项条件可知，行政保护的对象仅限于那些符合一定条件的农业化学物质的原药产品，行政保护不仅要求这类原药产品在申请日前尚未通过合法的商业渠道在中国农药市场上流通，而且要求与这种原药化合物完全一致且作为有效成分的制剂在申请日前也未在中国农药市场上流通过。

从申请行政保护的主体来看，农业化学物质产品的申请权属于该产品的独占权人。比如，A 国的 B 公司的产品在 A 国有独占权，在 C 国亦获独占权，B 公司则须凭其产品在 A 国所获得的独占权的证明来中国申请行政保护；如果B公司的产品在A国获得独占权的日期是在1986年1月1日以前，在C国获得独占权的日期是在1986年1月1日以后，根据《农业化学物质产品行政保护条例》第五条（二）的规定，即申请行政保护的农业化学物质产品必须是在1986年1月1日至1993年1月1日期间，获得禁止他人在申请人所在国制造、使用或者销售的独占权，C国授予B公司产品独占权的证明也可以被接受，但前提是B公司须将产品的独占权转让给C国的某一公司，这就意味着对该产品的行政保护申请权也转让给C国的这家公司，C国的这家公司以该产品在C国的独占权人的身份向中国提出行政保护申请，而最终实现对B公司的这项产品的行政保护。

4. 行政保护的期限和效力

（1）期限。我国行政保护制度于1993年1月1日起施行，保护期为7年半时间，自申请人获得其产品的保护证书之日起计算。需要说明的是，提出行政保护只要符合《农业化学物质产品行政保护条例》规定的条件，没有申请时间的限制。

行政保护因下列情况而提前终止：①因产品独占权在申请人所在国无效或者失效而终止。②因产品独占权人没有按规定缴纳行政保护年费而终止。产品独占权人应当在行政保护证书颁发之日起一个月内缴纳年费，在行政保护持续期间，于每年度最初两个月内缴纳年费，无正当理由逾期未缴纳或未缴足的，视为自动放弃行政保护。③因放弃而终止。独占权人可以以书面形式声明放弃行政保护。④因未办理农药登记而终止。产品独占权人必须自农业化学物质产品行政保护证书颁发之日起一年内向国务院农业行政主管部门提出申请，办理登记手续，未开始办理农药登记的，行政保护将提前终止。⑤行政保护因被撤销而终止。行政保护证书颁发后，任何组织或者个人有异议的，都可以按照一定程序请求化工行政保护评审办撤销对该产品的行政保护，经审查异议成立的，评审办将作出撤销决定，如当事人对撤销决定不服的，可以向人民法院提起诉讼（表2-1）。

表 2－1　农业化学物质产品行政保护情况一览表

申请号（化行申）	公司名称	通用名称	商品名称	农药类别	申请日（年．月．日）	评审结果	授予时间（年．月．日）	授权号
01 号	美国氰胺公司	imazethopyr	普施特	除草剂	1993.4.15	驳回	1993.10.13	
02 号	美国罗门哈斯公司	myclobutanil			1993.6.16	撤回		
03 号	美国罗门哈斯公司	fenbuconazole	应得	杀菌剂	1993.10.6	授予	1994.9.5	NB-US94090501
04 号	美国罗门哈斯公司	tebufenozide	米满	杀虫剂	1993.10.6	授予	1994.9.5	NB-US94090502
05 号	法国罗纳普朗克公司	firronil	锐劲特	杀虫剂	1994.2.15	授予	1994.11.19	NB-FR94111903
06 号	美国陶氏化学公司	haloxoyfopmethyl	高效盖草能	除草剂	1994.5.3	复议授予	1996.1.3	NB-US96010304
07 号	瑞士汽巴嘉基公司	cinosulfuron	莎多伏	除草剂	1994.11.22	驳回	1995.5.10	
08 号	大日本油墨公司	iminoctadine tris	百可得	杀菌剂	1995.4.7	复议驳回	1996.1.15	

（续）

申请号（化行申）	公司名称	通用名称	商品名称	农药类别	申请日（年．月．日）	评审结果	授予时间（年．月．日）	授权号
09号	瑞士汽巴嘉基公司	triasulfuron	农家乐	除草剂	1995.4.10	驳回	1996.1.15	
10号	美国陶氏益农公司	flumetsulam	阔草清	除草剂	1995.6.30	授予	1996.1.3	NB-US96010305
11号	德国巴斯夫公司	epoxiconazole	欧霸	杀菌剂	1995.8.23	授予	1996.6.10	NB-CE96061006
12号	英国杜邦公司	rimsulfuron	宝成	除草剂	1996.1.18	授予	1996.9.11	NB-US96091107
13号	美国氰胺公司	cyclosulfa-muron	金秋	除草剂	1996.4.8	授予	1997.3.3	NB-US97030308
14号	德国艾格福公司	silafluofen	施乐宝	杀虫剂	1996.4.20	授予	1997.3.3	自动放弃
15号	美国氰胺公司	dimethomorph	安克	杀菌剂	1996.4.23	驳回	1997.3.3	
16号	德国艾格福公司	ethoxysulfuron	太阳星	除草剂	1996.4.23	授予	1997.3.3	NB-GE97030310

（续）

申请号（化行申）	公司名称	通用名称	商品名称	农药类别	申请日（年．月．日）	评审结果	授予时间（年．月．日）	授权号
17 号	瑞士诺华公司	trinexapacethyl	挺立	除草剂	1997. 1. 7	授予	1997. 7. 15	NB-US97071511
18 号	端士诺华公司	prosulfuron	顶峰	除草剂	1997. 1. 7	授予	1997. 7. 15	NB-US97071512
19 号	杜邦日本公司	azimsulfuron	康宁	除草剂	1997. 5. 5	授予	1998. 2. 18	NB-JP98021813
20 号	瑞士诺华公司	oxasulfuron	大能	除草剂	1997. 6. 24	授予	1998. 1. 5	NB-SW99010517
21 号	端士诺华公司	fludioxonil	适乐时	杀菌剂	1998. 5. 5	授予	1999. 8. 2	NB-US99080218
22 号	瑞士诺华公司	difenoconazole	思科	杀菌剂	1998. 5. 5	驳回	1999. 3. 24	
23 号	奥地利 DsM 精细化工公司	quizalofop-p-tefuryl	喷特	除草剂	1998. 5. 5	授予	2000. 3. 21	NB-AT2000032121
24 号	美国杜邦公司	famoxadone	易保	杀菌剂	1998. 6. 15	授予	1998. 11. 12	NB-SW98111214

（续）

申请号（化行申）	公司名称	通用名称	商品名称	农药类别	申请日（年．月．日）	评审结果	授予时间（年．月．日）	授权号
25号	美国FMC公司	carfentrazone-ethyl	快灭灵	除草剂	1998.7.20	授予	1999.1.4	NB-US99010415
26号	陶氏化学日本有限公司	cyhalofop-butyl	千金	除草剂	1998.8.14	授予	1999.1.4	NB-JP99010416
27号	罗门哈斯日本公司	thifluzamide	宝穗	杀菌剂	1998.12.11	授予	1999.8.2	NB-JP99080219
28号	诺华（农化）美国公司	s-metolachlor	金都尔	除草剂	1999.5.4	正在评审		
29号	英国捷利康公司	azoxystrobin	安灭达	杀菌剂	1999.6.4	授予	1999.10.10	NB-US99101020
30号	捷利康公司	mesotrione	米斯通	除草剂	2000.10.10	正在评审		
31号	端士诺华公司	clodinafop-propargyl	顶尖	除草剂	2000.10.10	正在评审		
32号	瑞士诺华公司	trifloxysulfuroon	英飞特	除草剂	2000.10.13	正在评审		

注：截止日期为2000年10月。

（2）效力。行政保护一经授予，产品独占权人则享有在中国制造、销售的排他权利，未经其许可，任何制造或者销售该产品的行为均构成侵权，独占权人可以按照一定程序请求国家化工行政主管部门制止侵权行为，并缴纳侵权处理费。侵权行为造成经济损失，独占权人还可以向法院提起诉讼，要求经济赔偿。

5. 化工行政保护工作实施情况　截至 2001 年 10 月，中国化学工业行政主管部门共受理美国氰胺、杜邦、罗门哈斯、陶氏化学、陶氏益农、有利来路、FMC、欧洲诺华（原汽巴嘉基）、罗纳普朗克、艾格福、巴斯夫、捷利康以及大日本油墨等 13 家公司提出的 32 件农业化学品行政保护申请，其中，正式驳回的 6 件，撤回的 1 件，授予行政保护的 21 件，正在审查的 4 件。

（三）农药登记保护制度

随着我国社会主义市场经济的不断发展和改革开放的不断深入，广大农药生产企业普遍增强了法律保护意识。为了适应形势发展的需要，保护首家登记的新农药产品，鼓励生产企业研制开发新农药，正确引导我国农药行业健康蓬勃发展，农业部在 1999 年 7 月颁布实施的《农药管理条例实施办法》中，首次明确规定，我国农药登记实施保护制度。根据《农药管理条例实施办法》第九条的规定，所谓农药登记保护制度，是指首家农药企业在我国申请的新农药、新制剂、新使用范围和方法的产品，被获准登记后，其新农药、新制剂、新使用范围和方法的登记资料将分别享有 7 年、5 年、3 年的保护期。保护期从该产品取得登记之日起计算。

在保护期限内，未经首家登记企业同意，其他企业申请相同产品登记时，按照《农药登记资料要求》中的新农药、新制剂、新的使用范围和方法的登记要求，提供完整的资料，不得无偿享用首家企业的登记资料，但如经首家登记企业同意，在保护期限内，其他企业可使用其原药资料和部分制剂资料；在保护期限外，其他企业可免交原药资料和部分制剂资料。

可见，农药登记保护制度实际是一种农药登记资料保护制度，它有别于化学品行政保护和专利保护。化学品行政保护和专利保护规定，在保护时间和范围内，未经行政保护独占权人和专利权人的许可，其他任何单位和个人都不得以赢利为目的进行生产、销售。而农药登记保护的是首家登记所提交的资料。在保护期内未经首家登记的许可，其他任何生产企业和个人不得使用其资料。但其他生产企业如能按照《农药登记资料要求》的有关规定，提供自己完成的完整资料，则可以随时申请办理农药登记。上述农药登记保护制度概念中，提到的首家登记，是指与拟申请登记的产品相比较，第一次在我国申请并获得的登记，其产品包括新农药、新制剂及新使用范围和方法。

新农药是指含有的有效成分尚未在我国批准登记的国内外农药原药和制剂。若同一种有效成分有两种不同质量的原药获得登记，首家登记的原药属新农药，第二家登记的原药虽不属新农药，但属不同规格的新原药，仍受到原药登记 7 年期的保护。新制剂是指含有的有效成分与已经登记过的相同，而剂型、含量（或配比）尚未在我国登记过的制剂。新登记使用范围和方法是指有效成分和制剂与已经登记过的相同，而使用范围和方法是尚未在我国登记过的。

相同产品是指申请登记的农药产品质量与已取得农药登记的产品无明显的差异，它包括相同原药（母液）和相同制剂两种。相同原药是指申请登记的农药原药的有效成分含量大于或等于首家登记的原药，且其 0.1%以上的杂质种类比首家的少或相同，杂质含量比首家的低或相同，其他的技术指标如水分含量、酸碱度等要求比首家的更严或相同。相同制剂是指申请登记的农药产品与首家登记的产品比较，其技术指标要求比首家登记的更高或相同。

从农药登记保护制度的概念中，我们可以看出，如果一个农药生产企业欲申请相同产品登记（即与已经登记的产品相同），那么这个企业将有三种选择：

一是按照《农药登记资料要求》，不论拟登记的相同产品是否在保护期限内，只要按照《农药登记资料要求》中对应的新农药、新制剂、新的使用范围和方法的登记要求，提供完整的资料，可随时申请农药登记。

二是和首家登记企业协商，得到其授权后，在保护期限内，减免其原药和部分制剂资料，申请农药登记。

三是待首家登记企业的产品超过登记保护期后，可以自然减免部分资料申请相同产品农药登记。

农药登记分三个阶段：田间试验、临时登记和正式登记。农药登记保护制度也在不同登记阶段中得到体现，每个阶段保护的起始时间均是从首家取得登记的时间算起，保护的内容是首家登记时所提供的登记资料。

保护期限按新农药、新制剂及新的使用范围和方法这三种不同登记类型分别为 7 年、5 年和 3 年。农药生产企业在申请田间试验许可、临时登记或正式登记时，如果该申请为首家，则应按首家登记的要求提交资料。申请相同产品登记者应提供证据证明所申请的产品为相同产品，在规定期限内，应按首家登记的要求提交资料，除非有首家登记企业的授权；在规定期限外，则可减免部分登记资料，从而取得登记。谁最先取得该登记阶段的登记，谁就是这一登记阶段的首家登记。如某一生产企业的某个产品，临时登记阶段不是首家登记，但正式登记阶段是首家登记，保护期限应从该产品首次取得临时登记的时间算起；正式登记阶段的首家则是该公司，保护期限应从该产品取得正式登记的时间算起。因此，同一个农药产品的不同登记阶段，保护期限计算的起始时间不同，但保护期限是相同的，均为 7 年、5 年、3 年。保护期限不为登记阶段不同而不同，只为是新农药登记、新制剂登记还是新用途登记的不同而不同。

任务 2　农药经营管理体系

一、农药经营管理制度

1. 农药经营渠道　国务院在 1997 年颁布实施的《农药管理条例》中明确规定，7 类单位可以经营农药，即：①供销合作社的农业生产资料经营单位；②植物保护站；③土壤肥料站；④农业、林业技术推广机构；⑤森林病虫害防治机构；⑥农药生产企业；⑦国务院规定的其他经营单位。

1999年，农业部颁布实施的《农药管理条例实施办法》对《农药管理条例》中的第7类经营单位作了进一步的规定，明确了除《农药管理条例》允许经营农药的单位外，另外3类单位也可以经营农药，即：①农垦系统的农资经营单位、农业技术推广单位，按照直供的原则，可以经营农药；②粮食系统中专门供应粮库、粮站所需农药的经营单位，可以经营储粮用农药；③日用百货、日用杂品、超级市场或者专业商店可以经营家庭用防治卫生害虫和衣料害虫的杀虫剂。

新中国成立以来，尤其是改革开放以来，我国农药流通渠道发生了很大的变化，大体经历了从农资部门独家经营到“一主两辅”渠道，到7类单位，再到10类经营单位，这样一个经营渠道逐步放开的过程。从时间上划分，经历了如下三个阶段：

第一阶段：1989年前，农药经营基本处于独家垄断阶段。即农资部门一家专营。国务院在国发［1988］68号文中规定，原商业部中国农业生产资料公司和各级供销合作社的农业生产资料经营单位对化肥、农药、农膜实行专营，其他部门、单位和个人一律不准经营上述商品。

第二阶段：1989—1997年，农药经营实行“一主两辅”的流通形式。国务院在国发［1989］87号文件中规定，中国农业生产资料公司和地方各级供销社的农资经营单位是农资经营的主渠道，农业“三站”（植保站、土肥站、农技推广站）和生产企业是农资经营的辅助渠道。

第三阶段：1997年以后，国务院在1997年颁布实施的《农药管理条例》中，规定了农药经营的7类单位。1999年农业部在颁布实施的《农药管理条例实施办法》中对国务院规定的第7类单位作了进一步明确，又补充规定了3类经营单位，即到目前为止，国家共确定了10类农药经营单位。

随着我国社会主义市场经济的不断完善和发展，农药经营渠道和经营市场将会得到进一步的放开。

2. 农药经营许可条件　为了加强对农药经营的管理，《农药管理条例》对经营单位规定了应当具备的四项条件：①有与其经营的农药相适应的技术人员；②有与其经营的农药相适应的营业场所、设备、仓储设施、安全防护措施及环境污染防治设施、措施；③有与其经营的农药相适应的规章制度；④有与其经营的农药相适应的质量管理制度和管理手段。

符合上述条件的，应依法向工商行政管理机关申请办理营业执照后，方可经营农药。实行农药经营资格审查制度，有利于加强市场的源头管理，提高农药经营人员素质，避免“卖药不懂药”“违法不知法”的情况出现，尽可能地把隐患消除在进入市场前。这种制度，在目前我国市场还不规范，法律还不健全，尤其是在市场将进一步开放的情况下，其积极作用是显而易见的，各地的实践经验也充分证明了这一点。

3. 农药经营企业的权利与义务　依据《农药管理条例》和《条例实施办法》，农药经营企业主要享有以下权利：

①不同类型的农药经营企业有权在法定的经营范围内经营农药。

②农药经营单位在向当地农业行政主管部门提出经营资格审查申请后，有权要求该部门在受理之日起30日内给予答复。

③农药经营单位对农业行政主管部门做出的行政处罚决定不服的，有权申请行政救济。

农药经营企业在享有上述权利的同时，应履行下列义务：

①为了保证销售农药的质量，农药经营单位在购进农药时，应将农药产品与产品标签、产品质量合格证进行核对，并对购进产品进行或委托进行质量检验。同时应核对所购进的农药产品是否取得农药登记证（或农药临时登记证）、农药生产许可证（或农药生产批准文件）。

②农药经营单位严禁经营下列农药：无农药登记证（或农药临

时登记证)、无农药生产许可证(或生产批准文件)、无产品质量标准的国产农药;无农药登记证(或农药临时登记证)的进口农药;无产品质量合格证或检验不合格的农药;过期而无使用效能的农药;没有标签或标签残缺不清的农药;撤销登记的农药;标签内容不符合规定的农药。

③农药经营单位在销售农药时应向购买农药的单位和个人正确说明农药的用途、使用方法、用量、中毒急救措施和注意事项。如果销售的农药超过产品质量保证期限,农药经营单位还需报经省级以上人民政府农业行政主管部门所属的农药检定机构检验,符合产品标准的,可以在规定期限内销售;但是,必须在外包装上注明"过期农药"字样,并附具使用方法和用量。

④农药经营单位应当按照国家有关规定,做好农药储备工作。贮存农药应当建立和执行仓储保管制度,确保农药产品的质量和安全。

二、农药广告审查制度

根据《广告法》规定,国家对农药广告内容实行审查制度。未经审查批准并取得广告批准文号的农药广告不得发布。农药广告审查由国家农业行政主管部门即农业部和各省、自治区、直辖市农业行政主管部门两级负责。

全国性发布的农药广告和境外生产的农药的广告,如在全国性的报刊(包括全国性专业报刊)、书籍、杂志、广播、电视等宣传媒介上刊播的农药广告,可以委托农业部农药检定所负责审查;在省级区域内发布的广告例如在省内电视、广播、报刊、杂志和其他宣传媒介上刊播的广告,可以由广告主所在地省级农业行政主管部门所属的农药检定所(站)负责审查。

1. 农药广告审查的申请 申请审查境内生产的农药的广告,应当填写《农药广告审查表》,并提交下列证明文件:农药生产者和申请人的营业执照副本或其他生产、经营资格的证明文件;农药生产许可证(或生产批准文件);农药登记证、产品标准号、农药产品标签；法律、法规规定的其他确认广告内容真实性的证明文件。

申请审查境外生产的农药的广告，应当填写《农药广告审查表》，并提交下列证明文件及相应的中文译本：农药生产者和申请人的营业执照副本或者其他生产、经营资格的证明文件；国家农业行政主管部门颁发的农药登记证、农药产品标签；法律、法规规定的其他确认广告内容真实性的证明文件。

提供上述证明文件的复印件，需由原出证机关签章或者出具所在国（地区）公证机关的证明文件。

2. 农药广告的审查

（1）初审。农药广告审查机关对申请人提供的证明文件的真实性、有效性、合法性、完整性和广告制作前文稿的真实性、合法性进行审查。在受理广告申请之日起 7 日内作出初审决定，并发给《农药广告初审决定通知书》。

（2）终审。申请人凭初审合格决定，将制作的广告作品送交原农药广告审查机关进行终审，农药广告审查机关在受理之日起 7 日内作出终审决定。对终审合格者，签发《农药广告审查表》，并发给农药广告审查批准文号。对终审不合格者，应当通知广告申请人，并说明理由。

广告申请人可以直接申请终审。广告审查机关应当在受理申请之日起 10 日内，作出终审决定。

未经批准登记的农药产品不得做广告，未经审查批准的农药广告内容不得刊播。已经批准的农药广告内容，不得擅自更改。

如需更改，应重新申报。

农药广告内容应与农药登记证的内容相符。不得以任何形式弄虚作假、蒙蔽和欺骗用户或消费者，不得发表使消费者对产品功效产生错觉的宣传，不得做出关于安全性的断言，如“安全”“无毒”“不含毒性”“无残毒”等，除批准登记的用途外，广告内容不得任意扩大其批准用途。

农药广告批准文号的有效期不应超出该产品农药登记证的有

效期。

农药广告审查人员应严格按照《农药广告审查标准》的规定，进行农药广告审查。在具体工作中应注意如下事项：

①农药广告审批包括初审和终审。初审时主要指出广告送审稿中存在的问题，要求广告制作者重新修改。终审是对所制作的广告内容进行审查，对符合要求的广告内容，加盖广告审批单位公章和广告审批号，作为广告刊播的依据。

②不能越级审查。凡在全国性范围内发布的广告，省级农业行政主管部门不能进行审查。市、县级农业行政主管部门不能从事农药广告审查工作，但可对本地区发布的广告进行监督，要求生产企业改正，并配合工商行政管理部门对违法农药广告进行查处。

③当农药产品和普通化工产品的广告内容同时出现在农药广告媒介上时，非农药化工产品的介绍应尽可能简便，否则，要求广告主单独对农药产品做广告，因为非农药化工产品广告的审批不属于农业行政管理部门的审批范围。

④农药广告不得借助产品研究单位、监制单位、技术推广单位、保险单位等的影响进行宣传。

⑤农药广告审查批准文号的有效期为1年。对超出农药广告批文有效期的广告，应重新申报审批。

⑥农药广告不能含有贬低同类产品的内容。

3. 违法农药广告的法律责任 根据《中华人民共和国广告法》，县级以上工商行政管理部门对违法农药广告作出如下处罚：

①未经广告审查机关审查批准，发布广告的，由广告监督管理机关责令有责任的广告主、广告经营者、广告发布者停止发布，没收广告费用，并处广告费用1倍以上5倍以下的罚款。

②广告主提供虚假证明文件的，由广告监督管理机关处以1万元以上10万元以下的罚款。

③伪造、变造或者转让广告审查文件的，由广告监督管理机关没收违法所得，并处1万元以上10万元以下的罚款。构成犯罪的，依法追究刑事责任。

任务3 农药使用管理制度

一、限用、禁用农药监督管理

根据《农药管理条例》的规定，未经批准登记的农药不得生产、销售和使用，所以应该说，没有批准登记的农药都应被禁止使用。因此，禁止使用的农药有两种情况，一种是由于生产厂家未取得农药登记，因而不允许生产、经营和使用，而不一定是农药本身有什么问题。另一种是由于农药对环境或人、畜有安全方面的问题，而不能被批准登记或被撤销登记。下面所列出的农药，主要是因其安全性等方面存在问题，从保护人、畜、环境出发，国家规定禁止使用：

1. 砷、铅类无机制剂　在20世纪50～60年代使用较多，因其易造成中毒，且防治效果差，停止使用。

2. 汞制剂　作为杀菌剂，国内曾广泛使用。20世纪70年代因造成数百人食用被汞污染的稻米而中毒，且汞制剂在土壤中滞留时间长、易累积，从20世纪70年代起汞制剂被禁止使用。

3. 内吸磷　20世纪60年代曾作为拌种剂使用。因其易造成中毒，有关部门曾多次专门发文要求注意防护，减少中毒事件发生。后被其他有机磷拌种剂所取代，并逐渐停止使用。

4. 二溴氯丙烷、二溴乙烷　二者均有致癌作用，且能使男性生殖能力下降，造成不育，被明文规定禁止使用。

5. 敌枯双　曾用于防治水稻白叶枯病。对是否具有致癌作用，国内研究虽有不同看法，但对生产者及使用者易造成严重的皮炎、危害接触者的安全这一看法是一致的。所以没有批准登记，并禁止用于防治白叶枯病。

6. 六六六、滴滴涕　有机氯杀虫剂，在我国长期大量使用，在防治农作物害虫、保护农业生产中起过重要作用。由于它性质稳定，难于分解，在环境中易于积累；造成作物中有机氯残留量大大超标，也影响了茶叶、蜂蜜等产品的出口。1983 年 1 月 11 日国务院常务会议上决定停止六六六、滴滴涕的生产和使用。在此之前，1982 年由农业、卫生两部联合颁发的《农药安全使用规定》中已明确规定“六六六、滴滴涕不准在果树、蔬菜、茶叶、中药材、烟草、咖啡、胡椒、香茅等作物上使用。”

7. 杀虫脒 作为杀虫、杀螨剂效果是值得肯定的。但其在国内外的毒性试验研究证明，对人有潜在致癌危险。最初农业部规定，除棉花、水稻外，其他作物禁用。即使在水稻上使用，也只允许每季使用一次，并根据用量的多少，规定了安全间隔期。由于一些地方违反限用规定，在防治蜂螨时使用，使出口的蜂蜜中检出有杀虫脒存在，影响了我国的外贸形象。国家决定从 1990 年起禁止生产，3 年后即 1993 年起禁止使用。

8. 氟乙酰胺 20 世纪 70 年代初，在国务院六部委组成的农药小组进行的如何取代高毒、高残留农药的调查报告中，就因其在防治蚜虫过程中容易造成中毒，防治鼠害时易造成二次中毒，且无特效解毒药等问题向国务院建议停止生产使用。在 1982 年的《农药安全使用规定》中，又提出“禁止在农作物上使用，不准做杀鼠剂”。1984 年，全国爱卫会、农业部等十个部委联合发出《关于灭鼠药的生产、加工、收购、经销问题》的通知中再次重申不得生产、销售和使用氟乙酰胺。

9. 毒鼠强 为处于研究中并未成熟的化合物，剧毒，且易造成二次中毒。1991 年原化工部就因其造成的死亡事故，明令取缔，责令开发单位停止一切活动，并负责收回流散出去的样品，但由于种种原因，并没有完全做到。

10. 除草醚 应用时间长、用量大的除草剂。因其对人的安全性问题，引起了有关部门的重视。在取得共识后，经第五届全国农药登记评审委员会讨论通过，决定从 1998 年起停止生产，3 年内逐步停止销售、使用，从 2001 年起全面禁止使用。

11. 水稻田禁用拟除虫菊酯类农药 由于拟除虫菊酪类农药对水生生物杀伤力强，所以该类农药从未批准在水稻上使用。1985

年原全国植保总站发文禁止在稻田使用。

12. 茶树上禁用氰戊菊酯和三氯杀螨醇　氰戊菊酯是防治茶树害虫的常用药剂。从2000年7月1日起，欧共体对茶叶中氰戊菊酯的最高残留限量改为0.1毫克/千克后，使我国出口欧洲的茶叶量大幅度减少。因此，经第六届全国农药登记评审委员会讨论，决定撤销氰戊菊酯在茶树上的登记，即禁止在茶树上使用。因三氯杀螨醇产品中滴滴涕含量较高，使用后分解慢，在茶叶中滴滴涕残留的检出率高等原因，农业部于1997年6月发文禁止在茶树上使用。

13. 停止仲丁威作为卫生用杀虫剂的登记　有关资料证明，其分解产物异氰酸酯存在毒性问题，并且仲丁威未被列入世界卫生组织公布的用于卫生杀虫剂的名单，我国因此采取相应措施，停止其作为卫生用杀虫剂的登记。

限用是指某些农药，通过改变使用方式、限定使用范围等措施，既要发挥它的长处，又能克服它的不足。在我国是通过在批准登记内容中得以体现的。如：

（1）甲拌磷。高毒有机磷农药，在登记时只批准拌种，严禁喷雾。

（2）克百威。高毒氨基甲酸酯类杀虫剂，只批准拌种和撒施，严禁喷雾。

（3）林丹。不是六六六，它是含量达99%以上的丙体-六六六。只批准在防治小麦吸浆虫、荒滩飞蝗、竹蝗上使用，并限定了生产厂家和生产数量。

由于某些作物对某些农药敏感，在登记时明确了在敏感作物上不得使用，如敌百虫在高粱，乐果在杏、枣树上不得使用等。在标签上必须注明。

二、农副产品中农药残留的监督管理

1. 我国农副产品中农药残留现状　农副产品中的农药残留主要是指使用农药后，由于农药的吸附、内吸等作用而残余在植物中，及通过食物链由植物进入动物体内的微量农药。为保证农副产品食用安全，保护人民身体健康，政府主管部门在综合考虑农药使用情况、消费者饮食结构、农药毒性等因素的基础上，制定农药在不同农副产品（食品）中的最高残留限量标准。如果农副产品（食品）中农药残留量超过政府所规定的限量标准就是超标产品，对消费者存在不安全因素。我国是农药使用大国，农副产品中农药残留超标一直是影响农副产品出口和农产品质量提高的主要原因。近年来，随着人民生活水平的不断提高，农副产品中农药残留量超标问题显得更为突出。农副产品中农药残留的不良影响主要表现在两个方面，一是食用农药残留量超标的农副产品，尤其是蔬菜、水果等鲜食农产品，容易引起急性和慢性中毒事件时有发生。据统计，我国每年的农药中毒人数约 10 万人，其中在食物中毒方面，因农药残留污染造成中毒者占有相当大的比例。二是影响农副产品出口。20 世纪 90 年代末以来，我国因农药残留量超标造成的外商拒收、扣留、索赔、撤销合同等事件屡有发生。1998 年，我国有价值 70 多亿美元的出口农产品因农药残留超标而被退回。因此，农副产品中农药残留量超标已损害了我国外贸声誉，严重影响了农副产品出口创汇，给我国农业生产造成巨大经济损失。

2. 造成我国农副产品中农药残留量超标的主要原因　我国农副产品中农药残留量超标问题产生的原因主要有：

（1）我国现有农药产品结构不合理，产品质量不高。目前，我国有农药生产厂家 2 000 多家，农药产量达 40 多万吨（以 100%有效成分计），农药产品质量合格率仅为 75%左右，假冒伪劣农药产品坑农害农现象时有出现。

（2）施药技术推广到位率低，药械落后，施药中跑、冒、滴、漏问题突出，污染作物和环境。

（3）农民缺乏安全合理使用农药的意识和基本知识，片面追求防治效果，不遵守国家有关农药安全合理使用规定，擅自超剂量和超范围使用农药；还有一些农民在经济利益的驱动下，违反国家有关在蔬菜、水果、茶叶等作物上不得使用高毒、剧毒农药的规定，随意在蔬菜、水果、茶叶上施用高毒、剧毒农药。

（4）农民不按照安全间隔期收获农作物，有的施用农药后，立即采收，致使农药在作物上没有降解时间，残留量过大。

（5）农副产品中农药残留量的有关法律法规不完善，监督管理工作滞后，对造成农副产品中农药残留量超标，并带来严重后果的农药使用者，缺乏有效监督、处罚手段。

3. 国外农药残留监督管理现状　由于农药残留对人、畜身体健康和环境生态的危害，国外一些农药管理起步较早的国家十分重视对农药残留的监督管理工作。其中，美国和其他西方国家主要通过立法来管理农副产品中的农药残留问题。颁布实施了《联邦食品、药品和化妆品法》《联邦杀虫剂、杀菌剂和灭鼠剂法》，其中对有关农产品的农药残留方面做了详细具体的明确规定。1996 年 8 月 3 日美国国会通过了《食品质量保护法》（FQPA），替代最初的《联邦杀虫剂、杀菌剂和灭鼠剂法》（FIFCA）和《联邦食品、药物和化妆品法》（FFDCA），旨在加强对于农药残留问题的管理。主要处罚方式规定有：罚款、扣留产品、封存、没收、禁止收获、停止销售、销毁产品、追究刑事责任等，对执法部门的处罚拒不执行的，上诉法院，由法院按程序强制执行。罚款幅度为 500～50 000 美元，处罚力度很大。农产品农药残留监测的主要对象是新鲜水果、蔬菜和畜禽产品，其中 70%～80%的产品是在进入市场之前（在产地）抽样检测，20%～30%在市场抽检，抽检重点为农场收获时期和批发市场。

日本《食品卫生法》规定食品中不得含有有害、有毒物质，严格控制食品中农药残留量，对于农药残留量超标的食品一律销毁，并不准进口。

英国政府为了强化农药残留监测工作，对国内的农产品进行直接抽样检测，在农产品上市前对超标商品就提出事先警告，不准进入市场。对进口商品直接在港口进行检测，一旦发现其农药残留量超标，严禁其整个货批的进口。

欧盟已将农药残留监测技术规范转变为指令或执行法令。由此可见，发达国家对于农药残留管理的重视和管理法规之严格。

4. 我国农药残留监督管理　我国农业和农村经济发展已经进入新的阶段，农产品生产已从单纯追求数量转变为数量质量和效益并重，人们对农产品的质量提出了更高的要求。随着世界经济贸易一体化的不断推进，为了保护本国农产品生产者和消费者的利益，许多国家将农药残留监控作为技术壁垒限制其他国家农产品的进口。因此，加强我国农药残留监控，减少农产品中农药残留污染，保证人们吃上放心的农产品，促进我国农产品出口创汇，增加农民收入是我们面临的重大现实任务。近年来，我国政府十分重视农药残留问题，在《农药管理条例》《农药管理条例实施办法》《农药安全使用规定》等法规和规章中，都对安全使用农药以及控制农产品中农药残留等方面作了明确规定。《农药管理条例》第 26 条中规定“剧毒、高毒农药不得用于防治卫生害虫、不得用于蔬菜、瓜果、茶叶和中草药材”；第 36 条规定“县级以上各级人民政府有关部门应当做好农副产品中农药残留量的检测工作”；第 37 条规定“禁止销售农药残留量超过标准的农副产品”。针对我国茶叶因农药残留超标出口受阻的问题，农业部于 1997 年和 1999 年先后发布了《关于禁止在茶树上使用三氯杀螨醇的通知》和《关于禁止在茶树上使用氰戊菊酯的通知》。此外，还制定了《农药安全使用标准》和《农药合理使用准则》等国家标准，严格规定了 200 多种农药在 23 种作物上的使用量、用药次数和安全间隔期（即最后一次施药至作物收获时必须间隔的天数）和 62 种农药在 108 种农产品中的农药最高残留限量标准。

为有效控制农产品中农药残留污染，农业部于 2001 年制定了“十五”期间控制农产品农药残留计划，将重点抓好农副产品中农药残留问题，涉及农药登记管理（农产品生产之前）、农药科学合理使用（农产品生产之中）、农产品中残留监测（农产品生产之后）三个环节的指导、控制和监督。

第一，在农药登记管理方面，农业部将进一步完善登记制度，严格登记要求，对已登记的高毒农药产品，包括含高毒有效成分的混合制剂，将结合临时登记 4 年有效期期满产品的清理工作，进行全面清理和调整。尤其是对国际上已经禁止或严格限制的甲胺磷、甲基对硫磷、对硫磷、久效磷、磷铵5个高毒有机磷农药，采取严格限制其登记使用范围和取消部分产品登记等措施，减少高毒农药在登记产品中的比例。停止受理剧毒、高毒农药在水果、蔬菜、茶叶上的登记申请。

第二，在生产使用环节，目前已在全国试点建立安全农产品生产基地，加强对农产品生产者科学合理地使用农药的指导，通过在生产阶段控制高毒、高残留农药的使用，减少农副产品残留量。

第三，建立农药残留监控体系，积极开展农产品农药残留监测工作。在全国部分地区试点开展对蔬菜、水果、茶叶生产基地及蔬菜、水果、茶叶批发市场和农贸市场的农药残留监测，与此相配套的农药残留快速检测方法也已在全国全面推广。通过开展市场残留监测，查处农药残留超标产品，引起农产品种植基地及农民对农药残留问题的重视，营造全社会重视农产品质量和安全的氛围，促进农副产品质量和安全性的提高。

由于我国农药残留监督管理工作起步较晚，基础薄弱，在仪器设备、人员、技术和管理方法上都亟待完善。作为一项长期的系统工程，我国的农药残留监督管理工作将任重而道远。

三、违反农药管理法规的法律责任

《农药管理条例》对违反农药管理有关规定的违法行为规定了以下几种法律责任：

1. 民事法律责任　《农药管理条例》第四十四条规定：“违反本条例规定，造成农药中毒、环境污染、药害等事故或者其他经济损失的，应当依法赔偿。”

2. 刑事法律责任　《农药管理条例》规定了五种刑事违法行为。

(1) 第三十九条第二款所规定：“不按照国家有关农药安全使用的规定使用农药，构成犯罪的，依法追究刑事责任”；

(2) 第四十六条规定：“假冒、伪造或者转让农药登记证或者农药临时登记证、农药登记证号或者农药临时登记号、农药生产许可证或者农药生产批准文件、农药生产许可证号或者农药生产批准文件号的，构成犯罪的，依法追究刑事责任”；

(3) 第四十二条规定：“生产、经营假农药、劣质农药的，构成犯罪的，依法追究刑事责任”；

(4) 第四十五条规定：“违反本条例规定，在生产、储存、运输、使用农药过程中发生重大事故，造成严重后果，构成犯罪的，对直接负责的主管人员和其他直接责任人员，依法追究刑事责任”；

(5) 第四十六条规定：“农药管理工作人员滥用职权、玩忽职守、徇私舞弊、索贿受贿，构成犯罪的，依法追究刑事责任”。

3. 行政法律责任 《农药管理条例》规定的行政法律责任有内部行政法律责任，即对农药管理工作人员违法行使职权行为所给予的行政处分，和对生产、储存、运输、使用农药过程中发生重大事故的直接负责人员或其他直接责任人员所给予的行政处分；另外，《农药管理条例》规定的行政法律责任主要还是指行政机关对农药违法行为所给予的行政处罚。

1999 年 7 月 23 日颁布实施的《条例实施办法》进一步明确和细化了对违反农药管理有关规定的违法行为的处罚措施。现将《农药管理条例》和《条例实施办法》中有关农药违法行为种类及其处罚措施归纳如表 2－2 至表 2－8：

表 2－2 违反农药管理有关规定的行为

违法行为种类	处罚措施
未取得农药登记证或者农药临时登记证，擅自生产、经营农药的，或者生产、经营已撤销登记的农药的	由农业行政主管部门责令停止生产、经营，没收违法所得，并处违法所得 1 倍以上 10 倍以下罚款；没有违法所得的，并处 10 万元以下的罚款
未取得农药临时登记证擅自分装农药的	由农业行政主管部门责令停止分装生产，没收违法所得，并处违法所得 1 倍以上 5 倍以下的罚款；没有违法所得的，并处 5 万元以下的罚款

（续）

违法行为种类	处罚措施
农药登记证或者农药临时登记证有效期限届满未办理续展登记，擅自继续生产该农药的	责令限期补办续展手续，没收违法所得，并处违法所得5倍以下罚款，没有违法所得的，可以并处5万元以下的罚款。逾期不补办的，由原发证机关责令停止生产、经营，吊销农药登记证或者农药临时登记证

表2-3　违反农药标签管理有关规定的行为

违法行为种类	处罚措施
生产、经营产品包装上未附标签、标签残缺不清或者擅自修改标签内容的农药产品的	由农业行政主管部门给予警告，没收违法所得，并处违法所得3倍以下的罚款；没有违法所得的，可以并处3万元以下的罚款

表2-4　违反农药安全使用有关规定的行为

违法行为种类	处罚措施
不按照国家有关农药安全使用的规定使用农药的	根据所造成的危害后果，由农业行政主管部门给予警告，并处3万元以下的罚款。构成犯罪的，依法追究刑事责任

表2-5　违反农药生产许可制度的行为

违法行为种类	处罚措施
未经批准，擅自开办农药生产企业的，或者未取得农药生产许可证或者农药生产批准文件，擅自生产农药的	由省级以上人民政府化学工业行政管理部门责令停止生产，没收违法所得，并处违法所得1倍以上10倍以下罚款；没有违法所得的，并处10万元以下的罚款

（续）

违法行为种类	处罚措施
未按照农药生产许可证或者农药生产批准文件的规定，擅自生产农药的	由省级以上人民政府化学工业行政管理部门责令停止生产，没收违法所得，并处违法所得1倍以上5倍以下罚款；没有违法所得的，并处5万元以下的罚款
未按照农药生产许可证或者农药生产批准文件的规定，擅自生产农药，情节严重的	由原发证机关吊销农药生产许可证或者农药生产批准文件

表2-6　违反农药证件管理有关规定的行为

违法行为种类	处罚措施
假冒、伪造或者转让农药登记证或者农药临时登记证、农药登记证号或者农药临时登记号的	由农业行政主管部门收缴或者吊销农药登记证或者农药临时登记证，没收违法所得，可以并处违法所得10倍以下的罚款；没有违法所得的，并处10万元以下的罚款。构成犯罪的，依法追究刑事责任
假冒、伪造或者转让农药生产许可证或者农药生产批准文件、农药生产许可证号或者农药生产批准文件号的	由化学工业行政管理部门收缴或吊销农药生产许可证或者农药生产批准文件；没收违反所得，并处违法所得10倍以下的罚款；没有违法所得的，可以处10万元以下的罚款。构成犯罪的，依法追究刑事责任

表2-7　违反农药质量管理有关规定的行为

违法行为种类	处罚措施
生产、经营假农药的，劣质农药有效成分总含量低于产品质量标准30%（含30%）或者混有导致药害等有害成分的	由农业行政主管部门或法律、行政法规规定的其他有关部门，没收假农药、劣质农药和违法所得，并处违法所得5倍以上10倍以下的罚款；没有违法所得的，并处10万元以下罚款

（续）

违法行为种类	处罚措施
生产、经营劣质农药有效成分总含量低于产品质量标准70%（含70%）但高于30%的，或者产品标准中乳液稳定性、悬浮率等重要辅助指标严重不合格的	由农业行政主管部门或者法律、行政法规规定的其他有关部门，没收劣质农药和违法所得，并处违法所得3倍以上5倍以下的罚款；没有违法所得的，并处5万元以下的罚款
生产、经营劣质农药有效成分总含量高于产品质量标准70%的，或者按产品标准要求有一项重要辅助指标或者两项以上一般辅助指标不合格的	由农业行政主管部门或者法律、行政法规规定的其他有关部门，没收劣质农药和违法所得，并处违法所得1倍以上3倍以下的罚款；没有违法所得的，并处3万元以下罚款
生产、经营的农药产品净重（容）量低于标明值，且超过允许负偏差的	由农业行政主管部门或者法律、行政法规规定的其他有关部门没收不合格产品和违法所得，并处违法所得1倍以上5倍以下的罚款；没有违法所得的，按负偏差大小并处5万元以下罚款
对经营未注明“过期农药”字样的超过产品质量保证期的农药产品的	由农业行政主管部门给予警告，没收违法所得，可以并处违法所得3倍以下的罚款；没有违法所得的，并处3万元以下的罚款

表2-8　违反工商管理有关规定的行为

违法行为种类	处罚措施
未取得营业执照擅自生产、经营农药的	由工商行政管理机关依照有关法律、法规的规定给予处罚
未经广告审查而在媒体上进行农药广告宣传的	由工商行政管理机关依照有关法律、法规的规定给予处罚

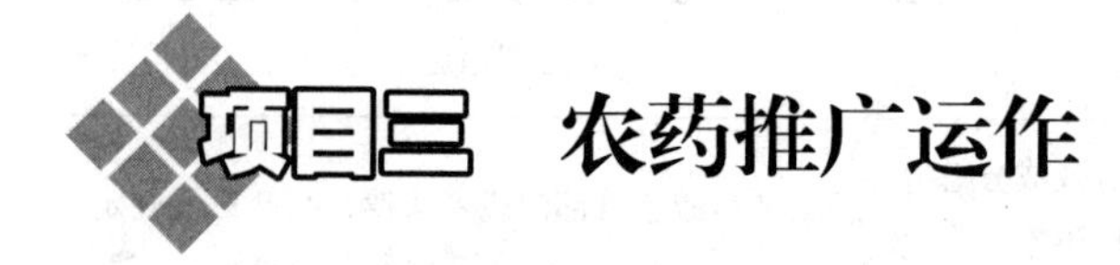

项目三 农药推广运作

【项目提要】

本项目主要讲授农药产品技术策略、农药产品的定位、农药产品的包装设计、农药产品的价格体系、农药单品品牌的建立。

要求学生通过学习重点掌握：

1. 农药产品技术策略的分类；
2. 农药产品技术策略的规划流程；
3. 农药产品定位的步骤；
4. 农药产品包装的目的；
5. 农药产品包装的功能；
6. 农药产品包装设计常见弊端；
7. 农药产品包装设计的发展趋势；
8. 农药产品包装设计的方案；
9. 农药市场价格混乱的原因；
10. 农药价格体系的制订方法；
11. 新品价格体系制订的注意事项。

任务1 农药产品技术策略

【知识目标】

1. 农药技术策略的分类；
2. 农药技术策略的规划过程；
3. 四大农药技术经营策略。

【技能目标】

1. 能认清农化公司的独特技术能力、策略性技术能力及竞争优势来进行技术策略规划；

2. 能按照企业特点提出有针对性的技术经营策略，做到各取所需。

随着农资行业的发展及竞争的日趋激烈化和高端化，行业正由单纯的产品销售转入产品营销时代，从而对产品运作提出了更高的要求，使得企业在产品研发、产品定位、品牌建立、市场开发等诸多方面面临着更大的挑战。

一、技术策略的定义

广义而言，策略是企业为实现其经营目标，考量内部能力与外在环境机会及风险等所做出的方向性决策。就经营的角度而言，策略可分为三个层次，即总体经营策略、事业策略及功能策略。

技术策略一般被归类为功能策略，有时也被称为企业的研究发展策略，是指导研发部门发展方向的纲领。但由于在企业运营中，技术研发与企业长期发展密切相关，同时技术因素也逐渐跃升为经营决策的重要议题，所以技术策略也成了许多企业事业策略与总体经营策略的最核心部分。

技术策略可简单定义为：企业为实现其经营目标而进行的与技术有关的重大决策，包括发展方向、资源配置、能力水准、实现方法及与技术研发相关的组织管理等议题。

虽然技术策略属于经营策略中的一环，但一家公司技术策略的形成与其所拥有的技术资源能力密切相关，而技术资源能力又与企业长期在技术方面的发展与积累有关，所以可以说技术策略是引导企业技术发展的指导纲领。

一般而言，对技术策略的研究可从策略内容、策略类型、规划过程三个不同角度展开。其中，策略内容主要是针对有关重大技术策略的实质内容进行探讨研究，大致可归纳为：研发投资水准、研发人力资源水准、研发重点、研发组织政策、技术选择、技术具体性、技术完整性、技术能力水准、技术取得来源、进入时机等内容；策略类型分析则是从竞争的角度探讨技术策略的分类方式及分类内涵；而规划过程，则是针对技术策略产生的过程与规划的程序进行研究。

二、技术策略的分类

策略分类有助于决定策略研究的方向与内容，也是在策略研究上经常采取的手段。由于技术策略与经营策略关系密切，所以常采取市场竞争的观点，对技术策略进行分类：

1. 领先创新型 领先创新型技术策略，可使企业建立领导产业技术创新的地位与形象。采取领先创新策略的厂商，需极度重视技术研发，在资源投入、人力发展、风险承担意愿、主动与自主研发态度、技术完整性及策略焦点的选择等方面，均须保持很大的积极性。

2. 发展防御型 采取发展防御策略的厂商，也需要投入研发资源，并保持技术的具体性与完整性，但采取这种技术策略，其研发目的是为维持产品在市场的优势地位。所以，采取这类策略的厂商，需运用各种手段来保护研发成果，并以追求自身最大利益为技术策略的目标。

3. 应用改良型 采取这类技术策略的企业，并不在意技术或产品领先地位的建立，而主要重视产品是否具有明确的市场机会，其研发投资主要以产品应用发展与功能提升为目的，同时追求扩大产品的市场占有率与销售规模。

应用改良型技术策略需重视研发绩效评估与技术具体性，研发重点应以产品改进、工程设计、制程创新等为主。

4. 跟随模仿型 采取这类技术策略的企业，相对来说不重视技术研发功能，也不寻求建立技术领先或市场领先的地位，其技术策略的考量主要在于以最低成本获得立即可用的技术，其技术能力建立也以移转外部技术为主要来源。

许多后进地区中小企业多采用此类策略，风险虽小，但市场获益也较为有限。

5. 机会主义型　采取这类技术策略的厂商，几乎完全没有策略焦点，技术投入主要受市场机会驱动，只要有获利机会，就设法取得所需的技术资源。由于大多采取短线游击战略，所以在技术发展上毫无积累动机，并将技术视为一种可以立即交易的商品，购并常是这类厂商获取技术的方法。

由此可见，当企业采取不同的技术策略类型时，技术策略的各项内容也会出现很大的差异，如采取领先创新策略的厂商，其研究发展投入的积极性必然高于跟随模仿型的厂商，同时也会以较积极的态度领先进入市场。

其实技术策略的本质并无优劣之分，关键在于它与企业经营目标及竞争策略之间是否能够形成良好的结合。

三、技术策略规划原则

由于目标、策略、计划、执行是管理循环的基本程序，因此在技术策略规划过程中也需要考虑企业目标的形成，进行内外部的态势分析（SWOT 分析），决定技术发展的策略方向，研拟配套的执行计划，进行资源、经费、人力等的配置及形成具体技术发展与产品发展的路径。

策略是实现目标的方向，规划是实现目标的路径。技术策略规划能告诉我们应如何发展、取得、整合、保护、评估、预测、清点、规划企业的技术资源，从而形成核心能力，提升企业的竞争优势，实现企业的经营目标。

一般而言，要将技术因素充分纳入企业策略规划过程之中，必须掌握以下五项原则：

1. 认清公司的独特技术能力　认清公司的独特技术能力，即在技术上拥有比竞争对手更为领先的部分，其主要来源包括技巧、专门技术、经验、专利、资本设备等。所谓的独特技术能力是组织性的，也就是隐含于企业内部而并非个人所拥有的。构成企业独特技术能力的技术，必须是优良的技术，是与重要产品密切相关的技术，同时也要求企业必须充分知晓如何有效运用此项技术。

2. 认清策略性技术领域 界定清楚有助于企业成功的技术项目，换而言之，即要从使用者的角度充分了解与发展产品需求密切相关的技术。表面上，与消费者需求相关的产品属性，或许不会与技术直接关联，但事实上，技术能力的发展却密切影响未来产品功能的市场价值。

因此，企业需要从竞争的观点澄清市场与技术的关联，需要从市场的观点澄清产品与技术的关联，还需要从产品的观点澄清制造与技术的关联，因而可以说技术这项因素能与企业经营的每一个功能领域相联结，并且成为策略规划中的关键要素，这是企业为何需要认清策略性技术领域的主因。

3. 将技术视为创造竞争优势的主要工具 从竞争角度出发，把技术视为可以创造竞争优势的主要工具，分析内涵包括：

（1）技术发展的目标与技术选择的决策。如决定发展哪一类技术，发展的深度以及发展方式等。

（2）如何建立技术领导者的优势地位。主要针对如何进行资源配置来发展核心技术能力。

（3）进入时机的决策。如应在技术初生期介入或在技术进入成长期后介入以及介入的方式与手段等。

（4）如何扩大技术的市场价值。包括运用专利保护或适时出让授权，以便回收研发投资。

4. 探索决定技术策略包括的范围 从技术对价值链贡献的角度，探索决定技术策略所应包括的范围：包括重点企业功能与重点事业范围及各功能与事业范围所需要的核心技术。

企业需要从整体产业竞争与分工形态来寻找自己的定位，然后再考量企业的竞争策略与资源能力，决定产业价值链的重点，并作为技术策略规划的指导方向。

5. 建立有利推行技术策略规划的组织系统　可从人员、技术、组织、外部环境、技术及经营政策、绩效衡量与报酬、预算等方面来考量并进行整体的组织规划。

四、技术经营策略应各取所需

企业需要注意的是，在实际消费中，用户购买产品，并不是因为产品身上蕴含的最新技术，而是因为它向客户提供了全新的或改进的使用价值。由此可见，用户关心的是产品、服务的性价比，而不关心隐藏在产品背后的技术，也就是说他们只关心产品“能做什么”，而不管产品是“怎样做的”。所以说，企业要想凭借技术资本获得竞争优势，必须考虑将核心技术融入到产品、系统、服务等环节中。

所以企业应以技术为基石，依据自身企业实际情况，采取不同的技术经营策略。

1. 抢占市场策略　抢先占领市场是一种进攻型的、具有潜在高回报与高风险的技术发展策略，创业型高科技企业和扩张型企业喜欢采用这个策略。蕴含着新技术或集成若干现存技术的产品一旦投入市场，将会给用户带来更多使用价值。如果企业能凭借专利手段获得暂时性垄断，就可以获得最佳市场份额和利润。

抢先占领市场的企业由于暂时获得了垄断优势，因此也获得了价格控制权，可以根据价格弹性关系决定产品的销售量。

2. 跟进超越策略　一旦先驱企业已证明了某个市场的存在，并且该市场正在准备迎接创新，快速跟进者便可以通过创新性模仿开发出类似但不完全相同的产品，以快速进入该市场。通过对企业现有生产设施、市场渠道、客户沟通、企业形象等方面的投资，快速跟进者完全可以获得可观的市场份额，甚至超过领先企业。

企业如果想成功实施快速跟进策略，必须要仔细选择合适时机推出产品；提高在诸如制造、分销或服务等非技术领域的能力；将其创造性模仿的产品与先驱者的产品区分开。

3. 成本最低策略 成本最低策略对大众化产品生产厂商特别有效。一旦技术创新被广泛传播，不同品牌的产品功能差异不再明显，客户的个性化购买行为被大众化市场替代，价格就会成为客户决定购买的支配性因素。这时，企业可以通过产品标准化、生产自动化，在增加产量的同时，最大限度地降低成本。与此同时，企业的市场推广和分销费用也要降低。

当企业努力成为成本最低的生产者，它就可以成为价格（最低）领袖，迫使一些效率不高的竞争对手萎缩。这种定价策略不仅可以使效率不高的竞争者退出市场，还使实力强大的竞争对手不敢轻易进入该市场。

为了使成本最小策略获得成功，企业必须不断降低整体成本，同时，也要保持市场可以接受的质量水准。那种认为顾客愿意接受低价格和低品质产品的观念十分危险。

4. 市场空缺策略 市场空缺策略想取得成功，企业必须慎重选择空缺市场，并坚持在这一领域内拓展。该策略面临的第一个危险是，如果市场空缺太小，发展机遇会非常有限；如果市场很大，就不再是空缺市场，将会引来众多强有力的竞争对手；市场空缺策略的另一个危险就是空缺可能在产业合并中逐步消失。

比较以上四种技术发展策略，显然，抢先占领市场策略所需要的研发费用最多，失败的风险也最高。与抢先占领市场策略相比，市场空缺策略的投入和风险都稍低一些，但它也有不足：只在短期内有效，如果企业持续成长与技术进步都会使市场空缺不复存在，这种策略就会失效。

快速跟进并超越的策略尽管比抢占市场策略的风险小，但投入可能非常大。因为它需要在短时间内实现，需要紧急进行产品研发，建立生产设施，并避开先驱者的专利。

成本最低策略通常不需要进行大规模的研发，只需要进行车间和设备投资。但如果市场需求大大降低，客户喜好改变，或者出现最危险的情况如主导技术彻底被改变，企业的车间和设备可能会成为大而无用的东西。

【练习与思考】

1. 试述农药产品技术策略的分类。
2. 试述农药技术策略的规划原则。
3. 试述四大农药技术经营策略的优劣。

任务 2 农药产品定位

【知识目标】

1. 农药产品定位的主要内容；
2. 农药产品定位的主要步骤。

【技能目标】

1. 能准确进行农药产品目标定位、内部分析定位；
2. 能通过自我分析及对竞争者、消费者的分析来进行农药产品定位。

农资产品是农药企业从事生产经营活动的直接物质成果，在市场营销活动中，企业要满足终端农民的需求，就需要通过一定的产品来实现，企业和市场的关系也要通过产品来连接。产品是厂商从事经营活动的物质基础，是较为重要的一个因素。因而，在农药产品生产过剩、同质化严重的行业背景下，正确制订企业产品定位，决定研发、生产和销售何种产品来为农民服务，是农药企业关注的焦点，也是市场营销的核心。

农资市场的竞争推动了行业的进步，但也带来了值得大家积极思考的问题，在农药研究产品定位之前，我们先了解一下部分农药产品的现实类型。

（1）全能型。受江湖郎中“包治百病”的启发，市场上存在一些百虫皆杀、百草皆除、百病皆治的全能型农药产品。显然，并没有全能型农药存在。

（2）孤赏型。在国外注册一个不写汉字的公司，研制出所谓“高科技”的神秘进口配方，设计出农民不认识的英文包装产品。

（3）弄数型。为了竞争，企业在计量数字上做足了文章，如某产品常规每袋100克，但竞争者在产品质量和含量不变的情况下擅自设计成95克、90克、80克……另外，某产品常规每袋50克，但有些所谓的“加量不加价”的产品会设计成55克、60克、65克……这种策略在不太规范的厂家中较常见。

（4）超生型。在农资市场混乱时期，套证、无证、一证多用的产品蜂拥而至，蚕食市场，造成很多产品出现“有娘生无娘养”、“打一枪换一炮”现象。

（5）玩名型。为了短期迎合农民的需求，在产品名上处心积虑动脑筋，如××绝、××王、××通杀、××通吃……甚至有时候还取个外文音译的名字。

（6）低能型。在职能部门监管不太规范的时期，一部分企业受利益驱使，生产和经营质量、含量有偏差的产品（甚至有些产品无任何真实含量），这些低能产品的恶果最终将由生产商自食苦果自己买单。

（7）打扮型。为了吸引消费者的眼球；在包装设计上用尽色彩搭配和图案堆砌，这种方法不可取，真材实料方能长久。

（8）短命型。有些产品的研发与市场严重脱节，功效、包装、规格、剂型、价格、用法等不适合市场和农民需求，盲目生产投入市场，终因“水土不服”而夭折。

企业要在竞争的浪潮中先人一筹，就必须了解市场产品结构和现状，认清行业的发展趋势，做到思路清晰、目标明确。

一、产品定位的概念

在当前市场中，有不少人对产品定位与市场定位不加区别，认为两者是同一个概念，其实两者还是有一定区别的。具体说来，目标市场定位（简称市场定位）是指企业对目标消费者或目标消费者市场的选择；而产品定位，是指企业用何种产品来满足目标消费者或目标消费市场的需求。

所谓产品定位，是公司为建立一种适合消费者心目中特定地位的产品，所采取的产品策略企划及营销组合之活动。产品定位的理念可归纳为以下三项：产品在目标市场中的地位、产品在营销中的利润、产品在竞争策略中的优势。产品定位并不是指产品本身，而是指产品在潜在消费者心目中的印象，亦即产品在消费者心目中的地位。

从理论上讲，应该先进行市场定位，然后才进行产品定位。产品定位是对目标市场的选择与企业产品结合的过程，也即是将市场定位企业化、产品化的工作。

二、产品定位的内容

在产品定位中，一般说来应该定位以下内容：

1. 产品的功能属性定位　解决产品主要满足消费者何种需求、对消费者来说其主要的产品属性是什么等问题。

2. 产品的产品线定位　解决产品在整个企业产品线中的地位、本类产品需要何种产品线等问题，即解决产品线的宽度与深度问题。

3. 产品的外观及包装定位　解决产品外观与包装设计风格、规格等问题。

4. 产品卖点定位　卖点定位，即提炼出产品独特销售主张（USP）。

5. 产品基本营销策略定位　营销策略定位，就是确定产品的基本策略——做市场领导者、挑战者、跟随者还是补缺者，并确定相应的产品价格策略、沟通策略与渠道策略。

6. 产品的品牌属性定位　主要审视产品上述策略实施决定的品牌属性是否与企业的母品牌属性存在冲突，如果冲突如何解决或调整。

三、产品定位的研究模型

要准确进行产品定位研究，需要按下图所示进行展开（图 3-1）：

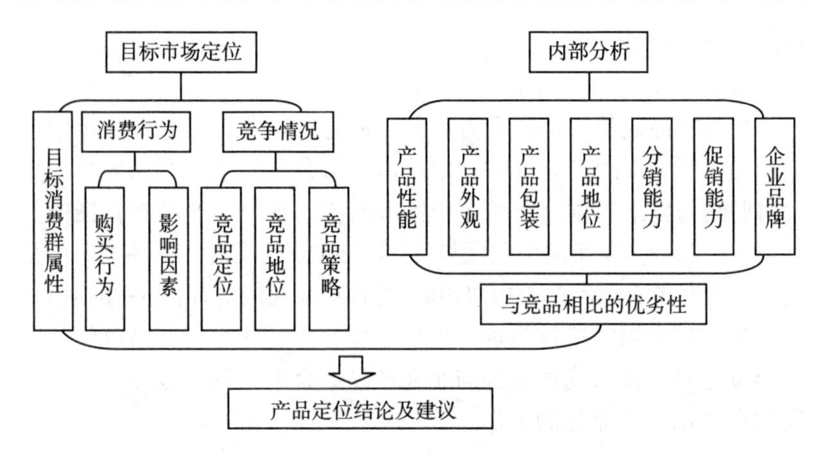

图 3-1 产品定位研究

1. 目标市场定位 由于产品定位研究是在市场定位研究之后进行的，因此，这里的目标市场定位是指市场定位研究的结论：即对目标市场的精确描述，应包括以下内容：

(1) 目标消费群属性。对目标消费群进行界定的标准以及对典型目标消费群体特征的描述，即明确目标群体是谁。

(2) 消费者行为特征。主要包括：

①消费者的购买行为特征。指消费者一般在何时、何地、何因(购买目的)，和谁一起购买多少数量的产品。

②消费者购买行为的主要影响因素。指影响消费者做出购买决策的主要因素以及消费者在购买时主要关注的因素，尤其要注意目标消费者对产品类别的核心价值关注点。

(3) 目标市场的竞争情况。

①竞争对手有哪些?

②竞争对手的卖点及定位是什么?

③竞争对手的市场定位如何?

④竞争对手的竞争策略是什么?

2. 内部分析与定位

(1) 产品的性能。产品的性能特色是什么? 产品的质量如何?

与竞争对手相比存在什么特点？优劣势是什么？

（2）产品的外观与包装。产品的外观设计与包装如何？是否符合目标消费群体的审美取向和目标消费者的身份地位？如果不符合，应该如何改进？

（3）产品在产品线中的地位。产品在企业整个产品类别及产品线中的地位如何？能够调用多少资源来运作这个产品？产品的定位一定要符合企业的相关资源，否则，会导致产品推广的失败。举一个简单例子，如果这个产品在产品线中是补充产品，那么就只能将这个产品定位为一个跟随性产品，而不能是挑战者产品或充当先行进入者的产品。

（4）企业的分销能力与促销能力。根据前面的分析得到，需要什么样的分销能力或促销能力才有可能使产品获得成功？审视企业是否具备这种相适应的能力？如果没有，如何重建或改进？

（5）企业的品牌属性。需要思考这样几个问题：企业有没有形成品牌效应？企业的品牌定位是什么（在消费者心目中的品牌形象）？企业品牌规划的发展方向是什么？企业在这个行业的产品定位与企业的品牌属性是否存在冲突？如果存在冲突，应如何调整或改进？

通过上述分析和思考，最终得到产品定位的详细描述以及与之相对应的营销策略。

四、产品定位的步骤

1. 自我分析，品牌定位要力所能及　自我分析就是发现企业是否拥有足够的资源、实力和决心来实现这种定位。

（1）要确立品牌的影响范围，即品牌所处的产品领域。品牌所处的领域不同，消费者对其要求不同，需要的定位也就不同。

（2）要了解品牌在这一领域能为潜在消费者带来什么。

从品牌角度讲，确立品牌定位就是确立品牌能给消费者带来什么承诺。品牌所做出的承诺必须与产品一致，必须保证产品能够支撑这些定位。这是建立品牌定位的根基，也是品牌定位令人信服的基础。

2. 竞争者分析，形成差异化定位 竞争者分析就是了解竞争品牌的定位。了解的目的在于选择与竞争品牌不同的品牌定位，保证品牌定位的差异化，以使传播活动能以有效的方式脱颖而出。品牌定位的差异化或独特性是预测新品牌上市成功的最好要素。

研究表明，差异性在建立强势品牌中起关键性作用，而失败的品牌一开始就没有与其他品牌形成明显的差异度。品牌定位的差异性被认为是品牌发展的重要动力。

3. 消费者分析，寻找能引起共鸣的定位 品牌定位仅有差异性还不够，还必须能引起消费者的共鸣，否则，差异性就失去了价值。为此，就要对消费者进行分析。其包括两个方面的内容：

（1）对市场进行细分，了解不同细分市场的规模和能量，以确定本品牌的目标市场。

（2）要了解目标市场的愿望、需求及购买这类产品的动力等，使所确立的品牌定位能够吸引目标消费者，引起目标消费者的共鸣，进而使消费者购买。如此，该品牌就有了竞争优势，有了立足市场的根基。

实践证明，在保证定位具有可信性的前提下，那些既有差异性又能引起消费者共鸣的产品定位是一个品牌竞争的优势所在。

五、产品定位的建议

现就农药企业产品定位问题，谈几点建议：

1. 规范定位 随着农药行业法制、法规的健全，行业整合、兼并、重组速度的加快，产品应从内外规范上进行定位。

（1）内部规范。产品的有效成分、剂型、悬浮率、酸碱度等标准必须同农业部的登记一致，不能随意调整标准或混配其他成分。

（2）外部规范。必须按农业部规定的电子标签设计外包装，不能存在任何侥幸思想。

2. 核心定位 农药产品的核心定位就是应满足农民的需求和

解决生产中的实际问题。产品如果没有效用和使用价值，势必没有销路，农民也不会去购买。

为此，产品核心定位中的功效定位必须明确，是杀虫剂、杀螨剂、杀菌剂、除草剂、调节剂还杀鼠剂，并进一步细分其功效。另外，产品的核心定位也可以向新成分、新剂型、高含量、低残留、绿色环保、抗性等方向重点发展。

3. 形式定位　形式是指产品呈现在农资市场上的具体形态，一般是以产品的外观、质量、特色、包装、规格、名称、品牌等表现出来。当然，产品的核心功效在一定程度上也要通过产品的形式部分才能体现出来，如我们买一款手表，真核心功效是计时，但要配之以一定的表盘设计、颜色、大小、厚薄、风格等。显然，手表不是仅仅具备计时功效就能使消费者满意的。

为此，农药产品也要关注形式定位。在农药产品形式定位的发展方向上，建议如下：

（1）包装尽量简洁，直观鲜明，有品位，材质要优良。

（2）外观应有企业统一的 VI（视觉识别）设计标志。

（3）商品名应根据产品的性能和功效，需要直观时要直观，不需直观时就中性，但商品名最好也是注册商标。

（4）规格大小要根据产品功效、农民需求、种植特点、使用习惯、定价体系、销售策略而定，总之要满足农民的需要，满足经销商和市场的需要。

4. 延伸定位　产品的规范定位、核心定位、形式定位是围绕消费终端——农民而展开的，在农民能购买到所需产品前，还有很多延伸定位，如市场规范、价格体系、渠道建设、广告宣传、生产能力、物流体系、产品消化、存货处理、使用方法、技术指导等。

适合的才是最好的，企业产品的定位要结合行业发展的大环境，并根据自身的战略部署、产品结构、研发水平、生产规模、人力资源等因素综合分析，成立专业的策划机构，寻觅出一条适合自身企业的成功之路。

【练习与思考】

1. 试述农药产品定位的主要内容。

2. 试述农药产品定位的主要步骤。

3. 通过自我分析及对竞争者、消费者的分析来进行农药产品定位。

任务 3 农药产品包装设计

【知识目标】

1. 农药产品包装的目的；
2. 农药产品包装的步骤；
3. 农药产品包装设计发展的趋势；
4. 农药产品包装设计的主要方案；
5. 农药产品包装设计需注意的事项。

【技能目标】

1. 能准确定位农药产品推出的目的；
2. 掌握包材、包装、色彩、包装图案、构图等对产品包装所起的作用。

在计划经济时代，农药产品包装的基本功能是作为容器保护商品，但在市场经济时代，包装的重要性已远远超过作为容器保护商品、方便运输的作用，而成为了促进和扩大产品销售的重要因素。

包装优良，可体现广告宣传在塑造产品形象上的作用，使其在农民心中建立深刻的印象。相同的产品，包装不同，就能产生完全不同的效果。西方营销专家认为“包装是沉默的推销员”“包装是一种广告工具”。包装是产品最好的广告，在当今竞争激烈的销售中，这句话更是至理名言，包装冲击力强的产品往往能够左右消费者的购买意识，成为销售成功的关键组成部分。

作为开拓市场和占领市场的重要手段之一，包装已被越来越多的厂家纳入市场战略的重要位置。为使包装在农资市场营销中发挥更大的作用，成为强有力的营销手段，企业更需要关注重视产品包装设计的市场促销功能，将之系统化和规范化。

一、产品包装的目的及功能

1. 产品包装的目的

（1）介绍商品。通过包装上的要素，使消费者认识商品的内容、品牌及功能。

（2）具标示性。商品的保存期限、条形码、承重限制、环保标志等讯息，都必须依照法规一一标示清楚。

（3）沟通。包装设计对消费者认识并熟悉产品及品牌起着一定的作用，是品牌与消费者进行沟通的一个重要组成部分。

（4）占有货架位置。商品最终的战场在卖场，如何与竞争品牌一较长短、如何创造更佳的视觉空间，都是包装设计的考量因素。

（5）活络、激起购买欲望。包装设计与广告的搭配，能使消费者对商品产生较深的印象，进而从货架上五花八门的商品中脱颖而出。

（6）自我销售。商业包装是消费者接触最多的包装，一个好的包装设计必须准确地提供商品讯息给消费者，并且让消费者在距离60公分处（一般手长度）、3秒钟的快速浏览中，一眼就看出“我才是你需要的!”。因此，成功的包装设计可以让商品轻易地达到自我销售的目的。

（7）促销。为了清楚告知商品促销的讯息，包装有时必须配合促销内容而重新设计，如增量、打折、降价、买一送一、送赠品等促销内容。

2. 包装的基本功能

（1）集中、储存、携带。透过“包”与“装”，将产品集中置入同一空间内，以方便储存、计量、计价及携带。

（2）便于传递及运送。产品从产地到消费者手中，须经过包装处理才能组装及运输至卖场上架销售。

（3）讯息告知。通过包装的材质及形式，让消费者知道内容物的属性，传达消费信息。

（4）保存产品、延长寿命。视商品属性及需求，有时为延长商品寿命，包装的功能性往往胜过视觉表现，有时甚至还须付出更多的包材成本。

（5）承受压力。因堆码或运输的关系，包材的选用亦是关键。

（6）抵抗光线、氧化、紫外线。有些商品须采用隔绝光、紫外线、抗氧化的包材，以防商品变质。

产品包装除具备上述基本功能外，在现有竞争激烈的消费市场里，包装设计还肩负着更多的责任，从下列各点可看出包装设计所赋予的附加价值：

①传达商品文化。此项与广告有关，消费者从广告形象中，大致对企业文化有一定的印象与认识，因此产品包装须与企业形象大致相符。

②提升商品附加价值。商品使用完之后，包装可再次利用，除增加商品附加价值外，也可减低包装垃圾量，做到企业与消费者一起为环保尽一份心力。

③品牌形象再延伸。品牌形象的延伸，有许多操作模式，利用包装设计是一种方式，借由广告诉求也是一种手法。

另外，包装兼具消费说明作用。很多产品具有的特殊卖点决定了它的消费方式不尽相同，此时在包装设计上就必须要有足够的信息让消费者认知其特殊性，否则就会造成产品信息沟通不畅。

二、包装设计中常见的弊端

琳琅满目的包装中，顾客总是只选择自己所喜好的产品，除了产品本身的知名度和满意度以外，包装设计的话语权正在影响着消费者做出购买决定。但在了解包装的基础作用后，对比一下周围的产品包装，不难发现这样一个事实：很多包装设计基本上只体现了包装的一到两点作用，根本不存在打动消费者的可能性。

包装设计中的一些弊端，常使顾客原本从货架拿起产品的手又放下了，转而选择其他同类产品，这个时候，企业必须知道产品包装的弊端究竟在哪里。

一般而言，农药企业产品包装设计的弊端主要体现为以下几个方面：

（1）包装没有凸显产品的销售主张。产品通过包装设计可以满足消费者的消费诉求及归属，而当一个产品的包装设计缺乏主题时，就很容易输给有主题的竞品，使产品的销售主张受到抑制。

（2）包装图案与产品内涵南辕北辙。有的企业其产品包装设计是由印刷厂承担的，而印刷厂的设计能力往往参差不齐。

（3）包装华而不实。一些产品为了达到差异化目的，往往习惯走捷径即不通过产品本身形成差异，而是通过包装的“豪华路线”形成差异，结果往往是得不偿失。包装的过度奢华如果缺乏有品质的产品支撑，往往会被当作是噱头，最终落个华而不实无人喝彩的后果。

（4）包装质量不过关。众所周知，产品包装也是产品质量的一部分，不少产品包装质量的好坏，影响着产品质量的优劣。要么包装质量不过硬，经不住长途运输和多次搬运，造成包装支离破碎，损坏了产品的内在质量，成了“废品”，要么包装中含有污染和有毒成分，最终影响了产品质量。

（5）包装不符合行为习惯。包装箱的设计，有的构图设色恰到好处，有的华丽、高贵得有些过分。农药瓶的造型越来越多，有些庄重、朴拙、不着以过多的雕琢和粉饰，因而空间较大；而另一些设计奢华的往往因装饰不当，适得其反，购者寥寥，甚至令消费者望而却步。

（6）包装与潮流格格不入。如今的包装虽然是企业行为，但切实存在着潮流现象，如环保包装的悄然流行就不可等闲视之。

（7）在平面设计上欠缺系统性。不少农药厂家在包装设计及品牌运用上都较为混乱。目前国内农药的包装在设计上具有一定的局限性，在色调的运用上基本固定在红、黄、金、白、黑等有限的范围内，消费群只认同套色系。

综上所述，目前农药市场上产品包装比较混乱，整体设计水平不高，少有视觉效果与市场效果俱佳之作。在设计中对有利于营销方面的考虑较少，更多的是考虑平面构成、色调搭配等，而忽略了品牌属性和柜台效果。

三、包装设计的发展趋势

多元化的需求，决定多元化的设计，也引发了多元化的包装。经过各种风格的洗礼和众多观念的碰撞，现代产品包装设计逐步形成了以下一些设计原则及倾向：

1. 功能主义原则 主张形式适应功能，同时，包装的功能外延包括物质功能、精神功能和审美功能。因而，简洁明快的造型与装饰形成了包装的主流。

2. 理性主义原则 主张用科学、理性的方法解决设计存在的问题，强调包装设计是感情与理性的结合，应多一点理性思考，少一些感性冲动。强调“少就是多”的简约主义倾向。主张极少主义设计，追求一种既单纯又典雅的包装。极致的少，有时胜过烦琐的多，这种少不是一种简单，而是经过提炼概括的高度浓缩。

3. 科学与艺术结合的原则 包装设计是一门艺术，要通过作品唤起人们的审美情操，提升人们的审美观念，体现社会审美价值。同时，包装设计是一门科学，它融合美学、工程学、心理学、行为学、文字等多种学科的综合知识。在包装设计上利用一切可以利用的科技手段，充分展现现代科技之美。

4. “机器美学”原则 包装设计是现代产品设计走向市场不可缺少的一个重要环节，其审美情趣不可避免地受当时工业设计“机器美学”审判观的影响。因而，现代包装基本上大多追求几何形态的塑造，方盒、圆瓶及点、线、面组成的图形与文字构图，无不体现机械化大生产模式下的审美观念。

5. 时代性原则　现代包装设计时刻与代表社会生产力发展水平的新技术、新材料、新工艺相结合，广泛采用塑料、玻璃、玻璃纤维、金属等现代材料，形成与材料相匹配的包装生产工艺。

6. 市场至上原则　现代包装设计具有无声推销员的作用，包装的销售功能促使包装务必从经济、实用等方面考虑；一方面要通过其设计提高商品的附加值，另一方面必要通过其设计满足人们物质及精神方面的需要。

“美”不是衡量优秀包装的唯一标准，材料的高档与否并不能决定设计的品位，华丽的外衣包在一些不适合的商品身上，过分张扬包装的价值，往往不能得到消费者的认可，同样，优质的产品、低劣的包装也不可能达到预期的市场效果。只有根据不同的阶段，不同的地点，不同年龄、层次的消费人群，做出有销售针对性的包装，才是优秀的包装设计。

7. 环保主义原则　在20世纪80年代绿色设计浪潮的冲击下，包装设计的绿色设计观在设计界风行，绿色包装是指可以回收利用的、不会对环境造成污染的包装，其内涵为资源的再生利用和生态环境保护，它意味着包装工业的一场新技术革命——解决包装材料废弃物的处理和降解塑料的开发。

四、产品包装的设计方案

1. 类似包装设计　类似包装设计是指农药企业在产品包装上，使用同一材料，采用相同的图案、颜色、标记和其他共同特征。投放市场后，农民一见到该包装就会想到是某某品牌企业的产品，第一印象会感到极其亲切。特别是企业新产品上市时，容易消除农民的疑虑，有利于快速打开产品销路。此法还可以降低包装成本，帮助企业树立形象，建立品牌。

但应该注意的是，类似包装设计主要适用于同样等级和质量水平的产品，否则有可能影响高档优质产品的销售和品牌。

2. 差异包装设计　农药企业在包装设计上不能随波逐流，而要有特色和差异性。包装设计的关键点在于有视觉冲击力，陈列在柜台“自己会说话”。

3. 配套包装设计 为便于农民购买、使用和保管农药产品，按照农民的用药习惯，将相互关联的产品配套放在一起，如将产品、量杯、容器及其他辅助工具放在一个包装里。

4. 等级包装设计 为适应农民不同等级的购买意识和购买水平，农药企业应根据不同质量、等级、档次、价格的产品采用不同的包装，如可以袋装、瓶装、箱装、桶装予以区分，但采取这种方式包装成本相对会提高。

5. 双用包装设计 双用包装设计是指将原包装使用完后，包装容器还可做它用，如在袋装产品外设计一个塑料桶，产品用完后农民可以用桶盛水或装其他东西，在附加值较高的产品外设计一个精美的盒子，产品使用完后，空盒可作多种用途使用。

双用包装设计有利于提高农民的购买兴趣和吸引力，又可以使包装容器发挥长久的广告宣传作用，但这种方式成本也较高。

6. 计量包装设计 包装的计量规格也要根据终端农民的需求而设计，即根据产品的功效、种植结构和规模，农民的购买力大小、使用习惯等，按产品质量、分量、数量设计多种大小不同的包装，以便农民购买，促进销售。

7. 附赠包装设计 附赠包装设计是指企业根据农民的需要和特点，在产品包装中附加赠送物品或奖券，此法可激发农民的购买欲望，增加产品销量。

8. 更新包装设计 随着农资行业的发展和农民素质的提高，对包装的要求也越来越高。更新包装设计是指企业逐步采用新的包装技术、包装材料、包装设计，对原有包装加以改进，以改变产品形象，如把袋装改为胶囊。这种改进不仅方便农民使用，还能有效提高企业和产品形象，对扩大销量有一定的促进作用。

农药产品的包装设计将随着社会的进步和市场的需要不断提高，企业应成立专门的策划机构，将研发和市场有机地结合起来，设计出适合农民需求的产品和包装。

五、包装设计注意事项

包装设计是一门综合性很强的创造性活动，要运用各种方法、手段，将商品的信息传达给消费者。它涉及自然、社会、科技、人文、生理和心理等诸多因素，想要快速准确达到设计目标，降低成本，增加产品的附加值，就必须有严格、周密的设计程序和方法。为此，建立一套全新的设计流程和科学的设计方法是十分必要的：

1. 确认产品推出的目的　做一项设计，有时是为了推出一种全新的产品，有时是为了原产品的更新换代而对其包装进行改进，因此新包装的推出不一定是新产品的上市。

产品的行销规划影响包装的设计方向，因此，确认产品推出的目的是进行包装设计工作最基本的认知。无论设计动机如何，充分了解消费者的需求是必不可少的，这就需要设计者对市场有一定的了解：

（1）如果推出的是种全新产品，就要研究其目标市场何在，如何针对目标消费群制订出相应的设计方案；

（2）如果是产品的更新换代，那么就要考虑其原有品牌包装上哪些优点需要继承；

（3）如果是对产品进行重新设计，就要了解其是为了开发新的市场还是为了扭转日趋下滑的销售状况，其同类产品销售如何，有何优劣势，现有设计中有哪些可以借鉴的长处与不足；

（4）如果是现有产品改包装（旧品新装），为符合不同通路或民情的需求，同样的内容物会因通路的不同而采用不同的包装设计，一般而言，此类商品多属低关心度、须借由外包装的巧思以刺激消费者购买欲望。

总之对顾客情况了解越充分，对市场定位越准确，最终的设计效果就越好。

2. 包材应用　不同的商品属性，对包材的要求也不尽相同。因此，包材的选用同属于设计考虑的范畴。目前市场上比较流行的几种包材如下：

（1）高阻隔包装材料。由几种不同类多层树脂组成，这种材料可以延长产品的货架寿命，也可以引入某种气体实现可控气调包装。高阻隔包装材料中有塑料薄膜、纸张和墙片等各种基材，最主要的四种高阻隔材料的基本涂层为尼龙、PVDC、EVOH 和喷镀金属膜。如今，有些复合包装塑料薄膜已达 15 层以上了。

（2）覆膜技术。随着印刷技术的飞速发展，胶粘剂在包装印刷工业的应用越来越广泛，品种也越来越多。例如在印刷好的纸张上覆上一层塑料薄膜，既能增加牢度，又能增加美观，且具有防潮、防污染多种功能，因此，覆膜工艺普遍应用于各种包装之中。

起初，覆膜工艺采用预涂膜（热熔型），后来逐步发展至干法复合（溶剂型），20 世纪 90 年代后期，随着人们环保意识的加强，国内相继开发出更为先进的湿法复合技术（水溶性胶粘剂），有了相互匹配的水性覆膜机及水性覆膜胶。

应该注意的是，产品包装在采用新材料、新工艺的同时，既要适应用户的需要，又要符合国家标准和环保要求，同时还要做到实用性、经济性。

3. 包装文字 文字本身是历经长远锤炼演变出来的，其本身就具备了象形之美和艺术气息。文字可以说是每一件包装不可或缺的构成元素，所以，包装设计者要做好包装，必先驾驭文字。

（1）要对各种字体的特色有所了解，在设计包装时选择适当的字体。除了对现有字体特色必须有深入的认识外，设计者也可依据产品的特性，创造出新形态的字体，以吸引顾客注意力，达到销售目的。

（2）除字体设计外，文字的编排处理是形成包装形象的又一重要因素。编排处理不仅要注意字与字的关系，还要注意行与行、组与组的关系。

在编排中除了注意粗细、字距、面积调整外，行距与字距也要有明显的区别。包装文字编排设计的基本要求是根据内容物的属性、文字本身的主次，从整体出发，把握编排重点。

就编排形式而言，是可以多变的，主要有：横排形式、竖排形式、圆排形式、适形形式、阶梯形式、参差形式、草排形式、集中形式、对应形式、重复形式、象形形式、轴心形式等。各种形式除单独运用外，也可以相互结合运用，并可在实际的编排中演变出更多的编排形式。

4. 色彩运用　研究表明，在构成产品包装的所有因素中，色彩能最早、最愉快地触动人的反应，80%以上的信息来自视觉，直接刺激着消费者的购买欲望，有的市场学者甚至认为色彩是决定销售的第一要素。因此，色彩应该是影响包装设计成功与否的关键要素之一。

（1）色彩与包装物的照应。主要是通过外在的包装色彩揭示或映照内在的包装物品，使人一看外包装就能基本上感知或联想到内在的包装为何物。尽管有些包装从主色调上看去不像上边所说的那样用商品属性相近的颜色，但在它的外包装画面中准有点睛之笔的象征色块、色点、色线或以该色突出的集中内容。

（2）色彩与色彩的对比关系。色彩与色彩的对比关系是很多商品包装中最容易表现却又非常不易把握的事情。在中国书法与绘画中常流行这么一句话：密不透风，疏可跑马，实际上说的就是一种对比关系。

表现在包装设计中，一般有以下几方面的对比：色彩使用的深浅对比、色彩使用的轻重对比、色彩使用的点面对比、色彩使用的繁简对比、色彩使用的雅俗对比、色彩使用的反差对比等。

上述色彩对比完全是因为一种图案需要通过不同颜色对比而表现的一种方式而已，但这种色素又是构成整个包装图案要素必不可少的，有些图案甚至就是不同色素的巧妙组合。因此，在研究包装设计的过程中，如果不注意把握色彩和色彩自身的对比关系，也就无从谈得上设计出好的包装图案来。

（3）色彩与其他因素的结合。在包装设计中，色彩的运用还要考虑色彩心理和社会因素，如色彩引起的心理反应，色彩的感情和象征性，色彩的宜人性，色彩与欣赏习惯等问题。这些问题的处理将直接影响商品的销售。

根据商品固有的色彩或商品的属性，采用形象化的色彩是设计用色的一种重要手段。利用商品本身的色彩在包装用色上的再现，是最能给人以物类同源的联想，从而对内在物品有一个基本概念的印象。

当然，也有反其道而行之的现象，一些设计高手大胆运用色彩对比，也能达到更佳更奇的效果，但要注意的是如果分寸掌握不好，会适得其反。

5. 包装图案 一般来说，包装的图案要以衬托品牌商标为主，充分显示品牌商标的特征，使消费者能从商标和整体包装的图案上立即识别某公司的产品，特别是名牌产品，立即起到招徕消费者的作用。图案的组合要从三个方面考虑：

（1）组织方式。在组织方式上，使用较多的有几何性构图、抽象化构图以及具象化或实物化构图。其中，具象化或实物化的结构在包装中最为流行。有些干脆把包装开一个窗口，或采用透明塑料袋，直接让人看到内在的物品。

（2）表达主题。在表达主题上，虽然表现方式不同，但目的都非常明了。要注意削繁就简，不管是文字还是图案，力求做到图案单一、主题突出、简洁明快。

（3）展示风格。在组合形式上，有的以突出文字为主，有的以突出实物为主，也有二者兼顾的。不管采取哪种形式，都必须与内在物品相联系，才能显示主题的鲜明性。

6. 构图技巧把握

（1）构图技巧的粗细对比。所谓粗细对比，是指在构图过程中所使用的色彩以及由色彩组成图案而形成的一种风格。在书画作品中有工笔和写意之说，或工笔与写意同时出现在一个画面上，这种风格在包装构图中也是一些经常利用的表现手法。

粗细对比可以有：主体图案与陪衬图案对比、中心图案与背景图案对比，有的是一侧粗犷如风扫残云，而另一侧则精美得细若游丝，还有些以狂草的书法取代图案。

（2）构图技巧的远近对比。在国画山水画构图中，极其讲究近景、中景、远景。而在包装设计中，以同样的原理也应分别为近、中、远几种画面的构图层次。

所谓近，就是一个画面中最抢眼的那部分图案，也称为第一视觉冲击力，这个最抢眼的图案也是该包装图案中要表达的最重要的内容。这种明显的层次感也称视觉的三步法则，它在兼顾人们审视一个静物画面习惯从上至下、从右至左的同时，依次凸显出了最想表达的主题部分。

作为包装设计人，在创作画面之始，就要先明白所诉求的主题，营造一个众星托月、鹤立鸡群的氛围，从而使设计的画面如强大的磁力一股，紧紧地把消费者的视线吸引过来。

（3）构图技巧的疏密对比。构图技巧的疏密对比，和色彩使用的繁简对比很相似，也和国画中的飞白有异曲同工之妙，即图案中该集中的地方须有扩散的陪衬，不宜都集中或都扩散，而要体现一种疏密协调、节奏分明、有张有弛的感觉，显示空灵，同时不失主题突出。

当前，不少农药产品包装图案设计，整个画面密密麻麻，花花绿绿，从背景图案到主题图案全是很沉重的颜色表现，让人感到压抑和透不过气来，这样不仅起不到美化产品、促进销售的目的，反而容易让人产生厌倦之感。

（4）构图技巧的静动对比。在一种图案中，我们往往会发现这种现象，也就是在包装主题名称处的背景或周边表现出的爆炸性图案或是看上漫不经心、实则是故意涂抹的几笔疯狂的粗线条，或飘带形的英文或图案等，无不表现出一种动态的感觉。而主题名称则端庄稳重，大背景轻淡平静，这种场面便是静和动的对比。

这种对比，避免了都动的花哨和太静的死板，所以视觉效果就较舒服，比较符合人们的正常审美心理。

（5）构图技巧中的中西对比。这种对比往往在外包装设计画面中利用西洋画的卡通手法和中国传统手法的结合或中国汉学艺术和英文的结合。

7. 包装内涵把握 包装的内涵主要表现在包装的感染力、画面的趣味性以及产品形象与企业文化的有机组合三个方面。一个好的包装设计作品一定要让人感到舒心，有一种赏心悦目的审美心理满足。所以，上述设计技巧归根结底是为了实现人们的这种满足。另外，这种满足的核心还不能少了一定的文化内涵。

一个好的产品包装，要么需注入一定的文化内涵，尤其是代表该产品企业文化的内涵或企业的理念追求；要么有一定的象征意义，说明一个问题；要么暗含着一定的诉求点，给人一种什么样的启示，或代表企业的某种专用色、专用字，或代表着该产品的一种属性等。

8. 安全性设计 农药包装的安全性要求是极其重要的，很多农药产品就是因为在包装上忽视了安全性，而使得本来质量过硬、具有良好品质和潜在市场的商品未能得到用户的信任和市场的认可。农药包装设计的安全性主要体现在以下几个方面：

（1）安全包装材料。多年来人们对不同的包装材料建立起了不同的信任度，对消费者而言，安全信任度最大的是玻璃包材，其次是塑料包材。

（2）匹配因素。不同的农药与不同的包装相匹配，主要体现在化学物性或色彩上的匹配，如农药的成分与包装材料的成分不能在包装后一定时间内产生有害化学反应，农药的颜色与包装的颜色要搭配得当。

（3）搬运安全。搬运安全是指运输和装卸过程中的安全问题，同时还包括消费者在购物时提取和购买后的携带等安全。

包装安全受到的影响一般包括搬运过程中落地时受到的冲击和相互之间的碰撞等冲击型外力、输送机械平台的振动型外力、保管中堆码而受到的静态外力及环境温、湿度的影响。

这些安全问题可从如下方面考虑：有良好的稳定性，不会倾倒或移动，有良好的固定性，不会散架或渗透外流（液体类）；不带伤人的棱或角及毛刺；有专设的手提装置，尽量减少临时性的附带物（如绳、袋或其他）；搬运通用性广，可机械也可人工实现搬运；

占体积空间尽可能小。

（4）陈列安全。陈列安全指农药包装必须达到陈列的要求，既不影响自身，也不影响周边同时陈列的商品。

具体要做到下列几方面的要求：①最好能适应多种形式的陈列，如平置陈列、竖置陈列、挂式陈列等；②陈列品质得以保证，如陈列期间不渗漏、不变色、不变形、不变质等；③透视性，可通过不同包装结构或使用方法，展示包装中的农药，如通过包装外表面展示与包装中农药相符的图案，确有难以实现的，可在外包装上贴附农药样品。

9. 数字化包装设计　当前人类社会已进入数字化时代，计算机的发展改变了各行各业的发展路径，在新形势下，农药产品包装设计的发展同样离不开数字化技术这一尖端科技。

在数字化技术支持下，产品包装设计在一般程序开始时，其基本方法与传统的设计并没有什么两样，只是在设计过程中引入了数码技术，分别对包装的视觉传达、形态结构及整体效果进行辅助设计制作，并在计算机中将平面设计稿自动转化为三维可视化的立体模型，这种立体的可视化模型与我们以往折叠的包装样品基本一致。

产品包装的数码设计与传统的手工设计相比具有很多突出优势，具体表现在：

（1）设计创意空间更加灵活开阔；

（2）设计使用的材料和设备更加简化；

（3）设计的变更与修改、简捷快递系列设计生成更方便；

（4）设计表达更加简易，且表现品质更高；图纸的生成更简单、更精确；

（5）设计建档方便容易，信息传递更加快捷；

（6）设计效率更高。

10. 包装防伪设计　包装防伪是产品防伪的第一道防线。随着防伪技术的发展和用户对包装防伪要求的日益高涨，防伪包装成为包装企业和包装使用者谈论得越来越多的话题。防伪包装从最初的

"贴膏药"（加贴防伪标识）方式向包装材料本身和包装设计防伪印刷转变。

目前防伪包装正从加贴防伪标识、激光标签、防伪专利容器等分散防伪形式，向采用防伪包装材料与防伪设计印刷相结合的综合性、整体性防伪方面转变。雕刻凹版印刷、激光全息、特种油墨、水印和加密电码技术已广泛应用。

低成本、难于防制、易于识别、事前防伪的综合防伪解决方案，是未来防伪技术的发展方向。其中，防伪标签通常以不干胶标贴形式存在，作为具有独立功能或综合功能的标签，防伪标签已发展成为一个独立的行业门类。

①包装盒上贴防伪标签。如激光全息防伪标识、荧光防伪标识、热敏防伪标识、电话防伪编码标识等，几乎所有具有防伪功能的标识标签均在包装上有所应用；

②包装箱上加贴防伪防揭封条（封口）；

③包装箱外使用激光全息薄膜封装；

④包装箱内容物防伪。防伪保修卡、防伪证明、防伪客户服务卡、防伪授权书、防伪说明书、防伪安装指南、防伪协议书等。

防伪标签的总体设计，主要包括安全设计、版式设计、用料设计、防伪设计、文字设计、标志设计等内容。作为防伪标签，其基本设计原则与钞票等高安全性产品相同，值得注意的是：防伪标签的成本要符合安全防伪水平和印刷标准的要求。

防伪标签设计经常采用以下几种主要的功能设计，以达到防伪目的：

（1）标签底纹设计。

①采用防伪底纹设计的标签，所用防伪线条和图案具有长短、位置、疏密、粗细、颜色等变化，几乎难以仿造。②辨别方便。真假产品只需用目测或放大镜立即可以辨别真伪。③防止扫描、印刷。精密底纹原件的全部线条均由实线构成，而经扫描仪扫描分色、四色印刷出来的仿制品为是由网点构成的线，一看便知。④由复杂线条构成的图案，手工制作几乎不可能。⑤突出防伪、美观、

注目。由于设计的特殊性，让消费者第一视觉就感到包装上的标签与众不同，有购买安全感。⑥多种防伪设计集于一体，便于厂家有效查假。精密底纹防伪线条变化既可以有规律，又可以无规律，既要以多种防伪组合技术有效防止假冒仿制，又要求验证易如反掌，而且在不同区域，线条变化各有特点。

（2）防揭功能设计。

①使用防揭压痕技术处理：通过相应技术处理，使标签具有不同方向上的力学特征，揭起时极易破坏。②使用防揭型原材料作为标签的载体，如使用易碎纸材料、揭起显字原材料、泡沫防揭原材料等，这些材料的选用要根据所标物的不同具体分析使用。

（3）防窜货功能设计。在标签上加印分销地区名称、地区管理码、防伪编码、鉴别查询电话等信息。

（4）防扫描复印功能设计。

①选用特殊纸张，如水印纸、纤维丝纸、含金属线的纸张等；②选用特殊油墨，如光变油墨、珠光油墨、感光油墨、水敏油墨、热敏油墨、红外油墨、紫外油墨、磁性油墨等；③使用特殊印制工艺，如凹印、凸印、全息烫印、烫印、折光处理等；④使用特殊设计，如安全底纹设计、扰视隐形图文设计、版画设计等高安全性设计。

防伪包装不仅使企业达到遏制假货泛滥、方便消费者识假辨假、保护企业和消费者以及中间商的合法利益等目的，而且对于企业提升品牌形象、产品形象和公司形象发挥着不可或缺的作用。

因此，企业在选择防伪技术时，既要考虑目前的造假形势，又要兼顾未来的发展，在不改变主要防伪设计形象的同时，可不断加深加固防伪技术措施与技术含量，把防伪与防伪包装作为商品不可缺少的一部分，综合系统地予以考虑。

11. CIS 与包装设计 CIS 即企业形象识别系统，CIS 的包装除了具备包装的实用功能和审美功能外，又与其他一般包装不同，必须充分以自身为载体，传播企业标志及其识别系统，塑造企业的形象。以企业标志、标准色、标准字、象征图案为主导，运用在

VI的各种应用要素中，让它们以统一的形象出现在公众面前，这也是产品包装系列化设计的重要策略之一。此法运用得当，会有事半功倍的效果，更易于消费者选购。

12. 相关法律问题 包装设计中的法律问题主要涉及商标权、专利权、版权、制止不正当竞争权及消费权益保护、环境保护、产品质量标准等法律问题。具体来说，这些法律问题包括：

（1）包装设计与商标权。这是包装设计中涉及法律问题最多的内容，如国际条约及域外法律、风俗习惯、商品装潢、地理标志、驰名商标禁用条款等。

（2）包装设计与外观设计保护。

（3）包装设计与版权。包装设计者涉及美术作品，则可能进入版权保护领域，或出现商标、专利、版权重叠保护的错综复杂的法律关系。

（4）包装设计与反不正当竞争。商品包装与待售的商品本体一起作为用于市场交换的产物而存在，利用包装参与市场竞争，是市场竞争的一种常用手段。但包装设计中使用虚假的文字说明，伪造或冒用优质产品的认证标志、生产许可证标志等，都将涉及《反不正当竞争法》的内容。

（5）包装设计与消费者权益保护。维护消费者权益是包装设计最本质的伦理内涵。但在实际情况中，加大包装内部的虚无容积、减少商品数量、假冒伪劣产品包装设计等在现实生活中并不鲜见。

（6）包装设计与环境保护。发展绿色包装，保护环境，促进社会持续发展，是当今全球关注的热点问题；而绿色包装首先应从包装设计入手，如包装材质的选择、包装废弃物的处理、包装的适度等，都应当做到有法可依、有法必依。

包装设计的技巧，除了色彩、图案及文化内涵等方面需要把握外，还要求设计人向生活学习，向群众和市场学习，不断了解、研究消费者的需求与愿望。唯有这样，产品包装设计才能不断提高创新水平，升华到一定的新品位，从而对商品促销发挥重要的积极促进作用。

现代产品相互竞争极其激烈，一个成功的产品包装设计需要充分而全面的调研。不仅要研究竞争对手的设计，还要研究产品自身的性格特点、产品的销售通路、受用人群、产品的仓储、运输安全保障、包装成本、货架陈列效果、包装便利性等多方因素。

一个包装设计项目需要多人协作完成，需要多沟通与交流，需要与负责生产和销售的人密切合作相互配合。合作越密切，产品占领市场取得好的销售业绩的把握性就越大。

在外部宣传环境上，产品的包装设计并不是独立的，而应推崇整合运作模式。整体运作模式要求以产品自身为根本，以包装为中心，辅以广告宣传，实现各种促销手段相融合，达到形象一致、效果显著的目的。

总之，包装设计是一门既古老又年轻的学科，是当今多学科、多层次、综合知识运用的系统工程。当今的包装设计不再只是技术功能和外观极致的设计，还特别强调产品的安全使用和绿色再生设计，同时要求具有传递信息和广告功能甚至防伪功能，这些都应该是包装设计的题中之意。

【练习与思考】

1. 目前农药企业产品包装设计的弊端主要体现在哪些方面？
2. 试述农药产品包装设计的发展趋势。
3. 试述农药产品包装设计需注意的事项。
4. 对某一农药产品包装进行点评。

任务 4 农药产品价格体系

【知识目标】

1. 农药市场价格混乱的表现；
2. 农药价格市场混乱的原因；

3. 农药产品价格体系的建立；
4. 农药产品价格体系制订方法；
5. 农药产品价格体系制订需注意的事项。

【技能目标】

1. 能准确分析目前农药市场价格混乱的表现；
2. 能准确分析农药价格市场混乱的原因。

产品价格体系是指在特定市场区域内，产品针对不同市场条件、不同业态，结合整体营销计划而制订的一整套价格策略。一般而言，价格体系包括出厂价、批发价、终端零售价等，有时回扣、返利、促销费、广告费等也被企业纳入价格体系之中。

价格体系不仅仅反映企业及各级渠道成员的利润问题，更多的是反映企业的整体营销能力和渠道管理水平，体现企业对渠道成员等外部资源的掌控与环境的调节功能。完整的价格体系对提高产品竞争力、树立企业品牌形象、实现成功的营销运作都有非常重要的意义。

对农药企业来说，传统的定价方式已不能满足当前市场的需要，现在产品的价格应是一个完整的体系。如何设计价格体系、稳定市场价格、调整价格体系，建立一套科学、适应性强、可操作性的价格体系，是企业维护自身利益、调动经销商积极性、吸引顾客、战胜竞争对手、开发和巩固市场的关键。

一、市场价格混乱的表现

虽然价格在市场中起着至关重要的作用，大多数企业也投入了相当多的时间、人力、财力去管理，但结果却不是很理想，经常出现这样那样的问题，主要表现为：

（1）流通价格倒挂。按照市场规律，产品价格随着流通环节的增加，销售费用增加，产品销售价格也在增长。但由于种种原因，产品沿着分销渠道流通，价格不是按递增的走势递增，而是出现二批价低于一批价，零售价低于批发价的倒挂状况，严重的造成分销商的利润损失。

（2）冲流货（窜货）。企业为增加市场铺货率，抢占空白市场，往往要选择代理商、经销商或自建分公司的销售模式。由于销售任务、年终返利、渠道政策等利益驱使，分销商、分公司或办事处，可能会不按公司规定，将产品以低于其他区域的市场价格，销往某区域，造成该区域市场产品销售价格的不平衡，形成窜货现象。大多数企业，特别是产品品种比较单一、销售模式简单、产品价格处于中游的中小企业经常会发生这种状况。

（3）终端运作造成市场混乱。随着市场竞争的加剧，领导品牌靠规模、品牌、管理形成对二线品牌、地方品牌的冲击；地方区域品牌靠地区优势对非地方品牌的反击，使得企业特别是中小型企业市场难做。

为了打击竞争对手，站稳市场，不少企业开始开展深度分销，积极运作终端市场，引发市场及价格的混乱。

二、市场价格混乱的原因

造成企业市场价格混乱的原因，归纳起来主要有以下几类：

（1）企业自身销售组织之间区域冲突，造成价格冲突；

（2）公司在制订销售价格体系时，给分销商的利润空间较大。分销商利用这个空间肆意操作，不按照公司规定的批发价发货，造成市场和渠道价格体系混乱；

（3）公司对窜货现象管理、控制、处罚不力，间接纵容；

（4）企业对经销商的销售奖励政策不规范，或是对经销商、零售商有效激励不够，引起其不满，故意扰乱市场价格；

（5）企业尚未适应现代渠道运作，不知道如何运作新型终端，缺乏统一的市场运作模式，忽略对现代渠道与传统渠道的有效整合。企业自己做终端与有能力的终端经销商之间存在政策和价格不统一，也是造成价格混乱的原因之一。

由此可见，不稳定的市场经济次序是由价格体系不科学、各方利益没有得到保证造成的。

三、如何建立产品价格体系

1. 建立分销网络结构　企业采取什么样的分销网络结构，就必须建立什么样的价格体系。

2. 设计销售价格结构　良好的价格结构，能有效推动产品在渠道中的流动，企业也能有效监控市场状况。一般建立价格体系，应详细规定出厂价、批发价、零售价、最低限价等，同时还要建立有效的奖罚制度。

3. 制订经销商、零售商激励体系　维护分销商的合法利益，是渠道稳定的前提。分销商得到满足的同时，也会帮助企业维护市场次序。在制订利益分配制度时，除制订合理的价差空间外，还要给予一定的奖励，有效激励他们的工作。建立激励体系时，关键要考虑度的问题；即什么形式、什么条件下给予激励，给予多大的奖励等，必须考虑清楚。

4. 维护稳定的销售价格　通过应用目标管理、奖罚制度，提高销售一线人员、销售分支机构、公司市场管理部门对市场的管理。同时要打通公司信息流通渠道，及时对市场变化做出反应。

5. 建立市场监督管理体系　建立有效的市场管理、监督机制，保证市场稳定。企业即使有好产品、好政策，缺乏科学的监督管理体制、支持政策及制度的有效执行，也是行不通的。

此外，应该注意的是，价格体系不是绝对的。随着市场的发展和变化，价格体系需要根据具体情况进行调整。通常存在三种状况需要企业来有目的地调整价格体系：

①企业在产品上市初期要考虑设计一个合理的价格，吸引渠道、终端及消费者的注意，实现产品的快速上市；

②随着规模的扩大，新产品的推出，企业要调整整个产品结构，建立新的产品结构体系，调整价格体系；

③随着市场进入者越来越多，市场竞争加剧，企业不愿加入价

格战，通过调整价格体系，反击竞争对手，巩固市场，稳定经销商。

也就是说，企业市场价格体系是可变动的，需随着企业战略需要、资源状况、市场变化、竞争对手活动、可替代产品状况等因素的改变而改变。

四、产品价格体系制订方法

1. 竞争导向定价法　即以市场上相互竞争的同类产品价格作为定价的基本依据，随竞争变化调整价格，也就是先看市场上同类竞品的终端售价、各级批发价，将这些资料进行收集、汇总、比较、研究，确定一个自己产品进入市场的上限价格。然后结合本身产品定位，确定产品定价是高于还是低于竞品价格。同时，还要在产品成本的基础上加上各项营销运作费用，作为这个产品的下限价格。

竞争导向定价法主要包括通行价格定价法和主动竞争定价法等。通行价格定价法是较为流行的一种，它主要通过与竞争者和平相处，避免激烈竞争产生风险。此外，通行价格带来的结果是价格水平比较平均，消费者也容易接受，对于企业来说也有盈利收入。

2. 成本导向定价法　从生产企业出发，以产品成本为定价的基础依据，计算产品成本、中间商利润和各项营销运作费用，然后算出出厂价、各级批发价和终端零售价。主要包括加成定价法、损益平衡定价法和目标贡献定价法等，其中以加成定价法最为常用。

成本定价法较易忽视市场需求的影响，已难以适应市场竞争的变化，市场运用已较少。

3. 需求导向定价法　以消费者的需求情况和价格承受能力作为定价依据，目前此定价方法开始受到企业的重视，主要有理解价值定价法和需求差异定价法。

（1）理解价值定价法。主要是根据消费者对商品价值的感受及理解程度作为定价的基本依据。消费者在与同类商品进行比较时，通常会选择即能满足消费需要又符合其支付能力的商品。因此，若价格刚好定在这一限度内，会促成消费者购买产品。

(2) 实行理解价值定价法。其关键是市场定位，突出产品与其他同类产品的特征，使消费者感到购买这些产品能获得相对较多的利益。

此外，产品定价策略也可采取撇脂定价、渗透定价、竞争定价三种方法。其中撇脂定价是一种高于类似产品价格的定价方法，它主要应用于没有竞争对手的新产品或消费者无法比较的新产品；渗透定价正好与之相反，它是一种低于同类产品的定价方法，适用于对价格比较敏感的市场，采用这种方法，可有效阻击竞争对手进入市场，从而帮助产品迅速渗透市场，提高市场占有率。

当然，在整个定价决策过程中，还要充分考虑应用各项定价技巧，如依消费者购买时的心理制定价格。

五、新品价格体系制订的注意事项

新品上市，制订价格体系需注意以下方面：

(1) 制订一套有梯度价差的价格体系。因为是新品，所以给它的推动力要比市场上一些相对成熟的产品要大一些，也就是说价差在高于行业平均利润的同时，还要稍稍高于同类竞品的价差，另外，终端促销宣传和通路激励也是必不可少的。

(2) 合理满足渠道各环节的利益需求。在产品渠道中，各个环节都扮演着不同的角色，有着不同的利益需求。

【练习与思考】

1. 试述农药市场价格混乱的表现。
2. 试分析农药价格市场混乱的原因。
3. 试述农药产品价格体系制定方法。
4. 试述农药产品价格体系制定需注意的事项。

任务5　农药单品品牌建立

【知识目标】

1. 农药单品品牌的概念；
2. 影响农药单品上量树品牌的联动因素。

【技能目标】

掌握确保某一农药单品上量树品牌的途径。

单品是指包含特定自然属性与社会属性的商品种类。对一种商品而言，当其品牌、型号、配置、等级、花色、包装容量、单位、生产日期、保质期、用途、价格、产地等属性与其他商品不相同时才可称为一个单品。因此，单品与传统意义上的“品种”的概念是不同的，用单品这一概念可以区分不同商品的不同属性，从而为商品采购、销售、物流管理、财务管理等提供极大的便利。

这里所提到的单品品牌建立是指某一农药品类中相对独立、有市场拓展空间的单个产品，一旦单品运作成功，顺利实现单品突围制胜市场，那么其市场拓展、销量突破对企业整体市场拓展、销量提升、品牌建立都有突破性的重要意义。

当前农资市场竞争空前激烈，市场供大于求，加之经销商和农民对产品了解越来越多，对品牌要求越来越高，选择性越来越大。在此情况下，如何使自己的产量迅速上量，形成品牌化，是当前摆在众多农药厂家面前的难题，由此使得单品突破成为了企业的一大选择。

如何实现单品上量树品牌呢？单品不同于品类，建立品牌不是简单地做广告或进行营销沟通，也不仅仅是关于产品的服务，更重要的是过硬的产品质量和超前的营销模式，需要综合考虑多方联动因素：

一、坚持精品出效益

产品质量是企业生存之本、发展之本、品牌之本，是企业其他一切的基础。一个好的产品质量，必须同时具备两大类资源：一是硬资源，即工艺装备、熟练的人力资源、精确的质检手段、优良的原辅材料等；二是软资源，包括质量理念、工艺技术、工作环境、质量机制、作业流程等。

农药的质量是体现在对病、虫、草害的防治效果上，而不是含量和有关技术经济指标的合格上，合格固然是质量的一个基本前提，但适用才是质量的真正评判标准。

由于农药企业缺少规模集中度，导致资源配置的不均衡性，再加上企业管理理念的差别，导致对资源的积累取向也不同。在此情形下，农药企业要想依托单品实现市场突破，精品道路势在必行。

二、卓越团队战斗意识

单品策略进入实施阶段后，产品上市之前，企业要打造一支有较强战斗力的卓越营销团队，并进行战前动员，确保战争的胜利。

1. 对业务人员讲解单品管理目标 即对品牌单品的品项进行有效管控，以促使营销资源利用的最大化，促进单品销量的提升。其中包括品项的市场定位、渠道及终端定价、终端的陈列位置、包装及销售促进等营销工具的高效结合，这是单品品项管理的战略层面。作为营销一线队员，还要关心单品品项管理的战术层面，即如何实现有效的单品突破，从而来带动该产品的销售。

2. 与客户进行沟通 与经销商进行良好沟通，得到客户的有效支持，才能联动进行单品的突破。

3. 战争不变，战术时刻依托情况而变 在单品突破这一战役中，坚持上量创品牌的战略目标，在具体战术上，可依托市场及竞争情况，随时及时予以调整。适时召开渠道会议及销售团队会议，及时发现市场上存在的问题并及时提出解决方案。

三、有效进攻确保胜利

对单品来说，阶段性进攻并取得漂亮的战场告捷，是战争胜利的保证。要联合各级经销商，开展针对性极强的销售促进活动，使单品在短时期内或一段时期内实现较高甚至是爆发式销量，在市场上掀起一定力度的影响浪潮，鼓舞士气，有效带动下阶段的单品运作。

1. 市场准备　进行市场相关信息的收集与分析，细化销量最好、竞争力较强的竞品信息，包括竞品品种、价格、销售模式、促销手段等，透彻了解竞品市场状况，以便采取相应措施，实施定点打击。

2. 投入战场　猎手行动中，要调动可以利用的资源，全员联动，投入战争。在目标市场，进行小范围高强度的促销拉动，正所谓“武术的最高境界集一点而暴发，威力无穷也”。

3. 战后点验　猎手行动后，及时了解销售情况及经销商库存情况，并进行汇总分析，召开阶段性分析会和庆功会，激励销售团队的激情和动力，并发现问题，解决问题，调整战术，为下阶段的持续推进打好基础。

单品品牌建立是一个不断完善的过程，或许在市场上并不存在一个特定的、被验证一定能够取得成功的途径，也没有一种放之四海而皆准的管理套路能达到绝对理想的效果。单品品牌的成功塑造，需要企业依据企业自身情况、市场竞争情况等内外因素，因时制宜地开展。

【练习与思考】

1. 什么是农药单品品牌？
2. 试述影响农药单品上量树品牌的联动因素。
3. 试述如何确保某一农药单品上量树品牌。

项目四　农药推广渠道构建与市场开发

【项目提要】

本项目主要讲授农药营销渠道的变革趋势、农药市场调研、农药客户网络构建、农药渠道利润分配体系构建、农药市场突破、农药区域市场拓展、农药库存管理及农药窜货管理。

要求学生通过学习重点掌握：

1. 农药营销环境；
2. 现有农药营销渠道模式；
3. 农药营销渠道构建原则及选择；
4. 农药营销渠道新模式；
5. 农药营销渠道模式的选择；
6. 农药市场调研的意义；
7. 农药市场调研计划和内容；
8. 农药市场调研的方式和途径；
9. 农药市场调研结果分析；
10. 传统农药客户网络构建进程及缺陷；
11. 新形势下农药客户网络构建策略；
12. 农药客户选择与网络优化；
13. 农药营销渠道利润分配体系构建的一般原则；
14. 农药产品快速突破市场的关键及策略；
15. 农药区域市场拓展的一般步骤；
16. 做好农药库存合理控制的要点；
17. 农药市场窜货及其表现；

18. 农药市场窜货危害；
19. 农药市场窜货的主体；
20. 农药市场窜货的原因；
21. 农药市场窜货的防范。

任务 1 农药营销渠道模式

【知识目标】

1. 我国农业现状及发展趋势；
2. 农民购买农药的行为特点；
3. 农药营销现有的渠道流程和现有模式；
4. 农药营销渠道新模式。

【技能目标】

1. 结合我国农业状况分析农民购买农药的消费特征；
2. 全面分析我国农药营销渠道的现状和存在问题；
3. 根据农药营销渠道原则分析选择策略；
4. 分析各种营销渠道的特点并进行合理选择。

一、农药营销环境分析

农药市场的营销渠道模式不能离开其存在的环境及发展趋势，在把握现状的前提下，更要研究其发展趋势。农药是完全依附于农业生产的，主要为农业生产服务。农业的现状及发展趋势将决定农药营销渠道变革的方向，农业生产组织结构的变化带来了农药需求和技术服务的改变，特别是中国加入 WTO 给农业的发展带来新的机遇和挑战，这都对农药营销渠道的模式产生较大的影响。

1. 农业现状分析　我国是一个农业大国，与世界发达国家相比我国的农业还是处于相对落后状态。我国人多地少，农业人口比例过大，农业劳动生产率较低，农产品商品化率过低，这些都对我国农药营销渠道产生了一定影响。

（1）我国人均耕地面积太少。我国的农业人口约占总人口的70%，人均耕地面积仅为0.08公顷，相当于世界人均耕地面积的32%。水资源短缺更为严重，我国人均水资源占有量仅相当于世界平均水平的1/4，现已被列为全球13个贫水国家之一。近年来，由于工业化程度的提高，乱占耕地现象严重，造成总耕地面积和人均耕地面积均有不同程度的下降。经过数千年的土地开发，我国土地相对贫瘠，生物多样性程度极低，生态系统恶化；病、虫、草害发生严重，而且难以通过生态系统自动调整减轻这种危害，这使得我国农业对农药等生产资料的依赖程度很高。

（2）农产品尤其是粮食作物商品化率低。绝大多数农产品用于农民自身家庭消费，只有少数部分富余产品进入市场流通，所以农民种植农作物的面积对农产品市场价格的敏感度并不很强。农民生产的农作物，并不全部转化为流通货币，而转化为货币的部分才能够用于来年对农药的投入。所以农产品市场价格的好坏，直接影响着农民对农药的购买力。

（3）农产品利润很薄且价格变动幅度较大。一家一户式的生产模式依然在农村经济中占有主导地位，农民对市场变化没有多少左右与抵抗能力。农民获取市场信息的能力极弱，农业生产存在很大的盲目性，往往是从有限的不全面的信息来判断种什么作物，这样的风险更大。农民当年从农业生产中所获得的利润太低也会影响下一年购买农药的积极性。

（4）我国农民整体素质和农村劳动生产率较低。我国农民的文化水平较低，原来技术服务能力很强的农技推广网络在市场经济大潮中也改向营利性的组织，这就使得现在的农业生产没有技术可言。农民只能从事依靠传统经验生产的大田作物，对市场急需且又需要很高技术的经济作物品种则不能大量种植，农技新技术的推广更无从谈起；特别是新农药的推广导入期就更长了。

我国农村的劳动生产率与世界发达国家相比极低。以1990年为例，我国每个劳动力的产值仅为422美元，而美国和荷兰则分别为 51 561 美元和 44 339 美元，分别是我国的 122 倍和 105 倍。1997 年，发达国家的总人口不到 12 亿，农业劳动力的总和只有 4 182 万人，不到我国农业劳动力的 1/12。而与此形成鲜明对照的是，我国农业劳动生产率水平只有发达国家的几十分之一。劳动生产率的低下造成农民收入很低，购买力不强，对农药产品价格的敏感度很高。

2. 农业发展趋势分析

（1）农产品市场化和农业生产集约化趋势。当前我国农产品的总体商品化率非常低，为 30%左右。大部分农产品的生产是为农民自产自用，未进入市场流通，使通过市场对资源在农业生产中的调配能力减弱。随着中国经济的发展及城市化率的提高，大量农业人口转化为工业或商业人口，农民的比例下降，消费者对商品化的农产品需求增加，而自产自用的农产品比例则相应下降，农产品的商品化率必然会大大提高，集约化农业将得到跨越式的发展，并以此应对国外大农场的竞争。像订单农业的发展、农业产业化公司、农产品出口种植区等。农产品市场化的提高和农业生产集约化的趋势将带来两方面的变化，一是农民收入的提高；二是农民会加大每次采购农药的量，这些都会相应增加农药的需求量。

（2）农作物种植结构发生变化。2006 年我国人均 GDP 突破 2 000 美元，这对我国是一个历史性的突破，2007 年 9 月 18 日国家统计局发布五年中国经济发展成绩单：中国经济总量在世界的位次已由原来的第六位跃居第四位，人均国民总收入步入了中等收入国家行列。由此将带来我国居民消费结构的变化，在吃的方面将由满足数量向注重质量转变，这必将促使农作物种植结构发生质的飞跃。从以粮食作物种植为主转向大幅度提高经济作物的种植比例；从追求产量为主转向追求高品质农产品的种植；从满足农民自身需求、满足小范围区域需求，向满足更大区域市场的需求甚至全国市场和世界市场需求转化；从重视表观向重视内在的无公害品质转化。这些转变将会对农药的使用技术提出更高要求，并且会带来高价格农药使用量的增加。

(3) 土地流转政策将发生改变。土地承包责任制对解决我国农村生产力发挥了决定性的作用，我国农户户均耕地约为0.51公顷，况且各地区间极不平衡，如浙江人均耕地只有0.04公顷。户均耕地太小，这极不适应现代农业的集约化要求。在发达地区许多不依靠土地生存的农民在外出做生意时就选择了抛荒，这就造成了耕地资源的极大浪费。2003年中央已在浙江进行土地流转的试点工作，允许农民所承包的土地进行转包，鼓励有条件的个人或企业进行大片土地的承包，这将促进我国农村生产力的提高。土地流转政策的改变将促使农村土地大量集中生产，这对原有的农药营销模式提出了新的挑战。

(4) 新农村建设带来新的变化。2006年国家提出了建设社会主义新农村，这对农业生产是一个重大机遇，将会带来一系列变化。

3. 我国农业生产组织结构及发展趋势 新中国成立后我国农业生产组织结构主要为人民公社，这是一种集体经济，农资公司模式就是这种组织结构下的产物。十一届三中全会后，我国农村分田到户，变成了分散经营的农户组织。而现在我国农村的组织结构又面临一些变化，农药营销渠道必须适应这些变化。

(1) 我国农业生产组织结构的基本构成。按照狭义农业生产组织的定义：即农业生产组织是指农业生产本身的、具有独立经济实体（法人）地位的劳动组织。我国现行的农业生产组织包括分散的农户、农场和一些农业企业。

(2) 我国农业生产者的新型联合与合作形式。家庭承包经营制重建我国农户经济之后，分散经营的农户出于对社会化分工和协作的基本需求以及抗御农业风险的需要，开始以各种方式寻求联合与合作，涌现出了各类不同的新型农业生产组织。具体看来，我国现阶段农业生产组织的联合与合作形式主要有以下几种类型：社区集体经济组织、农民专业协会、股份合作经济组织、农业产业化经营组织、种田大户。这些新型组织的出现带来了一些变化，如技术服务的要求、议价能力的提高、包装规格的变化等。

4. 农药行业管理政策　农药生产使用不当将破坏人类的生态环境，因此，各国政府都加强对农药的管理。我国涉及农药管理的法律、法规主要包括《农药管理条例》《农药管理条例实施办法》《农药登记资料要求》《农药生产管理办法》等。我国农药行业的法律、法规有些内容已不能适应现在的市场，也需要与时俱进。

5. 加入 WTO 对我国农业和农药市场的影响　农药是为农业生产服务的，农药营销渠道的变革必须要适应农业生产环境的变化。加入 WTO 对我国农业影响非常大，所以在此要分析加入 WTO 对农业和农药两方面的影响。综合多方面的情况进行分析判断，可以得出这样由结论：加入 WTO 对我国农业和农药市场具有双重影响，既有有利方面，也有不利方面，但有利方面是主要的。有利影响主要有：①有利于我国农产品和农药参与国际竞争；②有利于发挥我国农村劳动力的资源优势；③有利于推动我国农产品和农药流通领域改革。不利影响主要有：①对我国农产品的价格体系产生冲击；②外资农药企业将全面挤占国内农药市场。

二、农民购买行为分析及现有农药渠道模式

我国农药流通领域在 20 世纪 90 年代以前实行的是计划经济模式，20 世纪 90 年代以后开始走向市场化。经过若干年的发展，农药市场的竞争已白热化。农民作为农药市场中最主要的顾客，其购买行为具有跟随性、随意性的特征。这些决定了我国农药营销渠道的最基本模式，而农药市场的充分竞争又促使了渠道模式的多样化。只有对农药市场现状和现有渠道模式有充分的了解，我们才能建立未来农药市场的渠道模式。

1. 农民购买行为分析　我国农民的文化水平相对较低，对于技术性较强的产品的购买处于不利地位，而农药是一种技术较强的产品，农民购买农药时只能听取他人的意见，自己的判断能力较差。农民的消费行为具有一些特征，我们需要对其进行分析，这样才能更好地制订农药营销渠道模式。

（1）农民购买农药行为模式。农药市场消费者的现实情况是：

由于青壮年基本外出打工，实际使用农药的农民大都在50岁以上。农民的文化水平较低，识别能力较弱，购买农药时容易受村上一些种植大户的影响。农民购买农药一般在乡镇零售店用现金购买。农作物病、虫、草害的发生呈现季节性，同样农药使用也有季节性，一般为每年的3～9月，其他时间用量很少。

(2) 农民消费特征分析。研究消费者购买行为的理论中，最有代表性的是刺激——反应模式（图4-1），市场营销因素和市场环境因素的刺激进入购买者的意识，购买者根据自己的特性处理这些信息，并经过一定的决策过程导致购买决定。

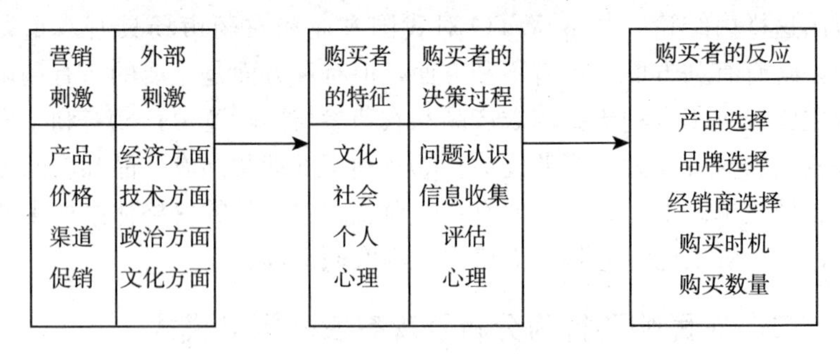

图4-1　消费者购买行为的刺激——反应模式

从图4-1中可以看出，对购买者起作用的外界刺激有两类：一类是企业所安排的市场营销刺激，包括产品、价格、地点和促销；另一类是其他刺激，包括经济、技术、政治和文化等方面的刺激。这些外界刺激进入购买者的“黑箱”，经过一定的心理过程，就产生一系列看得见的购买者反应，如产品选择、品牌选择、经销商选择、购买时间选择和购买数量等。

营销工作就是必须千方百计地调查了解购买者“黑箱”中所发生的事情，以便采取相应的对策。从上图可以看出，购买者的“黑箱”分为两个部分：一部分是购买者特性，包括购买者的社会和文化、个人和心理的特性。这些特性会影响购买者对外界刺激的反应；另一部分是购买者的决策过程，这会导致购买者的各种选择。农民作为一个消费群体，也有一些特有的行为特征，主要包括以下几方面：

①自然经济与商品经济特征并存，自给消费与商品消费共存。由于农业生产产品的特殊性质，更由于自然经济在农村中根深蒂固的影响，实物收支仍是农村家庭经济和农民消费的一个突出特征，是生产力水平还不够高的体现，表现在生产、交换、消费的各个方面。随着商品经济观念新进民心，农产品生产的商品率大幅度提高，农业以市场为导向，以经济效益为中心的特征更加显著，但在一定时期内，尤其是在农产品供大于求，农产品价格下降，销售困难，农民收入下降的情况下，实物消费的倾向就会加大。

②消费偏好具有一定的次序。农民消费结构的层次性，在基本生活得到保证的前提下重要商品选购的次序大致为：首先是生产需要，如化肥、农药、种子、农用薄膜、农用机具等；其次是建房需要，然后才考虑耐用消费品等方面的需要。受自然条件和教育水平的影响，对于大多数农民而言，在消费习惯上对产品的要求主要表现在实用、简便、牢固等方面。

③边际消费倾向较低。在收入增加较快时，消费增加较慢，边际消费倾向小于平均消费倾向；在收入增加较少时，消费减少更慢。

④消费观念和消费心理复杂多样。首先是量入为出的消费观念，由于农民的潜意识较保守及未来的不确定性，以收定支、量入为出是农民消费的主要原则；其次是强烈的后顾意识，在目前农民收入水平不高且波动较大、社会保障体系几乎为零的情况下，农民产生强烈的后顾意识是很正常的。最后为根深蒂固的从众心理。

我国农村由于劳动力富裕，隐性失业率很高，许多有文化的年轻农民都外出打工，而留在家中务农的农民基本在50岁以上，其中还有一些是文盲。这就决定实际购买和使用农药的农民具有以下心理特征：价格最低原则，由于农民的收入水平极低，导致农民在购买农资产品时，价格是选择产品的首要条件，喜欢选择价格最低的产品，哪怕是质量差一点。跟随性，往往一个村中的种田能手或者技术能手最近买什么化肥、农药，其他人就跟着他学，在农村这种榜样作用在一定范围内起很大的作用。因为农村中绝大多数农民并没有相关科技知识，因此只有跟随科技能手。随意性，是指农民在购买农资产品时基本上无明显的品牌意识。只是在购买的过程中，根据零售商的介绍而定，往往是零售商介绍什么就使用什么，具有很大的随意性。

2. 农药营销现有渠道模式 渠道是企业产品走向消费者的通路，美国著名营销学家菲利浦·科特勒对渠道的定义是这样的：渠道是指某种货物或劳务从生产者向消费者移动时，取得这种货物或劳务的所有权或帮助所有权转移的所有企业和个人。在一个商品严重同质化和过剩的时代中，渠道就是企业不可缺失的核心资源；它可以有效弥合产品（或服务）与其使用者之间的缺口。因此，渠道是企业实现自身价值与发展的重要载体。

渠道的结构因产品的特点、渠道成员的多少和渠道的长短等因素不同而有所不同：

（1）层次结构。根据渠道层级的多少，我们将渠道分为两种对立的渠道结构：直接渠道和间接渠道、长渠道和短渠道。

①直接渠道和间接渠道。两者的主要区别在于渠道中有无中间商。就农药行业而言，原药销售通常采用直接渠道，制剂销售通常采用间接渠道。

②长渠道和短渠道。一般经过两个或两个以上中间环节的称为长渠道，不经过或只经过一个中间环节的称为短渠道。

（2）宽度结构。渠道的宽度是指渠道的每一层次中使用同种类型中间商的数目。在我们农药行业，大吨位的常规品种通常要通过许多批发商和零售商送到广大农户手中，这种产品的渠道较宽；反之，如果企业某种产品只通过很少的专业批发商推销，甚至在某一地区只授权为独家经销；这种产品的渠道就较窄。

农药市场的现状和特征决定了其营销渠道模式。在计划经济时期，我国只有一种农资公司模式就能适应了。到了市场经济时期，渠道模式呈多样化发展，特别是个体经营户的加入，使各种渠道争夺农药市场的竞争更加激烈，在激烈的市场竞争中也暴露出现有各种渠道模式的各种不足之处。

3. 农药营销的渠道成员和流程　我国农药市场渠道成员按其自身规模和在网络中所起的作用可以分为生产企业、批发商、二级批发商、零售商、农户 5 个部分，他们之间的关系如图 4－2。

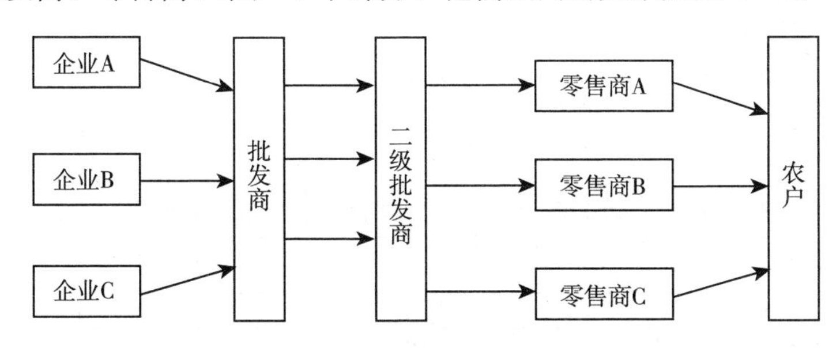

图 4－2　农药市场渠道各成员的关系

渠道成员的职能就是使所有权转移变得高效和便利，渠道成员的活动主要包括实体转移、所有权转移、促销、谈判、资金流动、风险转移、订货等。成员的这些活动在组织中形成各种不同种类营销渠道的流程，这些流程将组成渠道的各类组织机构联结起来。农药营销渠道发生的 5 个流程及流向如图 4－3。

农药营销渠道的五个主要流程为：实物流也就是农药产品通过制造商、运输者、经销商、零售商最终到达农民手中；所有权流通过制造商、经销商、零售商再转移到农民；付款流与实物流和所有权流方向相反，从农民付款开始最后流向制造商；信息流是多向流，渠道的各成员及参与者都需互相交流信息；促销流由制造商和广告代理商向渠道下游各成员进行促销。

农药营销现有的三种渠道模式。目前，农药市场营销渠道主要有三条：农资公司渠道、农业三站渠道、个体经营户渠道。

（1）农资公司模式。农资公司模式是我国最早的农药市场渠道，计划经济体制下农药产品都是国家计委和各地方计委通过各级农资公司调拨，那时不存在市场经济的因素，各级农资公司等于是垄断经营，是农药市场唯一的渠道。我国推行市场经济体制后，特

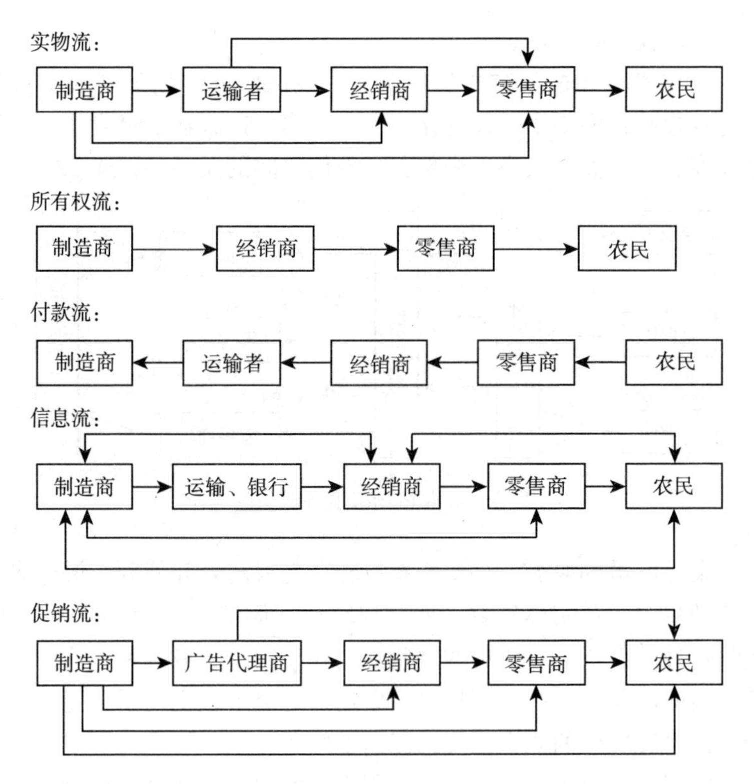

图 4－3　农药营销的五个流程

别是农业三站和个体经营户参与农药经营后，农资公司体制僵化、产权不清的矛盾暴露无遗，加上农资公司又经营其他农资产品如化肥、农膜等，而化肥的市场风险是非常大的，价格的波动频繁，操作稍有失误，就可能造成大的亏损。经过一段时间的惨淡经营后，地市县一级农资公司基本上都背上了沉重的债务，况且许多地方农资公司是职工入股，后来血本无归，这在个别地区造成了很大的社会问题。只有省一级的农资公司由于资金雄厚，另外还有一些进口配额才能勉强维持。各级农资公司的营销渠道网络如图 4－4。

农资公司模式的渠道很长，共有省级公司、地级公司、县级公司、乡镇供销社四级成员。在计划经济时期，农药属于国家计划调

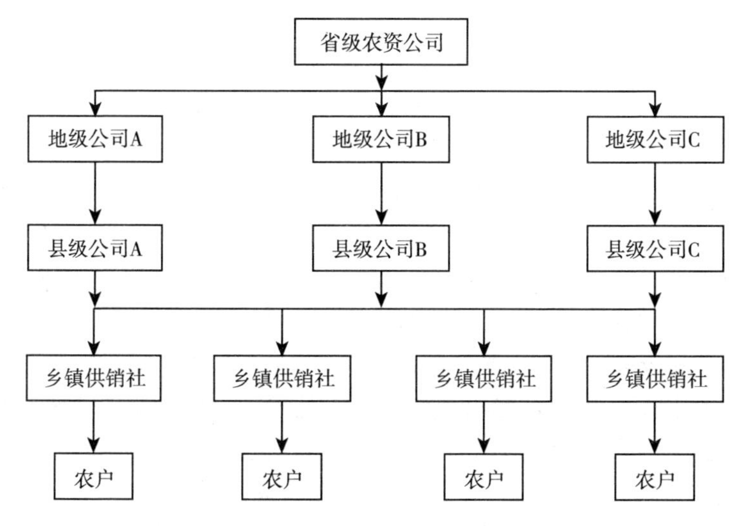

图 4-4　各级农资公司的营销渠道

拨商品，当时就这一种模式，执行国家农药调拨计划很合适。虽然现有农资公司的销售渠道已缩短，但也是经过改制变成个体经营户，仅挂着农资公司的名字。

这种模式的优势：①农资公司模式为最早的农药渠道模式，经营农药时间很长，有丰富的农药销售经验；②有较全的营销网络，在各乡镇都有供销社；③农资公司为国有体制，在农民中有较好的信誉；④农资公司除销售农药外，还可销售肥料等其他农资产品；具有组合销售的优势。

这种模式的劣势：①农资公司体制僵化，员工没有积极性，国有体制下的农资公司人员只进不出；超员严重，人均效率低下；②农资公司是计划体制下的产物，缺乏现代企业管理和营销能力，营销渠道太长，对市场信息反应过慢；③近几年来农资公司效益很差，亏损年份较多，从而造成企业负债过重，盈利能力极低；④农资公司对技术服务不重视，很难满足农民对农药的个性化需求。

通过以上分析可以看出，农资公司的国营体制成为发展的最大障碍，农资公司的营销渠道太长，效率低下。另外农资公司除经营农药外，还经营其他农资产品，这就分散了精力，由此可见农资公司模式已越来越不适应现在农药市场的现状。

（2）农业三站模式。20 世纪 80 年代后期，国家允许各地的植保站、农技站、土肥站农业三站，在做好技术推广服务的同时，可以适当经营一些农药新品种，以便农业三站能进行一些创收以弥补经费不足问题。但在 1995 年前，由于农药产品一直供不应求，农资公司系统也不愿把产品供给农业三站，以便垄断经营，而那时农药厂家供货都需要现款，而农业三站又没有流动资金，这样就造成农业三站农药经营一直做不大，仅仅是一个辅助渠道。但是在 1995 年以后，农药市场出现供大于求的局面，特别是厂家推出的新农药交给农资公司以后，由于农资公司缺乏专业农技推广人员，年初拉给农资公司的新产品到年底还在农资公司仓库中。而农业三站有农技推广的专业优势，厂家就抱着试试看的心态将少量新产品赊给农业三站，结果效果非常好。1995 年后我国农药行业纷纷仿制国外专利到期的农药，菊酯类农药就是那时推出的，这样就促使农药企业大量找农业三站经销新产品，这样农业三站就慢慢在资金和经验方面有所积累。到 2000 年农业三站已发展壮大，成为了农药市场的主要渠道。农业三站的营销渠道网络见图 4－5。

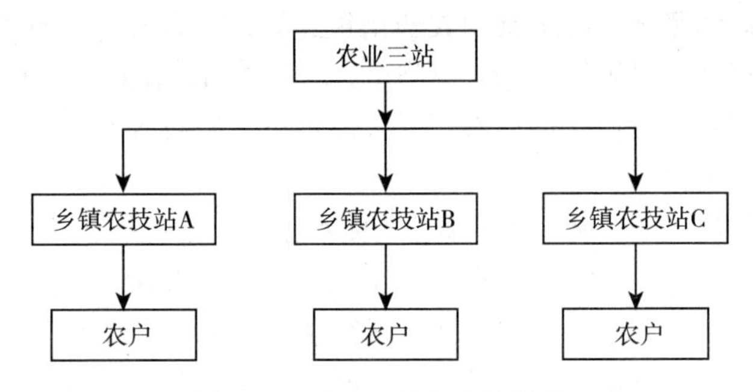

图 4－5　农业三站的营销渠道

从图 4－5 可以看出，农业三站模式渠道较短，层次较少，基本通过乡镇农技站来向农户销售农药，这样就可提供一些技术服务，适应农药使用需要技术的要求。

农业三站模式的优势：①专业农技推广机构，拥有技术服务优势，对农作物病、虫、草害的防治能提供相应的技术指导，在技术上农民特别信任；②农业三站都为20世纪90年代后期发展起来的，没有历史包袱，人员负担不重；③我国农业种植结构正在调整，高附加值的作物面积增加，对高价位农药需求量加大，而高价位农药一般需要个性化的技术服务，这正是农业三站的优势；④营销渠道较短，网络层次较少，运作效率高；⑤《农技推广法》保证农技推广体系将长期存在。

农业三站模式的劣势：①农业三站没有国家投资，多为自筹资金，实力不强，融资能力弱；②农业三站为农业局下属单位，仍为国有体制，存在产权不清、体制不活的现象，这样就造成员工积极性不高；③农业三站人员基本为农业技术人员，缺乏现代企业管理和营销能力，企业发展潜力不大；④农业三站的经营地域一般只集中在本市或本县，又只经营农药，这样就造成企业规模小，市场抗风险能力差；⑤农民对农业三站过分商业化动作不满，为了与个体经营户竞争往往只注重短期商业利益，对农民的服务意识也在不断下降。

从以上分析可以看出，农业三站具有农技服务的优势，这非常适应农民对农业技术越来越个性化的需求，但农业三站模式体制不活，企业规模小，缺乏公司化运作，各自为政，规模太小，没有统一的品牌。近年来农业三站出现了很大危机，大部分陷入经营亏损的困境，农业三站要想摆脱困境，获得进一步发展，必须进行体制改革。

（3）个体经营户模式。国家对农药经营实行的许可证管理，在一定意义上是基于政府为维护市场秩序、便于管理的目的而设立的。但是从资源配置的角度看，该项制度阻碍了资源的合理配置，使农药经营企业形成了一定的行业垄断。农药经营许可证由各地农业局核发，原则上发放给农资公司、农业三站等相关单位。

20世纪90年代中后期，随着市场经济体制在我国的逐步建立，民营经济得到了飞速发展。资本最大的特点就是逐利性，当发现农药经营领域有利可图，民营资本就想方设法进入农药经营领域，先是通过农资公司或农业三站的单位内部人员来挂靠、承包这些具有农药经营权的企业。特别在20世纪90年代后期，许多农资公司和农业三站经营效益不好，有的已成为包袱，民营资本就通过承包、挂靠这种方式大量进入农药经营领域。个体农药经营户运用体制优势和成本优势得到很大发展，可以说现在农药市场是个体经营户的天下，市场份额超过70%。

个体经营模式的优势：①个体经营户的最大优势是体制灵活，人员积极性高，运营成本低，人均效率高；②对下游零售商服务好，送货上门，包退包换，零售商对个体经营户忠诚度高；③个体经营模式网络层次少，对信息反应快；④个体经营户运营成本较低，产品价格低，迎合农民喜欢购买低价产品的心理特征。

个体经营模式劣势：①个体经营户往往太注重短期利益，在农民心目中品牌美誉度不佳；②缺乏专业农技人员，技术服务不到位，不能适应农民对农药技术的个性化需求；③个体经营户规模过小，抗风险能力差；④目前国内的个体经营户许多为夫妻店，缺乏现代企业管理和营销能力；⑤这种模式的进入门槛低，竞争者极易进入。

从以上分析可以看出，个体经营模式由于有体制上的相对优势，在短期内异军突起，成为农药市场的主渠道，但体制的优势别人也可以模仿，像正在兴起的农资连锁更具有体制优势。个体经营注重短期经济利益，不太重视农业技术服务和品牌建设。所以从长期来讲，个体经营模式也没有可持续发展潜力。

4. 现有农药营销渠道模式存在的问题 上面所介绍的我国现有三种农药营销渠道模式在不同时期都发挥过很大作用，但现在的市场环境中，这三种模式已显示许多不足之处。农药使用到今天，对农作物的生产起了很大作用，但人们也越来越认识到农药对人类的负面作用，但是人类可以通过合理使用农药来部分避免这种负面作用。我国农民的文化水平较低，要合理使用农药必须要求渠道中各成员做好技术服务工作；而现有的渠道模式很难做到这一点：

（1）不能适应环保的要求。农药多为人工合成的化工产品，属于非天然物质，属于环境中的外来物质。把农药投放到环境中，有时会产生一些严重的干扰作用。农药施用后，相当多一部分分散到大气、水体、土壤中。有的药剂经过一段时间的降解，转变为环境中原本就有的天然物质，这样的药剂对环境可以说无毒、无害，或者说和环境相容性好。而有的药剂有效成分及其有毒代谢物会较长时间滞留在环境中而不消解掉，这就造成了环境污染。

我国现有的农药营销渠道成员从厂家、经销商到零售商大都从眼前的短期经济利益出发，根本不考虑农药对环境的影响。尤其是经销商和零售商，对于一些对环境相对友好的水微乳剂等新剂型和生物农药根本就不愿意推广，因为推广一个新的产品要花费很多精力，还不如卖一个老产品容易。渠道成员大都只想着把农药销出去，把货款收回来，至于农药对环境的负面影响根本不考虑。

（2）不能适应延缓农药产生抗药性的要求。病、虫、草害极易对农药产生抗药性，抗药性是有害生物种群的特征，是可以遗传的，抗药性已成为农药发展的限制因素之一。由于抗药性的产生，要对产生抗性的有害生物进行防治，必须提高药剂用量，这样不但加大农药投入成本，而且加大农药残留及对环境的污染。发展下去，药剂越用越多，药效却越来越差，直到有害生物无法用药剂控制的地步。抗药性的避免、缓解和治理要重点做好以下几点：①提倡综合防治，不完全依赖化学防治；②不要连续使用单一药剂，可以换用、轮用或混用作用机理不同的其他药剂；③提高化学防治技术，在有害生物最敏感的生育期用药，采用不同措施提高药效；④使用对抗药性治理有利的增效剂及利用具有负交互抗性的药剂组配。

要达到延缓抗药性、合理使用农药的目的，必须要做好以上四点，而要做好这四点，必须要有统一的组织协调和很高的技术服务。在20世纪80年代前我国农村尚未分田到户，那时对病、虫、草害进行统防统治，有规律地经常轮换使用农药，加之当时农药品种很少，也没有大量出现农药抗药性问题。而现在农药品种数量增加了许多，由于现在农药市场渠道成员没有统一的组织协调，各自为政，分散经营，又不提供合理使用农药的技术服务，从而加重病、虫、草害的抗药性。

（3）不能适应农产品安全及出口的要求。农药在植物体内有残留，对于某些持效期短的农药，残留量不会有大的影响。对于持效期长，有效成分化学性质稳定的药剂，残留就成了问题，最主要后果即是农产品被农药污染，人、畜、禽吃了被污染的农产品就有可能损害健康，所以必须要限定农、畜产品中某种农药的残留量，在这个残留量限值以下，人们正常食用这些食物才不会对健康构成威胁。2007年世界各国的媒体都聚焦在中国的出口产品安全上，国内人民也开始意识到这点，农产品的安全已成为社会各界普遍关注的一个热点问题。

现有的农药市场渠道各成员根本不需对农药残留投入太多的精力也能很好生存，因为现在农药市场上没有提倡“绿色营销”。所以，渠道各成员为了短期经济利益，不重视品牌形象，像一些个体经营户明知道高毒农药不能用于蔬菜上，但由于高毒农药销售利润高，个体经营户仍然将高毒农药卖给菜农，菜农认为只要能把病、虫、草害防治好就是好药，不顾及农药残留。现有的农药经销商和零售商规模太小，技术实力不够，也没有能力对农药残留进行科学判断。

（4）不能适应农作物种植结构调整的要求。2006我国人均GDP已突破2 000美元，这标志我国居民消费结构将发生较大的变化，一些高品质的农产品将大受欢迎，这将带来农作物种植结构的调整。这些调整将对农药产品的使用功能、包装规格、技术服务等方面提出新要求，要求我们在品种的多样化和专业化、功能的广谱化和专一化、规格的多样化和单一化等方面作出慎重决策，以满足不同地区、不同作物、不同生产规模的不同需要。

农药品种必须以多样化和个性化来适应农作物种植结构的调整，但现有农药市场的渠道模式过分注重分销功能，不重视技术服务和信息沟通功能，没有能力提供个性化的产品，解决农民遇到的实际问题，这很难适应农作物种植结构调整的要求。

三、农药营销渠道构建的原则及选择策略

1. 农药营销渠道设计原则

（1）一地一策原则。我国幅员辽阔，区域发展呈现明显的不平衡性，种植结构十分复杂，而且不同地区的农民在用药习惯、购买力以及对农药产品的认识和需求方面存在着很大的差异，加之考虑到企业自身的资源状况，不同区域应该采取不同的渠道模式，即一地一策。

（2）不可盲目仿效原则。为什么深圳瑞得丰在珠三角的渠道策略无法向外埠场拓展？为什么其他农药企业不能在珠三角市场采用深圳瑞得丰的渠道策略？这是因为经验不能克隆，成功不能复制。同样农药营销渠道的设计和选择应认真分析和权衡市场、产品、管理、财力等各种基本要素，产品不同，地域不同，市场发展阶段不同，企业可整合的资源以及面对的竞争态势不同，渠道模式的设计理应有所差异，我们不能不加分析地盲目效仿市场上现有的成功渠道模式。

（3）动态组合原则。渠道模式的差异实际上体现了不同企业与经销商之间不同的利益平衡方式，渠道策略应倾向于强化竞争优势以适应复杂多变的环境。企业在进行区域市场开拓时，随着市场环境的变化，其渠道模式应进行动态设计，而且在市场开拓期向市场成熟期发展过程中渠道策略应动态变化。

2. 农药渠道的选择策略

（1）名企选名商，名品进名店。强强联合是优势产品资源、优势渠道资源和优势营销资源的高位对接，这种互动模式使合作双方的资源能够相互匹配，更容易建立平等的合作关系，强者更强，很容易得到双赢的结果。

（2）利润高的产品，一般来说主要是新产品、专有产品，只有采用短渠道才能避免零售价格过高而影响产品的销售，同时足够大的利润又可以保证将产品直接送到渠道更低层次的中间商手中，渠

道覆盖密集度也能更大一些。利润薄的产品，一般都是成熟产品、常规产品，采用长渠道则可以减少许多销售费用，同时适当收缩网点则可以提高经销商的规模效益。

（3）根据营销战术需要选择渠道。农药厂商之间很少是一对一的合作关系，因此合作关系很松散；作为厂家来说，只有一个经销商既不安全也很被动，同时依靠单个经销商也很难将市场做深做透，因此将产品错开让网络互补的同级别不同经销商经营，既能很好解决上述问题，又能对漫不经心或有移情别恋迹象的经销商起到制衡作用。

（4）根据厂家实力选择渠道。大厂家选择小经销商，能更好地控制渠道，实现厂家利益的最大化；小厂家选大经销商，则可以充分借助经销商强大的营销实力和渠道实力，获得迅速发展。

（5）渠道管理和服务重心下移，而不是渠道下移。对我国目前大多数农药企业来说，渠道下移是一种认识上的误区，渠道下移不等于渠道层次的减少，更不等于能实现利润的最大化。任何渠道模式的成功都是有适宜条件的，渠道下移对厂家的区域配送能力、人员、管理各方面都提出了更高要求，哪一个方面控制不当都会出现销量增长而利润减少甚至得不偿失的情况，因此，渠道下移仍然具有很大的局限性。而管理和服务重心的下移则要更准确和适用，因为管理和服务重心下移，就相当于厂家直接管理和组建区域网络，而区域经销商则变成了厂家的仓储配送中心，此时区域经销商的投入减少了，只需留出很小的利润空间就能满足。所以，这样更有利于充分使用渠道资源，因地制宜来提高渠道运作效率。

四、农药营销渠道新模式

信息时代的到来，使信息更加公开化，市场透明化程度更高，市场竞争也更激烈。单就营销渠道而言，市场环境的日新月异和市场的不断细化，使原有的渠道已不能适应市场的变化和厂家对市场占有率及市场覆盖率的要求。同时，消费者的行为特征也发生了变化，他们的购买动机更趋于理性，方便、快捷、高性价比成为他们选购商品的判断依据。时变则势异，面对市场新的情况，渠道中各成员应冷静地分析现状，深入考察目标市场变化，捕捉机遇，正确认识自身的优劣势，结合自身特点对已有渠道进行结构调整，尝试和探索新渠道。

农产品的市场化，农业生产的集约化、专业化和作物类型的多样化，以及大量外向型农业的发展，迫切需要有新的营销渠道模式来适应。新的渠道模式必须满足农民的个性化需求和技术服务的需求，满足人们对农产品安全的需要，满足科学合理使用农药的需要，满足保护环境的需要。同时，我们还必须认识到我国各地经济发展的不均衡性，长期内必然有多种模式并存。

1. 农药连锁经营模式　连锁经营模式一般是指在一个统一的品牌之下，通过直营、特许、托管、连营等方式组成一个联合体，实现统一品牌、统一形象、统一管理、统一配送等模式的多店铺经营，使独立的经营活动组合成整体的规模经营，从而实现规模效益。

发展农药连锁经营，对商家来说，实行统一采购、统一配送、统一标识、统一经营方针、统一服务规范和统一销售价格，有利于打造经销商品牌，规范流通秩序，壮大规模经营，保证农药产品质量；对于生产企业来说，有利于实现生产与市场的有效对接，减少流通环节，提高流通效率，有利于借助连锁渠道的网点实现密集分销，做深做透市场。

从国外农药渠道的发展趋势和我国农药产业现状来看，专业化分工是必然趋势，况且我国农药生产企业规模实力都很小，因此渠道最终还是巨型商业资本博弈的领地。强势经销商与强势商业资本聚合而成的农资连锁将成为主要渠道业态，传统农资经销商将成为特大涉农流通商，对农资连锁形成有益补充。

近几年我国农药连锁经营正在兴起，国家也出台系列政策扶持。各地农药连锁经营企业还在不断探索，因为农药行业有其特殊性，不可能照搬其他行业的连锁模式，需要根据行业的实际情况进行创新和完善。

(1) 模式介绍。农药连锁经营与其他行业连锁经营相似，在市一级设立一个总部负责日常管理、采购、信息收集、品牌经营、物流配送等。在市场容量较大的乡镇设立直营连锁店，在市场容量较小的乡镇或较大的村设立加盟连锁店，这样可节省后面的投资费用和人员成本，各连锁店直接面向农民销售农药。农药连锁经营模式示意见图 4-6。

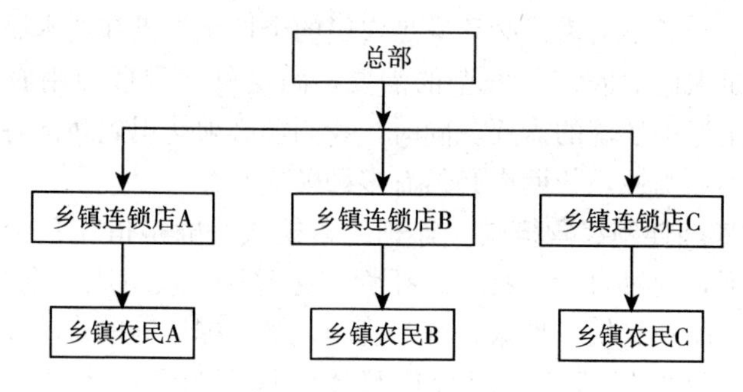

图 4-6　农药连锁经营模式

连锁经营需要有规模效应，一般一个乡镇农药连锁店的年销售额不大，销售额小的只有 10 万元左右，大一点也就 100 万左右，这样就很难保证乡镇连锁店能赢利。为了能形成规模，许多农药连锁店也同时经营化肥、农膜、种子等农资产品，所以就称为农资连锁经营。

农药连锁经营模式具有以下特征：①组织形式的联合化和标准化。所有的连锁店使用统一的店名，具有统一店貌，提供标准化的服务与商品。所以，如果只有店名和店貌的统一而无服务和商品的标准化，不是真正意义的连锁，按此连锁方式经营必败无疑，如现在有一些小型的所谓农药连锁店，经营失败的原因就在这里。②经营方式一体化。连锁经营采用统一采购、配送、零售的一体化，从而形成产销一体化或批零一体化的格局。③管理方式的规范化和现代化。为了经营方式的一体化和专业化，必须实现购销职能的分类，必然要求连锁总部强化各项管理职能，同时必须引进相应的电脑来管理信息系统，并运用远程通讯网络将整个连锁经营单位连为一体。

（2）优劣势分析。

优势：①农药连锁经营模式由总店直达乡镇连锁店，不经过二级批发商，渠道变短变宽了，减少中间环节，提高流通效率；②统一采购有利于降低采购成本，从而形成价格竞争优势；③直接面对农民，有利于在更高层次上满足农民的个性化需求；④注重品牌建设，能将短期利益和长期利益很好结合起来，对于推广低毒、高效、环保农药有很高积极性；⑤国家大力支持，商务部、农业部、全国供销合作总社等单位联合下文扶持农资连锁经营，并给予资金、税收等方面的支持。仅2004年农业部就在每省选一个农资连锁经营示范项目，而所给项目经费平均达到200万元。

劣势：①农药连锁经营模式为了节省成本不能提供很多的技术服务，安全合理使用农药的问题难以解决，且不能满足农民的个性化需求；②信息沟通难度较大，由于农药连锁店大都设在乡镇，通信条件的限制制约了信息的沟通；③物流配送成本过高，一个乡镇连锁店一次农药需求量较小，但运输距离较远，这样就加大了配送成本；④农药经营利润率较低，且单个连锁店的营业额太低（年营业额一般不会超过100万元），这样就没有规模效益，赢利很难；⑤农药连锁模式与传统渠道模式的冲突。

通过以上分析可以看出，农药连锁经营与其他行业连锁经营一样，需要有一定规模才能赢利，并且要有价格竞争优势，这就要求企业从各个方面降低成本，包括不能提供太多的技术服务。我国不同区域的种植结构对农药的技术服务要求不一样，在经济作物种植区，病、虫、草害的发生比较复杂，程度也较重，要求提供的防治技术较高，经济作物的附加值也高，农民能够接受高价位的农药；而在大片粮食作物种植区，病、虫、草害的发生较简单，要求提供的防治技术较简单，粮食作物的附加值较低，农民只能接受低价位的农药产品。因此，农药连锁经营不太适合经济作物种植区推广，而在大片粮食作物种植区推广则比较合适。因此农药连锁经营模式适合在大面积、低附加值农作物种植区推广，如在东北的玉米、大豆种植区，华北的小麦种植区，长江流域的油菜、水稻种植区等。

冷静审视分析一下我国农资行业的发展现状，便不难发现在农资连锁经营的实践中还有不少风险因素存在。企业在发展农药连锁经营中，要注意把握好以下几个条件：①企业要有相当的经济实力；②要有先进的管理模式、管理手段和过硬的管理队伍；③要有一定知名度、信誉度的企业品牌；④慎重选择连锁经营店面。

2. 台湾兴农模式

（1）模式介绍。台湾兴农模式是台湾兴农公司创立的以技术服务带动农药销售的一种模式。台湾兴农公司是台湾一家农药产品销售公司，在台湾农药市场占有率达到80%，大多数国外农药产品想进入台湾基本上都需借助兴农公司的经销网络。兴农公司通过兴农农技员向农户提供病、虫、草害的预报和防治服务，进而达到销售农药的目的，兴农公司优良的技术服务使公司的品牌美誉度非常高。台湾兴农公司于2002年在广东中山开了十几家店，现正在大陆推广新农模式。兴农模式见图4-7。

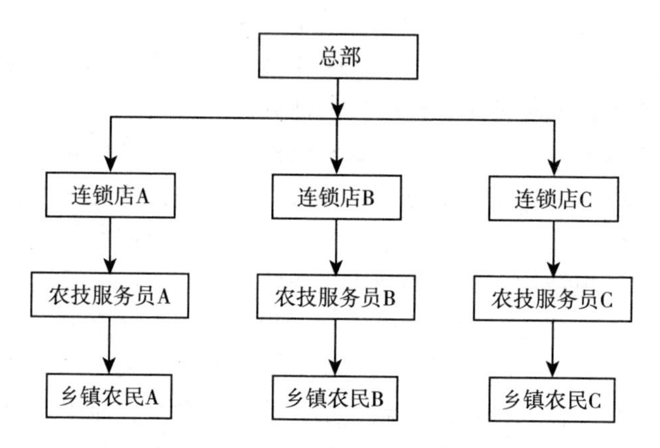

图4-7　台湾兴农模式示意图

兴农模式与农药连锁经营有相似之处，但最大的差异在于兴农模式是通过技术服务来销售农药，这种模式非常注重售前的技术服务，就像医院先看病再卖药一样。除了提供农药方面的技术服务外，还提供农作物种植管理方面的增值服务。

（2）优劣势分析。

优势：①先提供农业技术服务，然后再销售农药，符合科学使用农药和合理使用农药的要求，且符合农作物种植结构调整所带来的农民对农药使用技术的更高要求；②满足了农民文化水平较低，而对农药的个人性化需求加大的现状；③渠道变短，可以集中采购，采购成本和渠道成本降低。

劣势：①增加了农技服务员，人员费用增加了；②如果仅销售附加值不高的农药很难赢利；③只适合在高附加值的农作物种植区实行，如在珠三角、胶东半岛等农产品出口加工区推广。

通过以上分析可以看出，台湾兴农模式特别适合一些高附加值农作物种植区，如大城市周围的蔬菜种植区、沿海一带的农作物出口加工区。台湾的农户接近大陆农民的实际，但台湾的农民占总人口的比例较小，政府给予农业很多补贴，农产品的价格较高，这就跟大陆某些发达地区类似，如在广东珠三角一带，有许多大型菜场专供香港市场，又如山东胶东半岛的蔬菜出口日本、韩国等，附加值也较高。

3. 农药农产品物物互换模式

（1）模式介绍。物物互换模式就是农民利用家中的农产品，按照农药零售商能认可的价格来等价交换所需的农药，农药零售店将换得的农产品交回总部，再由总部设法销售出去或进行深加工，当然用采交换的农产品必须能存放一定时间且价格在一定时期内相对稳定。采用这种原始的物物交换模式，可帮助农民解决两大难题：一是农民购买农药时不一定有现金，或者手头的现金很紧，要他拿一定现金去购买农药可能会使他放弃购买其他物品，或者他会购买其他更紧要的物品而放弃购买农药；二是农民平时对市场信息了解不够，造成家中的农产品要么很难卖，要么低价卖出。农药农产品物物互换模式示意图见图 4－8。

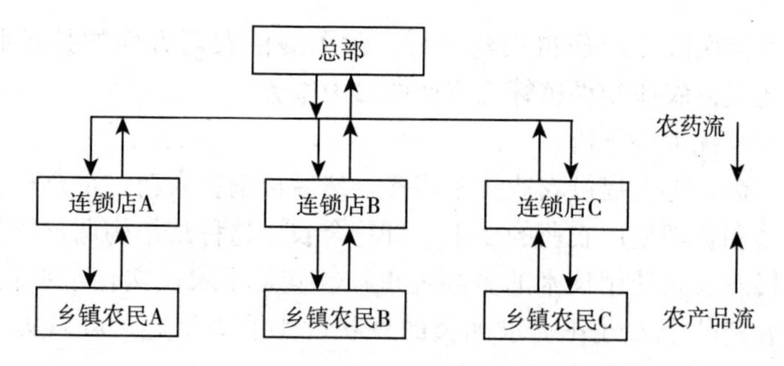

图 4-8　农药农产品物物互换模式示意图

农药连锁公司在连锁店销售农药，但不是收回现金，而是按照当时等价值的农产品来交换，或先将农药赊销给农户，等农产品上市时按双方事先约定的价格归还等价值的农产品给农药连锁店，农药连锁店再将收回的农产品销售出去或进行深加工。

（2）优劣势分析。

优势：①这种模式可以帮助农民解决卖农产品难和缺乏现金两大难题；②农民用农产品换农药时一般都会低估农产品的价值，这样换回的农产品又有增值的可能；③因为农民对农产品市场信息不易掌握，所以农民对现金支出比较在意；而对作为交换物的农产品一般不在意，这样非常有利于农药销售；④农药连锁公司容易形成农产品加工产业链，从而获取更大价值；⑤国家政策扶持农业产业化，对于这样帮农民消化农产品的企业会提供优惠政策。

劣势：①换回的农产品需要出售或深加工，对企业的经营能力提出了更高要求；②农产品价格经常波动，如处理不当，会有贬值的可能；③用来交换的农产品只能是可以长期存放的大宗农产品；④农户赊销具有一定的风险；⑤很容易模仿，进入门槛较低，容易形成恶性竞争。

从上分析可以看出，物物交换模式特别适合于农产品商品化率不高的地区，用于交换的农作物必须要有一定的保质期，且价格在一定时期内保持相对稳定，因此物物交换模式在内地尚不发达的大宗农作物种植区最易推广。

4. 外包模式

（1）模式介绍。我国农村的组织结构从发展趋势来看，应该是朝合作化和规模化方向发展，可以有农业产业化组织、农场、农民专业协会、土地承包大户等，这些单个农村组织拥有的土地面积可能达到几千公顷甚至上万公顷，而种植的农作物相对集中，一次农药使用量会很大，在这种情况下可以有专门的植保公司来承包这些大型农业组织的病、虫、草害防治，这就是外包模式。在国外，大农场土地面积较大，就经常将农作物病、虫、草害的防治外包给专业植保公司。外包模式的示意见图 4-9。

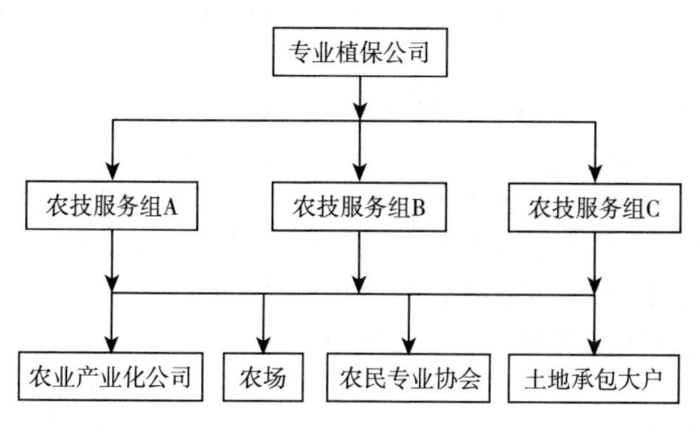

图 4-9　外包模式

（2）优劣势分析。

优势：①专业化外包方便了这些大型农业生产组织，有利于大型农业生产组织做好主业；②对农作物整个生产期提供技术服务；更能科学合理用药；③可以节省人力成本，并大大节省用药成本；④专业植保服务公司与大型农业生产组织直接沟通，省去中间环节，降低了费用。

劣势：①如果病、虫、草害防治不当，专业植保公司将要承担由此带来的损失；②对于农技服务人员素质要求较高；③需要一些大型的施药机械，增加了固定资产投入；④进入门槛较低，一旦有市场，竞争者很容易进入。

从以上分析可以看出，外包模式专门为大型农业生产组织服务，这种模式符合社会专业化分工的要求，并能大大提高劳动生产率。随着我国农业生产组织结构向规模化方向发展，外包模式必将得到大力推广。

5. 厂商合作模式 厂商共同出资组建区域销售公司，厂商双方共同参与到市场建设当中。通过组建区域销售公司实现区域市场的公司化管理与运作，厂商就可以进一步加大对市场及渠道的掌控权，有利于市场的精耕细作，最终达到市场最大限度的渠道覆盖，实现市场的规模效应，以及产品占有率、利润率最大化的战略目的。这种方式，同时也可以解决诸如窜货、倒货等诸多市场运作困惑与难题。

6. 区域物流商模式 通过借助现有经销商的物流配送平台，共同打造跨区域的物流配送高，厂家可以开源节流，整合和优化运力资源，提高产品配送速度，有效降低物流配送费用；作为经销商则可以广开财源，赚取更多的产品利润及物流收益，促使双方能够更好地控制市场和下游渠道商，从而获得双赢。

7. 项目化运作模式 实现项目化运作就是让商家成为厂家某一或多个品类产品的大区域经销商，这个大区域概念，可以是地级区域，也可以是省级或全国运作。不过这种运作只能是建立在产品细分、市场细分的基础上，要求厂家研发力量强大，能够合理开发出不同层次、不同规格、不同品类的符合市场需求的产品，它可以是多品牌运作，也可以多品类运作，也可以分渠道、分品类运作，通过品牌、品类差异，实现区域联销；合作经销商则要具有“分割一方”成为“诸侯”的条件，比如具备强大的财力资源、充足的配送车辆、合适数量的营销人员等。

这种合作关键是厂商双方都要有长久操作市场的战略眼光，要有一种合作默契，有一种长期合作、持续对市场投入的长远打算。此外，还要对经销商实施有效管理。

8. 编外合伙人 合伙人制就是将销售额达到要求的经销商发

展成为企业的合伙人，该合伙人不同于企业的股东，只是一种名衔，但它可以享受企业规定的一定比例的年终分红、企业补贴等相关待遇。通过不断发展经销商为合伙人，最大限度地笼络经销商，激发经销商销售的积极性，从而让经销商在增加产品销售利润来源的同时，让企业也能够从中获利。

五、各种营销渠道模式的选择应用

1. 农资连锁经营模式的特点　其特点是规模经营、农药产品价格低、具有品牌效应，但提供的技术服务较少，这种模式适合于大面积、低附加值的单一粮食作物种植区，像江汉平原的棉花种植区及水稻种植区等。单一粮食作物种植区病、虫、草害的防治相对简单，需要的农技服务也较简单，但由于此类作物的附加值一般较低，农民需要的是一些低价格的农药，农资连锁经营模式的特点正好适应这种要求。当前，我国正面临农作物种植结构调整，经济作物面积会增加，而粮食作物面积相应会下降，但由于我国需确保粮食的安全供应，以后粮食作物种植面积依然会很大，因此农药连锁经营模式应该是以后我国农药市场的主要渠道之一。目前我国许多地方正在尝试农药连锁经营模式，但运行效果不理想，主要问题是管理不规范及网点太少没能形成规模效应，这需要农药连锁企业按照连锁企业的特点加强管理，尽快形成规模效应。

2. 台湾兴农模式的特点　其特点是能够提供优质农业技术服务，通过技术服务来销售农药，农药的销售价格较高，这种模式适合于高附加值的农作物种植区，例如胶东半岛的农产品出口地区。高附加值农作物种植区农作物结构复杂，病、虫、草害防治需要较高的技术，而农民本身的专业技术水平有限，往往需要农技人员的服务，台湾新农模式正好适应这种需求。农民种植高附加值农作物的收益较高，能够承受高价位农药。我国正大力发展高附加值农作物，像大城市周围的蔬菜种植区、沿海一带的农产品出口加工区、云南的花卉出口区等，台湾兴农模式的推广区域应该会越来越广泛，以后也可能成为我国农药市场的主渠道之一。

3. 农产品农药物物互换模式的特点 其特点是能帮助农民解决卖农产品难和缺乏现金的难题，这种模式适合在农产品商品化率较低的农作物种植区推广。随着我国经济发展水平的提高，农产品的商品化率会相应提高，因此这种模式的推广区域有限，只能作为我国农药市场的辅助渠道之一，目前我国还没有试行这种模式。

4. 外包模式的特点 其特点是能提供直接的专业化农药销售和服务，适合于大型农业生产组织。随着我国土地流转集中化的趋势和农业向规模化和集约化方向发展，这种模式应该有较好发展前景。但由于我国农村人口众多，劳动力素质较低，大型农业生产组织的数量不会很多，因此外包模式也只能成为我国农药市场的一个辅助渠道。目前在我国少数民营体制的农场，外包模式已在尝试推广。

综上所述，现有的三种渠道模式虽然存在一些问题，但经过改进还能在一定区域内使用。农资公司模式由于体制原因已积重难返，一种改进办法就是改变体制变成个体经营或股份经营；农业三站模式也要改变体制，可以向台湾兴农模式转变；个体经营模式适应市场的能力非常强，它会及时根据实际情况调整策略，加强品牌建设，形成规模经营，或者加盟农药连锁经营企业，这种模式也将在大多数地区长期存在。

我国地域辽阔，各地区差异非常大，经济发展水平也不尽相同，这就需要我们根据各地的不同情况来选择合适的农药营销渠道模式。即使在一个地区，由于农作物种植结构较复杂，也可以有两种甚至两种以上模式同时存在，除了以上所提及的模式外，还可以有其他模式存在。

【链接】

农药行业是一个市场容量不大且比较微利的行业，社会资源特别是资本和人力资源在农药行业配置较少，生产和经营农药的企业规模都较小，在沪、深两个证券交易所以农药为主营业务的上市公司中，2006年营业额最大的新安股份公司农药营业额仅为13亿多人民币。2007年度中国500强企业最后一位营业额为73.8亿元人民币，全国没有一家农药企业入围，可见农药经营领域的企业规模偏小。但农药又是农业生产必不可少的生产资料，关系到我国9亿农民的生产生活和我国的粮食安全，是一个非常重要的行业。近年来我国农药行业所面临的环境发生了巨大变化，农药营销渠道已不能适应这种变化，应该进行变革。农药营销渠适应变成什么样？这是所有从事这个行业的人都在探讨的难题。

一个新生事物产生要面临很多的困难和阻力，农药新渠道模式的推广也不会一帆风顺。推广渠道新模式首先要选好条件合适的地区，然后要有足够的人力、财力支持，最后管理一定要跟上，否则很难成功。虽然现在很多地区推广农药连锁经营模式遇到了很大的困难，尤其是赢利很难，但这毕竟是发展方向，国家近年来出台了系列政策扶持农药（农资）连锁经营，如“万村千乡”工程等。农药连锁企业只要根据实际情况不断调整具体操作思路和方法，适应环境的变化，就能取得成功。新的农药渠道模式可以在小范围内先试行推广，等取得经验后再推而广之，这样遇到的阻力会小些，成功的把握也会大一些，切不可贪大求全，否则很可能不成功，并且很容易将新模式彻底否定掉。

新的渠道模式还需在实践过程中对其绩效进行评价。评价渠道是一件复杂、细致、需花费大量时间的工作，往往需要收集大量的信息。但考虑到渠道运作环境、消费者需求的变化及渠道长期运作中形成的惰性，对渠道进行定期或不定期的评价和调整是很有必要的。

【练习与思考】

1. 试述我国农药营销现有的三种渠道模式及其存在问题。
2. 试述农药营销渠道设计的原则和选择策略。
3. 试述农药营销新模式及其选择应用。

任务 2 农药市场调研

【知识目标】

1. 农药市场调研的现实意义；
2. 农药市场调研的对象和内容；
3. 农药市场调研的方式和途径。

【技能目标】

1. 学会制订合理的农药市场调研计划；
2. 学会采取恰当的市场调研方式；
3. 会对农药市场调研结果进行合理的分析。

市场信息是企业营销思路、战略政策等制订的重要基础和依据。只有进行全面的市场调查，才能在风云变幻的市场环境里准确决策，把握住市场机会和方向。现今的农药营销管理和发展要求我们必须更多地关注消费者的需求和欲望，以及自身所处的竞争环境，并通过有效的市场调研来掌握更多最有价值的信息，并据此制订出科学的营销战略，调整好自己的产品和服务，准确进行市场定位，以便能比竞争对手更好更快地满足农民消费者的需要，进而在竞争中不断获胜并成功实现企业的全面目标。

市场调研是农药生产和经营企业决策的理论依据，是农药厂商制订生产营销思路、战略政策的重要基础。只有进行全面的市场调查，才能在激烈的市场竞争中及时掌握第一手的资料，把握好市场机会和方向，拥有主动权。一个再先进的企业想单独依靠企业内部的智慧和劳动已无法适应农药市场发展的步伐，最终只有“死路一条”。只有通过市场调研找准产品发展方向、准确进行市场定位，才能准确把握住市场发展的脉搏，才能成功实现企业战略目标。

一、市场调研的现实意义

农药作为特殊商品，服务的是广大种植业农民，作用的靶标是作物病、虫、草、鼠害。我国耕地面积幅员辽阔，各地作物种植结构、土壤理化性质、气候环境、病虫草害发生状况及当地用药习惯等千差万别。根据市场调研，进行市场细分，寻找目标市场，是农药企业进行市场营销的前提和基础。

市场营销观念认为：企业要想取得各项目标的成功，最为关键的就是能准确认识目标市场的需要和欲望，并将这种需要和欲望转化成实实在在的满足，而且要比竞争对手更高效地传送给目标市场和需求者。

市场调研历来是国内企业的弱项。跨国公司在进入国内市场之前，往往会不惜巨资对中国的市场作详细的市场调研，聘请专业咨询公司，拿到翔实、科学的分析报告后，再决定是否进入某一市场，如麦当劳、肯德基、沃尔玛等。大部分国内企业的市场调研则相对较弱，以粗放、定性的方式为主，缺少详细的数据分析，浅尝辄止的多，深入市场的少。

党中央提出“建设社会主义新农村”，农业部门提出“绿色植保，和谐发展”的理念，这些都是对农药企业提出的新课题，对企业产品开发战略和市场营销战略提出的新挑战。“适者生存”，农药企业没有别的选择，只有深入调查研究，满足“三农”需求，制订新型产品战略和营销战略，才是企业生存、发展之道。

二、市场调研计划

企业生产经营需要的信息资料很多，而市场正是一个庞大的信息系统。市场调研不是盲目地想起一件事就去做一件，而应该结合企业生产经营实际，抓住重点，有步骤、有计划、有目的地进行调研。为了信息搜集的针对性，在调研时要根据调研目的制订出调研课题，确定出调研范围，拟订出详细的调研计划。调研计划应包括调研课题、时间、人员、地点、方法等相关内容，调研超过 3 人小组时还需进行责权分工，选出临时负责人，以提高调研效率。

市场调研计划一般可分为常规的市场调研计划和特定的产品调研计划。常规的市场调研计划主要是定期收集来自国内外政府部门、行业组织、领导企业等方面的信息，从而对所处的外部环境，如政策、经济、技术、竞争态势的情况、自己的目标等进行初步的评估，确保对主流趋势的把握；特定的产品调研计划主要是对产品上市整个过程的市场表现、市场机会、市场威胁等进行调研。

总之，市场调研计划一定要详细设计，明确调研所需要资料的获得途径，拟出调研方式和对象、内容、分析等；对所获得的资料进行编辑、系统整理，力争做到完整与一致；调研总结，对所发现和所获得的结果进行描述和简要总结。

企业在年初要设计好本年度调研计划，并将计划层层分解到每一个月份，每月都有不同的课题。一般情况下，企业的调研工作都按计划进行就可以了，当然在特殊情况下可紧急制订临时调研计划。

①为使调研更有目的性，企业应广泛收集来自报刊、电视、电台、网络等方面相关的信息，从而对企业所处的外部环境，如政策、技术、竞争对手产品开发、市场销售策略等情况进行全面的了解，从而确定出不同时期的调研方向，而不是盲目的确定一个目标；②在每次调研之前要进行详细调研设计，明确调研方式、对象和内容，同时对调研工作有分工，做到既分工明确，又相互配合；③对调研中所获取的资料要及时进行系统整理，筛选出对自己有用的信息，而不是眉毛胡子一把抓，到头来资料一大堆，可用的东西很少，调研目的没达到，反而浪费了大量的人力、物力；④每次调研都要有始有终，切忌虎头蛇尾，每次结束后要适当做出总结；对所发现的和所获得的结果进行描述和简要总结，汇总出有用的信息，避免每次调研结果都是老一套。

三、市场调研的对象及内容

市场调研是为市场营销服务的，没有很好的市场调研，企业就很难制订出科学合理的营销战略，难以研究设计生产出经销商和农民朋友喜欢的产品和包装，不能合理地给产品定价，难以制订出行之有效的销售模式和推广形式，因此在市场调研时必须做到有的放矢，使调研能够真正为销售服务，而不是流于形式。

1. 宏观环境的调查

（1）企业生存的环境。首先要关注大环境，包括国家宏观经济环境、农资相关法律、法规、农资方面相关管理办法等，这些方面对企业短期影响不是太大，但对于企业的长远发展就显得十分重要，如高毒农药禁止使用就对企业发展十分重要，如果企业盲目上马，势必难以取得较好的效益。

（2）还要关注自然环境包括人文、风俗、地理等。针对不同的地域特征开发不同的产品和不同的商品，尤其是商品名，更要注重地域性，防止自己注册的商品名与当地农民的禁忌冲突，否则不仅该产品难以销售，还会影响到别的产品销量。

（3）市场环境。包括农药行业市场发展前景方向、原材料供应、市场需求、赢利企业的比率、整体的赢利率或亏损率、行业销售费用比率等。只有将这些因素进行调查分析后，总结出对自己有利的东西，才会使企业在实际营销中审时度势，因地制宜，及时制定出切实可行的产品开发和营销战略。

2. 主要竞争对手及潜在竞争对手的调查

（1）主要竞争对手的调查内容。主要包括产品开发状况、技术力量状况、市场价格状况、市场营销情况、盈利状况等，根据各指标比较描绘出自己相对于竞争对手的优势和劣势，从而选择正确的市场策略。

（2）潜在竞争对手的调查内容。包括其产品情况、销售数量、规模、发展动向等方面以及替代品的现状和发展趋势，从而明确自己当前所面临的威胁和挑战，在营销战略、产品开发、行业介入等方面避重就轻，准确定位，准确决策。

3. 客户调查　通过正面或侧面渠道调查一些客户资料，如客户地址、公司名称性质、负责人、地理位置等基本情况以及资信、推广能力、销售网络、经营状况、销售规模、经营特长等，这些也是建立、管理和维护客户档案的基础，是厂商降低合作风险、扩大合作范围和深度的重要依据，通过对客户需求变化、产品质量、服务等方面的意见调查和农资市场各类产品走势，主导产品、竞争产品的销售情况、价格包装等调查，实地了解到可靠的信息，以便生产企业进一步规范服务管理、提高产品质量、改进生产工艺，从而提高客户满意度，维护老客户，开发新客户。通过这些调查跟踪，使我们的产品更能够贴近市场，更能把握市场脉搏。

4. 市场结构和需求调查 区域农作物种植结构、种植模式、农作物生育期、病虫草害发生态势及防治时间、可接受的农药价格水平、农药使用方法、常用农药及各类产品走势、区域主导产品、包装情况等。只有了解清楚以上这些信息，才能做出更适合区域市场的产品组合决策。

四、市场调研的方式

调研的基础是调查，是在调查的基础上对从经销商、农民等不同层次及不同区域收集来的数据进行汇总，而后再分析判断，为企业生产、经营及销售目标服务。不同标准的市场调研，采用的调研方式和手段也有所不同。

市场调研信息的收集一般可分为二手资料收集和一手资料收集。

1. 二手资料 指从文献档案中收集的资料，包括企业内部统计资料和外部政府、行业协会、大众传媒、期刊杂志上发布的产业信息等，所以一般市场宏观环境的调查主要是二手资料。

2. 一手资料 指企业实地调查收集的资料，主要的实地调查方法包括访问调查、观察调查和实验调查三类。

（1）访问调查。农药行业目前采用较多的主要是访问调查中的面谈调查和留置问卷两种。

①面谈调查。指调查者按照一些预定的调查目的，自己提出问题进行询问，被调查者回答这些问题也有充分的自由。面谈调查具有直接性和灵活性的特点，同时面谈调查了解的问题回收率高，但

在调查过程中被调查者的意见容易受到调查人员带有倾向的意见影响，造成调查结果准确率下降。

②留置问卷。由调查人员将调查问卷当面交给被调查者，说明填写要求，并留下问卷，让被调查者自行填写，再由调查人员定期收回的一种市场调查方法。

留置调查法的优点是：问题标准化和科学性较高，调查问卷回收率高，被调查者可以当面了解填写问卷的要求，不会因为误解调查内容而造成误差，同时被调查者的意见可以不受调查人员意见的影响，填写问卷的时间较充裕，便于思考回忆。

此外，不同调查目的，面对的调查对象也不同。如为了调查竞争对手，主要应该把经销商作为被调查对象，因为只有经销商清楚竞争对手的质量、价格、利润空间、销售情况、优缺点、促销手段、运作模式等；如要调查宣传品的实际效果，主要调查对象应该是消费者，看他是从什么途径了解到产品信息的，偏好哪一种途径。

为了定性和定量分析的需要，问卷问题和答案种类都要根据调查目的来设定，必须先设定每个问题所要得到的答案种类（如是或否、考虑顺序；如先考虑质量或是价格）、重要度评分（如产品的各种功能相对重要性）或自由意见。同时，问题的顺序和数量也要注意合理安排，一般前面的问题易于回答，以选择题为主，自由回答应该放在最后，问题最好在5～6个为宜。

（2）观察调查。观察周围事物是人的一种本能行为，而观察调查作为调查方式则更强调目的性。观察调查是通过观察被调查者的活动取得第一手资料的一种调查方法，由调查人员直接或借助仪器把被调查者的活动按实际情况记录下来。农药行业可以通过观察调查来了解消费者的购买过程，了解推销员的推销过程来总结优点和不足。

（3）实验调查。实验调查是指市场调查人员在给定的条件下，对市场经济活动的某些内容及其变化加以实际验证，以此衡量其影响效果的调查方法。通过实验调查取得的市场情况第一手资料，对预测未来市场的发展很有帮助。如为了提高产品价格，可以运用实验调查，在选择的特定区域和时间内进行小规模试验性改革，试探市场反应，然后根据试验的初步结果，再考虑是否需要大规模推广。这样做有利于提高工作的预见性，同时还可以有控制地分析、观察某些市场现象间的因果关系及其相互影响程度，另外实验取得的数据比较客观可信。实验调查在农药行业同样能得到广泛的应用。一般改变商品品质、变换商品包装、调整商品价格、推出新产品、变动广告形式内容、变动商品陈列等，都可以采用实验调查测试其效果。

考虑到成本和效率问题，农药行业的市场调查一般采用抽样调查方法。抽样调查就是从调查对象全体中选择若干个具有代表性的个体组成样本，对样本进行调查，然后根据调查结果来推断总体特征的方法，判断抽样法在农药行业中应用较广泛。

调研要深入基础，不能只求皮毛，在信息收集过程中调研人要有一定的调研技巧和行业领悟能力，要能根据调研课题选择出代表性的市场、人员，并根据调研要求设定合理的渠道比例来进行信息采集。

农药经销商、农药用户等渠道是专业性渠道，其构成市场调研中信息采集的重点，对此可通过问卷调查了解到市场中的经销商、客户构成、病虫害发生情况、农药产品交易量等信息，通过对植保站、农药经营企业等业内专业人士的访谈，及时了解到行业内一些前沿信息；农资方面的报纸、网络、电视等渠道为辅助性渠道，如参考农药植保报纸杂志、网站、农药行业展会搜集更多竞争对手的信息，通过辅助性渠道的补充，有利于促进对专业性渠道采集信息的充实和论证。行业的领悟性要求调研者在信息收集过程中善于采用多种方式来达到调研目的，如运用现场观察、电话咨询、问卷调研等调研手法，收集信息的同时分析市场，能够透过表面的市场现象捕捉真实的市场资料，确保采集信息的实效价值。

五、市场调研的途径

（1）各级农技推广和植保检疫部门是农作物病虫草害预测预报

的权威部门。我国在作物种植、病虫草害治理预防领域有完整的技术指导体系，从全国农技推广中心、省级、市级以及县、乡村都有对应的相关部门，对当地病虫草害发生历史、现状及其规律了如指掌，广大农技测报人员深入田间地头，掌握第一手资料。对当年的病虫测报具有一定的权威性，是广大农药企业市场调研的第一对象。理顺关系，借助植保系统，第一时间获取相关植保信息是农药企业市场调研的关键环节。

（2）农业研究院所、农业及化工高等院校是企业产品开发、市场定位的高级参谋。国内农业研究院所、农业高校汇聚了一大批从事农药开发及应用的专业技术人才，他们常年工作在农药研究领域，熟知国内外的农药产品开发及市场推广应用的方向。国内每一次大的突发性病虫草害的发生，都会孕育一些知名产品，而这些产品大多是依赖科研院所背景的。市场机遇总是钟情于有思想准备的企业，而这些新思想大多来源于科研院所。

（3）农药经销商是农药市场信息的集散地。随着农资市场的逐步放开，从事农药销售的分销商队伍也在向多元化发展，既有农资系统、植保系统的原班人马，也有挂靠农林水等单位的“新生代”——个体户。具体从事农药销售的商户目前还无法准确统计，但几乎每个县乡少则几家，多则几十家的事实告诉我们，这是一支极为庞大的队伍。基层分销商直接从事农药经销，和广大农户直接面对面接触，了解农民和市场的需求，是企业和农户联系的纽带和桥梁。他们熟知当地病虫草害发生现状及农民用药习惯，同时，他们也会极力宣传企业产品。基层乡镇经销户是农药应用信息收集和发布的前沿阵地，但是由于受利益驱动因素的影响，收集的信息难免出现鱼目混珠、泥沙俱下的情况，需要市场调研人员去伪存真加以辨别。

（4）农家院落、田间地头是增加感性认识的源头。“实践是检验真理的唯一标准”，验证信息来源的真伪，判断病虫草害发生的现状，查看药效，指导用药，就需要深入田间地头，和基层农技人员、广大农民朋友进行面对面的沟通，增加对病虫草害防治的感性认识，倾听广大农民对农药产品及其服务的需求。深入田间地头，才能确保信息搜集的及时性、准确性。

六、调研结果分析

对市场调查结果的分析应该是决定农药企业实现有效调研的关键，即市场调研是否成功的考核。我们应该通过市场调查，研究得出有关以下几个方面的分析结果：一是本企业生产产品在市场中的市场份额、销售量等，同类企业在某一地市场中的大概份额和销售分析，从而明确自己在市场中的位置；二是农药市场发展的短期预测和长期预测，对农药市场进行需求分析，确定自己的发展方向；三是与自己同类生产厂家的竞争产品研究，分析自己产品的优缺点，自己新开发产品由市场接受情况及需求量分析，明确自己产品的生产研究方向；四是农药产品的市场价格和渠道、广告等状况分析，了解农药市场价格趋势，给自己的产品价格定位打好基础，使自己的产品定位更加合理，广告更加及时，产品更具市场竞争力。

农药企业可以用市场调研报告作为决策依据，常见农药企业日常市场调研报告应具备以下基本内容：

（1）调研的课题、时间、地点、人物；

（2）本企业产品在当地市场中的位置（品牌、市场份额、销售量）；

（3）当地作物种植结构及发展趋势（结合本公司现有产品需求）；

（4）当地病虫草害发生发展的趋势及预报（本公司如何适应）；

（5）当地市场近期出现的新特点（产品规格、包装、剂型等）；

（6）当地市场需求的潜量分析；

（7）当地市场发展态势的短期预测和长期预测；

（8）当地主要竞争对手发展状况及产品销售情况；

（9）国内新产品开发的方向；

（10）当地新市场进入的门槛；

（11）该区域价格和渠道状况分析；

（12）公司区域广告投入的力度；

（13）企业经营过程中存在的问题；

（14）意见、建议和结论。

我们必须用正确的营销理念指导市场调研，让市场调研更好地为营销服务，为企业的发展与创新铺路架桥，为企业领导正确决策提供坚实的基础。

【练习与思考】

1. 试述农药市场调研的对象和内容。
2. 试述农药市场实地调查的主要方法。
3. 试述农药市场调研结果分析的主要内容。

任务 3 客户网络构建

【知识目标】

1. 传统农药客户网络构建的弊端；
2. 新形势下农药客户网络构建的策略。

【技能目标】

能分析农药客户具体情况，恰当选择客户并建立客户网络。

改革开放之初，我国的农药法律、法规不完善，管理措施不到位，市场营销体系构建处于原始的萌芽状态，导致农资市场局面混乱。由于利益驱使，各大大小小、真真假假的厂家如雨后春笋般蜂拥而至。

随着农药法律、法规的建立、健全和规范，行业的大浪淘沙，企业间的不断竞争、洗牌、整合、兼并、重组，使农资行业逐渐从混乱走向有序。为在竞争浪潮中成为一方霸主，越来越多的农药企业开始关注新型营销体系的构建和管理。

俗话说："打鱼要靠网，划船要靠桨，蜘蛛生存靠织网，世界联通因特网"，可以说每一个经营出色的企业都必须具有一个庞大而高质量的客户网络基础，也就是说只有经营好客户网络才能经营好市场。客户网络的强弱直接关系到企业产品的市场占有率、新产品推广成功率、品牌知名度提升及利润的实现。

一、传统客户网络构建的进程及缺陷

1. 空中楼阁 在农资行业的计划经济时期，供小于求，厂家和商家都不多，且以国有体制占主导。厂家主要选择省级具有垄断性质和基层网络较健全的农资公司、农技推广站、植保站等国企单位合作。这时，省以下的二三级客户网络基本上掌握在少数省级代理商手中，厂家对下面客户网络的信息不对称。同时，这个时期，厂家几乎不研究客户网络构建问题，但受体制的限制，整个经营方式不灵活。

2. 昙花初现 随着农资行业的调整和市场化进程的发展，计划经济逐渐向市场经济转化，非国有体制的厂家也孕育而生。随着产品供小于求的格局逐渐被打破，国有农业三站的垄断地位受到了冲击，挂靠国有农业三站的私有制经销公司逐渐成立。

这些公司虽与国有农业三站相比经营上相对灵活些，但在实力、网络上存在一定的缺陷，加之国家政策和挂靠机制的制约，使得挂靠的私有公司不得不在突围中发展。与此同时，厂家也开始意识到，要适应市场的发展，不能把自己的命运掌握在少数具垄断性质的国有单位手中，必须逐步下沉构建属于自己的客户网络。

但由于当时农业三站的实力较为庞大，销售额和基层网络仍处于主导地位，厂家在短时期内还不能与其决裂合作，只能从战略部署上把部分产品逐渐分流出来，下沉与其他客户合作，从而产生了客户网络构建的雏形。

3. 急功近利 改革开放之后，随着国家法律、法规的调整和改革，农资行业市场化进程越来越快。生产企业和经销单位快速增加，产品供应远大于需求，竞争格局已经形成。

为了急于求成，生产企业急功近利地扩大市场份额，快速占领二三级网络，在不重视调研、分析、策划的潜意识下盲目地选择客户和建立网点。曾在一定时期内，行业出现了难得一见的“百家争鸣”和“万紫千红”。当企业“孤芳自赏”所谓的客户网点时，殊不知这些网点的构建早已存在严重的危机：客户素质参差不齐，网点布局不够合理，赊销和代销模式也为企业的市场规范和客户网络构建埋下了重重隐患。

4. 危机四伏　随着行业的发展和竞争的加剧，市场规范和客户网络构建的重要性越发突显出来。

不少农资企业盘点过去的客户网络，才发现自己的网络极其脆弱，有名无实，更多是一厢情愿和单相思。因厂家多，产品同质化严重，且产品供应远远大于需求，致使大部分客户均以利益为中心，曾经的“海誓山盟”在利益面前大多付诸东流，不少客户固守着厂家混杂的产品，既不积极推广，也不愿交出代理权，大小厂家、真假厂家的产品均能销一些，但绝大部分产品做不出品牌、上不了量，使得很多优秀厂家和产品溺死在传统的客户网络中。

与此同时，厂家在赊销、代销模式下面对食之无味、弃之有肉的鸡肋市场和客户网络虽举步维艰，却也不能轻易改变客户网络。

这样的农资现状，使得市场规范、厂商关系、网络构建之间的矛盾越来越激化。

二、新形势下客户网络构建的策略

1. 了解市场、选择进入　我国幅员辽阔，各区域种植结构差异很大，收入水平和用药水平也不尽相同，在产品的需求上表现出很强的地域性特点。为此，在客户网络构建上，需要注意：

（1）根据产品特点选择准确的目标市场。如南方主要用于水稻的三唑磷，在北方旱作区就没有市场；在大田区常用的中高毒农药在蔬菜区就不适合。产品不对路，就很少有经销商愿意经营，即使做也很难出效益，要建好客户网络更不可能。

另外高档产品、生物农药等高端产品，在农民种植收入较低的粮作区不会有太大的销量，相反如果投向出口、特种经济作物基地就会大受欢迎，建立客户网络相对就容易很多。

（2）根据企业实际和产品特点两个方面来确定网络构建目标。如厂家新进入一个地区，实力较差，品牌知名度较低，对地区以下市场不熟悉，这时选择与网络覆盖面广、实力强大的地级经销商合作是比较好的选择，此举既能快速启动市场，又能避免因客户过多难管理或客户选择不当带来风险。

另外见效慢的生物农药，与传统的化学农药在使用技术、用药习惯和推广方式上都有很大的区别，这些产品只有选择在当地具有专业技术服务优势和较大影响力的植保系统来推广，成功率才会高一些。

2. 有效规划 任何一个厂家开发市场的目的，都无可厚非是为了获取最大利益，这个最大利益获得的充分条件是产品的价格能让大多数目标消费者有能力支付。当前一些农资企业以高额回扣来吸引经销商，以抬高产品价格来保证自己的利润，忽视了消费者这一环，但这一价格如果是消费者不能接受的话，那么任何一个环节的利益都将没法实现。

（1）要构建好客户网络，应以终端消费者（农民）为中心，坚持现款现货和市场规范两个基本点。在这样“一个中心、两个基本点”的指导思想下，先对企业现有网点和客户进行全方位的调研、分析，然后再有计划、有步骤地进行“大刀阔斧”的整顿。

对适合的客户和网点予以保留并规范发展；对客户适合但网点不适合的，要有控制地细分市场或分流产品、定制产品；对客户不适合但网点适合的，应加强对客户的培训、引导、教导、指导，使其转变观念和意识，与公司的战略基本保持一致。与此同时，还应有意识地发现和培养后备客户；对不适合的客户和网点，必须“当机立断”地予以取缔并重新洗牌。

（2）产品上市之初，要适当控制分销商的数量和铺货密度。避免本公司的产品在渠道中撞车，造成价格混乱，出现销量增长利润不增长的怪事。网络的横向构建也要引起重视，在主要市场把产品分开做两家，适度引入竞争是最佳解决办法，此举可在一定程度上威慑那些稍有成绩就得寸进尺地向厂家要费用和见异思迁的经销商。

3. 主次分明、重点突出　客户网络构建应主次分明，重点突出，分级落实。

（1）省级网络。物流和基层客户网络相对完善的企业，应逐步弱化、取缔省级网络或分销、买断、定制产品，同时将省级周边的零售客户和种植大户直接纳入企业特定的销售政策和网络管理之内。这样既不会出现市场真空，也便于市场规范。

刚起步的企业，则应根据自己企业的实际情况，战略上只能将省级网络定位成物流中心，逐步构建下级客户网络。

（2）地区网络。在企业起步阶段及物流不太发达的一定时期内，地区客户网络作为一级分销，对农资产品的发展和推动起着十分重要的作用。但随着行业的发展和市场竞争的白热化，网络下沉已刻不容缓，这种市场格局使得现有的地区客户网络处于十分尴尬的局面，想抓住曾经的一级分销垄断地位不放，但市、县客户的快速崛起和“不买账”又给地区网络造成了致命的打击。

部分实力雄厚、经营和管理理念较先进的客户，已开始利用国家政策和市场需要，积极探求厂商战略联盟、经销商战术联盟和终端连锁直营的销售模式。为此，生产企业应根据自己的发展时期、市场状况慎重构建地区客户网络。

（3）县级网络。新形势下县级客户网络构建是企业关注的焦点和重点，而且县级客户网络在较长的时期内还将占据主要地位。但此级网络的经销商大多文化素质不高，营销策略和管理水平较为落后。

为此，构建县级客户网络，首先应调研客户的经管理念、管理水平、经营规模、资金实力、植保技术、推广能力、配送能力、基层网络、终端消化、学习和创新意识及市场和价格规范意识等。

其次，要对客户加强培训和沟通，改变他们落后的营销观念和管理水平，帮助他们在当地抓住机遇，尽快建立自身品牌，并与厂家结成战略性的合作网络，相互依存，携手发展。

再次，协同客户完善网络体系的构建，如组建战略性的乡镇村零售商网络；建立科学的连锁店、加盟店和直销店网络；构建乡镇村干部、妇女主任、邮递员、技术员、种植能手、科技带头人、退休党员等网络；构建种植大户、示范户、五好家庭户、特产基地、种植协会、乡村学校网络；建立植保站、农技推广站、工商、税务、技监等职能部门网络；构建新闻媒体、电视、电台、广播、报纸杂志、病虫测报等网络；构建客户和员工亲戚、朋友及裙带关系网络等。

最后，要使构建好的网络实现良性发展，关键在于后续的跟进管理。为此，企业应逐步完善市场和价格规范制度、品项管理制度、终端服务制度、账款回收制度、仓库及库存管理制度、票据制度，进货、送货、退货制度，客户员工绩效考核和过程管理制度等。

（4）特殊网络。大家在探讨怎样的客户网络才合理时，现实中还有一些大家值得思考、研究、论证、借鉴、尝试的网络体系，如国家邮政农资物流配送、万村千乡连锁、厂家直销和帮客户直销、互联网直营等。

有时还可以考虑渠道倒做，这种情况一般存在于一些目标市场对企业非常具有吸引力和开发价值，但苦于找不到合适的经销商之时。这时不妨对目标市场进行深度细分和筛选，到当地目标作物种植面积最大的重点乡镇选择小型批发商，先从这个层面展开突破工作，做出好口碑，然后再选择、诱惑更高层次的经销商加入，最后形成完整的流通体系。这种办法早有厂家尝试，大多收到了一定的效果。

4. 结合实际、保持清醒 财富来自于眼光，成功源自于理念。当今的农资行业正从无序向有序快速发展，但客户网络构建是一个长期的系统工程，任重而道远。

在齐呼网络制胜的时代，大家应保持清醒的头脑，不应急功近利照搬别人的网络模式，而要根据企业的实际情况，结合国家政策、行业背景、战略规划、管理水平、配套机制、人力资源、市场现状、产品结构、市场规范、价格体系等综合因素，全力打造以“终端消费者（农民）为中心”的客户网络体系。

三、客户选择与网络优化

仅有客户网络构建的指导方法是不够的，如果客户选择不当，不仅打不开销路，严重的还可能丢掉市场。在选择客户时，不是越大越好，而要全面考虑，不但要考察其实力，还要看他是否有强烈的合作意愿、经营特长能否为我所用、能否遵守企业制订的企业规则等。

（1）选择客户的具体相关参考因素（表 4－1）。

表 4－1　客户选择的相关参考因素

相关因素	客户条件
经营资格	是否有齐全的农药经营证照 是否具有固定的营业场所
销售能力	是否具有健全的销售机构和稳定的销售队伍 是否拥有完善的销售网络和较强的市场开拓能力 市场覆盖范围是否足够广，是否会产生重叠 其经营特长是否适合我公司产品
销售服务水平	是否具有足够的仓储能力、配送能力、技术指导等综合服务能力
财务状况	是否具有足够的资金实力，确保能按时付款（应掌握中间商的固定资产、流动资金、银行贷款、收欠资金情况）
商业信誉	在当地是否具有良好的企业形象和商业信誉，有无不良商业行为记录 与合作厂家的关系是否良好
合作态度	是否对我公司和产品有认同感、能自觉执行企业的营销策略，与企业保持步调一致 是否对厂家和市场具有高度的责任心，能以积极认真的态度开拓和运作当地市场

（续）

相关因素	客户条件
管理水平	主要负责人是否有良好的工作作风和经营管理水平 员工队伍结构是否合理、业务水平是否过硬 是否有健全的管理体制
个人情况	是否有稳定和谐的家庭关系 是否有不良嗜好
社会关系	是否与农药主管部门有良好的关系

（2）客户网络的不断优化。通过制定客户分类发展战略，对不同层次的客户实行不同的管理。根据客户现有价值和战略价值的不同，可把客户划分为三类：

①最有价值客户。这类客户是指那些实际价值比较高的客户，主要占企业客户的5%左右，他们为企业提供的收入占到企业总营业收入的40%左右。对于这类客户，企业的主要策略是进行保持，营销的努力应集中在怎样留住这部分客户。

②二级客户。这类客户是指那些具有很高战略价值，而实际价值还不是很高的客户。该类客户具有很多未实现的潜在价值，具有很大的发展空间。对于这类客户的主要策略是获取增长，营销努力应集中在对其价值的发掘上。

③负值客户。这类客户是指那些可能根本无法为企业业务带来足以平衡相关服务费用利润的客户。对这类客户所采取的主要策略就是放弃。

总之，客户网络必须不断进行优化，才能促进企业业绩的提升，对没有商誉、无法赚钱、不能给产品带来足够销量、没有未来的客户一定要及早、坚决地裁掉。

【练习与思考】

1. 新形势下农药客户网络构建的策略是什么？

2. 选择农药客户的具体参考因素有哪些？

任务 4 渠道利润分配体系构建

【知识目标】

1. 农药渠道价格体系的内容；
2. 农药渠道利润分配体系构建的一般原则。

【技能目标】

掌握构建最佳农药渠道利润分配的主要方面。

我国大多数农药企业都没有实力去做直营，而要借用中间商的资源，通过资源的合作完成产品的流通，因此，必然存在渠道利润的分配。渠道利润分配体系通常就是渠道各级的价差体系，至于如何构建最佳的渠道利润分配必须从以下两方面着手。

一、合理稳定的价格体系是有利可分的基础

合理就是厂家、经销商和农民三赢，大家各得其所，厂家没利润就不会生产产品；经销商没利润，再好的产品也到不了农民手中；农民买不起产品则哪一环节利润都实现不了。因此渠道价格体系的制订包括：结算价、一批价、二批价、零售价等，必须通盘考虑各环节利益，确保合理的层级差价，在一般定价中越靠近消费者的渠道差价应该越大。然而渠道利润分配体系构建得是否成功，最重要的还是零售价的合理制订，因为零售价决定了渠道各层可供分配的利润空间大小。但零售价又不宜过高或过低，价格过高销量必然少，利润总额很小；价格过低，利润空间大小，也不一定会产生满意的销量，因此利润总额还是很小。所以只有制订最佳零售价才能保证经销商的利润和积极性，才能保证厂家的

长期利益。

再好的价格体系也要加强管理，管理的目的就是要维护价格体系的长期稳定，采取各种手段防止窜货、乱价。首先区域内的零售价一定要绝对统一，并要求渠道各级严格遵守，违者重罚；至于中间高价，即一批、二批的价格，应该规定一个合理底限值，但一般不做死规定，同时也不能放任自流。

二、渠道利润分配体系构建的一般原则

1. 根据企业的行业地位 企业在行业中的不同地位决定了其对消费者需求的拉动力和对渠道的影响力，行业领导者对消费者具有强大的品牌拉动力，渠道无须投入太多的资源就可实现大量销售，即使利润很薄，渠道往往还是愿意销售。而跟随者由于品牌各方面都要次于领导者，所以他的渠道各层利润一定要相对高于领导者，渠道才有积极性。

2. 根据产品的特点 市场需求细分的小类产品，销量有限，渠道各层的利润相对要高。常规产品、低价畅销产品，渠道的投入资源少，所以渠道利润通常较低。

3. 根据渠道层级 市场需求决定产品的最高价，生产成本决定产品的最低价。渠道层次越多，各层的利润只能越少；渠道层次越少，各层的利润就越多。

4. 参照竞争者的渠道利润体系 根据自己和竞争者在品牌、技术、产品、服务等多方面比较，如果各方面优势比竞争者大，那么渠道利润可以比竞争者略低；如果优势比竞争者小，则渠道利润要略高于竞争者。

【练习与思考】

1. 农药渠道价格体系包括哪几项？
2. 试述农药价格体系管理的目的和内容。
3. 试述农药渠道利润分配体系构建的一般原则。

任务 5 农药市场的快速突破

【知识目标】

1. 农药产品快速突破市场的关键因素；
2. 农药产品快速突破市场的一般策略。

【技能目标】

1. 能通过分析，对农药品种、农药市场和方式进行合适的选择；
2. 掌握农药产品快速突破市场的主要策略。

在产品大量过剩的买方市场，许多生产厂家为了在竞争中获胜，纷纷加快了新产品的开发和上市速度，以期能够引导市场并跳出竞争泥潭。我国农药行业近 2 000 家企业，基本上每家企业每年都会或多或少向市场推出几个所谓的新产品，这些新产品仅有极少数是全新有效成分，大多属于市场现有产品的改良型，或是改变剂型、或是改变有效成分含量、或是几种有效成分的复配。因为产品本身的技术含量都不高、容易被模仿，所以潜在竞争压力很大，产品如果不能在短时间内突破市场的话，很可能先发优势就会被竞争者取代。

产品要想快速突破市场，选择合适的品种、合适的市场与合适的方式是成功的关键。

一、选择合适的品种

产品在进入市场之初，由于消费者基础比较薄弱，企业的品牌影响力和号召力还未建立，往往没有能力同时运作多个产品，否则会导致营销资源与精力的分散，从而导致任何一款产品都不能上量，也不能形成热销局面和区域竞争强势，那么就必须选择一个核心产品进入市场。

该核心产品一定要概念清晰、药效突出，这是市场成功运作的前提，把它作为拳头产品，把这一单品做成区域内热销的精品，形成单品突破，在区域内形成消费者的良好口碑，提升品牌形象，而单品突破的最大利益还是在于可带动后续的产品跟进销售。另外是产品的包装，包装一定要美观优质，规格要方便使用，好包装能在铺天盖地的产品中首先吸引消费者的眼球，产品包装是企业营销活动中真正的“终端”，包装设计主要应符合农民的心理需求。

二、选择合适的市场

1. 产品欲进入的区域一定要有较大的品类市场容量 即当地有很大的需求未得到满足，一般情况是指当地的消费者对现有产品效果或价格满意度普遍很低，渴望有更好的产品出现，而对已经存在很多强势竞争者的区域则不宜进入。

2. 公司在该区域应该有一定品牌知名度 消费者容易接受，市场不需要做过多的宣传即可启动。

另外，公司所选择的经销商一定要在该区域有覆盖率较高的网络基础，然后在经销商网络内选择一定数量的影响力较强的终端作为铺货对象，强化产品的较高铺货率，增加产品与消费者接触的机会，尽量选择交通便利、客流量大的店作为铺货对象，迅速提升产品的覆盖率和品牌影响。

三、选择合适的方法

选定了合适的产品与合适的市场，接下来要做的就是让产品在到达终端的第一时间就得到消费者的广泛关注并迅速流行起来，要流行就必须充分造势，集中多种有效的促销手段形成强烈的叠加宣传效应，强力突破消费者的心理防线。

1. 集中资源，强势突破 营销的根本目的是为了造势，势大则事半功倍。造势宣传之初必须要有人势。在产品上市初期，宣传物布置、试验示范、农民培训会、终端招商拜访等大量、高频率的造势工作必须靠较多的人手保证完成。其次是爆发式铺货，通过爆发式铺货形成强势，对经销商和终端形成压力，加快产品扩占渠道的速度。

2. 分段推进，连续不断

（1）第一阶段。上市之初，广告空中拉动，地面现款铺货，终端试用和促销，强力推拉。这一阶段企业要派出大量的销售人员，下到一线，亲自协助经销商的分销招商和终端铺货工作。

（2）第二阶段。铺货基本完毕，企业要帮助经销商、二批和终端实现真正销售，让他们回货，形成渠道的良性循环。这时第一批"意见领袖"消费者也通过试用对产品形成了初步印象，在此基础上，要对空白地方进行铺货填空，防止市场空白地带的出现。

（3）第三阶段。要让"意见领袖"去影响普通消费者，扩大市场销量。可以利用公关活动和持续的促销活动以及终端的推荐和生动化等，使新产品在市场上建立起稳定的消费群。至此，我们的新产品上市告一段落，才算真正在市场上建立起来。

四、市场快速突破策略

市场要突破，有很多种，可快速或缓慢，可暂时或长远，可局部或全面。我们本节从"短、平、快"的时间上进行阐述，主要策略有：

1. 电视广告，空中突破　农药电视广告，之所以泛滥而且受到企业的青睐，说明它还是很有效的，至少在局部市场上是非常有用的。农药电视广告，要做就必须在局部市场上选择一个突破口，而且必须提前播放，抢在零售商订货和农民购买之前30天播放，不投放则已，要投放至少在3个月以上，否则效果会大打折扣。

2. 人海战术，地面推进　对于容易上量的品种或者投放产品比较多的企业，在局部市场上，旺季来临前，临时季节性招聘大量宣传促销人员，培训指导后，重点市场重点做，发放宣传单页，张贴宣传画，悬挂横幅，站柜推荐，人力促销，下乡进村放电影等。重点乡镇地毯式人员推进，宣传进村入户，适合于农作物种植结构比较单一、种植面积大、单品容易上量的区域市场。

3. 专题会议营销 以县级市场为例，在重点市场和经销商合作，召开针对零售商的订货会兼培训讲课、有奖销售和现场问答等厂家专题推介联谊会议，只把2～3个产品讲深讲透，公布订货有奖方案，年终累计返还奖励计划，抢在对手前先把货铺到乡镇零售店里去，占用零售商的有限资金，这一策略也比较有效。

4. 让利于客户和农民，打价格战 相同成分的农药产品，在先来竞争对手已经教育好零售商和农民、占领市场先机的情况下，后来者采取“搭便车”方式模仿跟进作价攻击，无需前期市场培育成本，直接让利于零售商，让零售商抛弃低利润产品，这对于那些市场比较成熟、产品（有效成分）已经为人所熟知、对手价格比较高昂的情况下是比较有效的。但同时要防止代理商挤占截留零售商的利润空间，克服农民产生“低价无好货”的偏见。这一策略对一些公司也是比较常用的。价格战在有效成分不相同、企业实力相差悬殊的情况下，往往是没有多大效果的。

5. 渠道重心下移，找有缺点的客户 有时候，在一个地级城市找一个大客户，效果不如一个县级甚至一个重点乡镇客户的销售量大。因此，把渠道下移到县级城市甚至重点乡镇，找到一些被冷落的有上进心的成长中的小客户，利润驱使和厂家信任使其倾尽全力将产品作为重点合作对象的重点拳头产品来推广，比被大客户冷落要效果好。只有重视公司产品的客户，才能挖到双方的第一桶销量。例如二三流企业挑战一流大企业，往往是从三四级市场开始，农村包围城市，最后扭转局势逐步进入一线品牌领域里去的。

6. 借外脑，联合他人，走植保技术推广路线 联合植保技术推广部门，进行试验——示范——推广——销售。这种作法看似缓慢，有时候也能很快打开市场。对于新农药的推广，需要有一个逐步成熟的过程，联合植保专家，借用农技推广系统，先培育市场和引导农民，边示范边推广，写软文发情报，这是外资农药企业常用的模式，前期市场投入比较大，农民一旦接受就很难改变其选择。看似收效甚微的策略，却是最实际的方法，不适合于常规农药，对独家生产的新农药制剂是很有效的。

7. 倒着做渠道，从重点乡镇做起，建立根据地市场　有时候，不是产品和客户的原因，也不是价格和质量问题，在上面无论怎么推广，市场局面都打不开。原因在于下面没有拉动，没有形成稳定的根据地。到重点乡镇的重点村子里去做“社教”，找到种植大户“意见领袖”讲解并赠送试验品，一个村一个村地发放宣传单，把销售出口（终端农民进货）疏通了，渠道里的产品就能流动起来，宣传拉动农民，农民拉动零售店，零售店拉动代理商，代理商才进货。与其整天在经销商办公室里发愁，不如到农村发宣传单和发放样品，从最薄弱的环节做起，从一个村子做起，做到3～5个重点乡镇，建立起稳定的根据地市场，经销商就会有信心，以后产品才能销售顺畅。

8. 改变产品卖点，缩小定位区间　有时候“万金油”的农药，反而卖不动、卖不好。其原因在于农民不相信。所有病虫都能治，可能就会无任何药效。农民有时候喜欢专业针对性的药剂。如山东某公司生产的一种常规的氰·马乳剂（20%氰戊菊酯·马拉硫磷，EC），登记防治苹果树上的桃小食心虫，大家都知道这本来是一个非常广谱的杀虫剂。刚开始在河北棉花区里根本无销量，后来制作了黑白双色宣传单散发，重点突出“专业防治棉花盲椿象”字样，销量一下达1 000多件。因此针对重点作物，定位细分，改变产品宣传口号，把范围缩小，打专业牌，也不失为一个权宜之计（当然，包装袋子上最好不要随意扩大范围。）

9. 减少产品，集中做好一两个产品　公司的促销资源永远是有限的，营销人的时间精力也不是用不尽的，而销售产品越来越多（营销员喜欢打产品丛林战术，以为产品越多机会就越大），四面出击，遍地开发，最后广种薄收，样样都能卖一些，没有哪一样是能够上量的，年底库存堆满仓库。这时候，不如重谈那句老调“重点产品重点推广”——集中优势产品，实现各个击破，先放弃一些，把促销资源集中到一起，全部放在一两个产品身上，在短时间内做大单品销售量。例如，浙江某公司有15个证件之多，企业最终将促销资源全部集中在龙克菌上面，实现单个杀菌剂年销售量过千万元，创造了“小品种，大销量”的单品奇迹。

10. 找一个合适的经销商，共同打拼市场 企业营销不是唱独角戏，需要经销商的配合与支持。集中精力找合适的对象，寻找优秀的经销商。大经销商不一定好，小经销商也不一定没有能力，关键是要双方合作默契，好产品需要合适的经销商进行分销。

企业挑选经销商的标准就是：在主观上，合作诚意第一、销售信心第二、信誉第三；在客观上，推广能力第一、网络渠道第二、资金第三。

只要企业和经销商共同努力，才能有很好的发展前景。

11. 借力互联网络，营造声势 网络营销，是目前最为便宜快捷的宣传推广形式。网络的传播速度，非人员推广所比拟的。面向植保技术人员、种植科技大户和农村“意见领袖”，网络营销的优势非常明显。当然，对于无法上网条件的基层农民，网络营销的优势是无法发挥出来的。

【练习与思考】

1. 试述农药市场快速突破成功的关键。
2. 农药市场快速突破有哪些方法？
3. 试述农药市场快速突破的策略。

任务 6 农药区域市场拓展

【知识目标】

1. 农药区域市场拓展过程中存在的四个市场；
2. 农药区域市场拓展的一般步骤。

【技能目标】

1. 能对农药市场背景进行全面正确的分析；

2. 学会如何在农药市场调研分析的基础上正确确定目标市场；

3. 能恰当制订农药区域营销规划方案。

以企业的角度观察，只要有农作物种植的地方，就有农药的市场。但是真正能被企业占据的销量，往往就是为数不多的根据地市场。企业要在激烈的市场竞争中站稳脚跟，必须挑选几个区域市场进行重点攻关，建立根据地市场。

区域市场的拓展路径基本是：从单个市场的开发和培育逐渐转变为区域市场的建设，然后，营销工作重点再转向创建更多、更大的区域市场。不过企业在市场扩展的过程中，往往存在以下四个市场：

①根据地市场。企业在当地的市场基础好，渠道网络完善，品牌也有号召力，且当地有较大的销售量，这样的市场就是根据地市场。

②攻坚市场。企业与竞争对手相比，实力不分伯仲，市场也呈现不相上下的态势，但企业本身在当地仍然有较强的实力，而且本身潜力还没有完全发挥，当地市场也具备较大的潜力，这样的市场就是攻坚市场。

③防御市场。企业在该市场已经有一定的市场份额，但市场份额一般不太大，也不太稳定，且当地市场不能作为企业的重点市场。在防御市场，企业的目标是保住原有市场份额，遏制低价格。

④候补市场。该市场企业以前未进入，是空白市场。但企业必须要进入，这就是候补市场。事实上，区域市场拓展的目的主要是为了建立更多的根据地市场，但并不是每个区域市场都可以成为根据地市场。这就必须先做好市场调研即市场背景分析，找到目标市场，寻找发展机会，为下一步的企业资源投入方向和拓展策略制订寻求科学依据。

做好区域市场成功拓展工作，大致上要经过以下几个步骤：

一、市场调研分析

区域市场拓展前，首先要对区域市场进行调研分析。市场背景分析是非常重要的营销活动，也是开发区域市场迈出的第一步。只有通过周密的调研和分析，才能明确市场机会、市场威胁及企业自身的优劣势，从而为战略定位及营销策略提供决策依据。

市场背景分析主要需要掌握以下信息：

（1）区域市场基础信息。包括人口、行政区域、经济状况、市场容量和潜力、购买力、批发市场、主要经销商、消费者分析（如消费水平、消费行为、消费特点）等。

（2）竞争品牌信息。包括竞争品牌格局及主要竞争品的销售表现、产品线、价格体系、渠道结构、终端形式、促销推广、营销团队等。

（3）分析同类产品的需求程度、新产品市场可接受度，预测本产品市场份额、消费与销售趋势等。

（4）自我资源分析。包括企业营销各个方面的优势、劣势、机遇、挑战等。

区域市场分析的重点要对影响产品销售的关键因素进行分析，并找出企业发展存在的问题点和机会点，加以改善和利用。

事先调查研究，对竞争对手优劣势、市场机遇、风险等市场信息进行分析，有助于企业在茫茫市场中筛选出目标市场，作为样板试验。

二、确定目标市场

区域拓展首先就是通过市场调研确定目标市场，然后集中资源寻求点的突破，最后以点代面扩大市场。对区域市场进行调研分析后，下一个步骤就是确定目标市场，目标市场的确立可参考以下几个条件：

（1）市场容量必须足够大，具备可持续增长的基础。

（2）目标市场内部的市场特性应基本相似，应该是一个相对独立、完整的细分市场。

（3）同类产品在终端有较好的销售表现。

（4）目标市场应与企业现有的资源条件相匹配。

三、制订区域营销规划方案

1. 制订切合实际的目标　要结合市场本身、竞争对手和本企业的资源状况制订出符合公司发展的总销售目标，更重要的是要按照时间、区域、渠道、客户等因素分解下去，明确每个阶段的具体目标及实现的可能途径。除了销量目标外，对铺货率、经销商开发、再次进货率等指标也要特别关注。

2. 区域营销策略组合

（1）拟订产品策略。研究、分析顾客的具体需求，进行产品组合决策。在进行产品决策时，应重点把握自己的产品特色和产品利益。

（2）拟订价格策略。要综合考虑企业目标、成本基础、需求弹性、竞争状况等因素制订产品价格。产品定价要在企业、市场和竞争的互动中寻求平衡，价格策略不能固定不变，一定要根据需求和竞争状况的变动而变动。价格策略也包含制订完善的价格体系。

（3）拟订渠道策略。要根据区域市场的情况，确定渠道的层级、宽度、密度、等级，分配渠道责任。是采取长渠道还是短渠道，是独家分销还是密集分销，企业要完全根据区域市场特点、产品类型、终端结构来决定。

（4）拟订营销推广策略。企业要综合考虑目标受众、传播目标、传播方式、传播预算，采取整合传播方式，围绕一个目标，集中资源，进行推广宣传。

3. 寻找合适经销商　寻找合适的经销商是为了能快速启动区域市场，经销商不一定要最大的，但能否成为其经销的主推产品倒是非常关键，这是因为区域市场的前期运作过程中，不确定因素较多，需要经营者时刻予以关注，而大的经销商未必会做到这点。因此，企业应该重点关注经销商以下条件：有与企业相适合的经管理念，能够与企业配合好，并伴随着企业一起发展，资金上能满足市场运作的需要，以市场上不断货为原则，有一定的市场运作经验和网络资源。

4. 有节奏地开发区域市场 区域市场的拓展其实是有节奏的，把目前的区域市场进行分类，结合公司资源、市场竞争态势、行业发展空间等，按照轻重缓急把市场分为重点市场、次重点市场、一般市场、空白市场，一般按照先重后轻的原则开发。适当选择区域市场的进入时机和策略。进入区域市场的同时，宣传推广要及时跟进，不断提高分销范围、终端覆盖率和顾客的尝试购买率，确保产品上市的成功。市场拓展要集中优势力量经营区域市场，抢先在一个或几个局部区域市场建立起领先优势，然后一步一个脚印地前进，最终建立起整体的企业优势。这样不但能够减少失误，而且能为日后大规模的市场拓展积累宝贵经验。

5. 寻找突破口，进行示范试验，连续发力根据地 根据地市场不是一步到位就能建设好的，需要企业反复进行巩固，达到竞争对手进入的程度，并要不停开展宣传推广活动，使产品成为区域品牌和名牌产品。

具体操作细节如下：

（1）筛选出一群“尖刀产品”，把产品卖点定位分析透彻；

（2）寻找到一批适合企业特点的当地经销商；

（3）与客户达成一项共识——在该区域内要重点突破、精耕细作；

（4）制订一套长远连续的系列促销方案计划；

（5）从乡镇开始崛起，首站必胜，夯实基础，逐步推进；

（6）做好打“持久战”的思想准备，稳扎稳打，长期巩固，建设根据地市场；

（7）驻地业务员本土化，对经销商业务员进行培训同化，分季度召开零售商会议培训进修深造；

（8）促销活动系列化和多样化，分别开展针对农民、零售商和批发商三个不同层次的推广宣传活动；

（9）与代理商客户一起制订赢利推广计划；

（10）每年年底开展针对通路渠道的奖励、培训和激励活动。

四、区域市场的持续巩固

巩固市场最有效的手段之一是渗透市场，即对市场进行全面渗透；二是维护市场，即对现有市场进行全面维护，这就需要建立区域市场的管理团队和管理规范。

在产品铺进市场以后，可以针对区域市场重点经销商考虑集中销售费用，打造样板。从产品销量、市场表现、市场管理、客户服务等方面确定样板标杆，一来做给众多的经销商打气，增强他们的信心，二来也可以总结提炼更具体的成功模式，以便复制推广。

【练习与思考】

1. 农药企业在市场拓展过程中存在哪几个市场？
2. 试述农药区域市场拓展经过的一般步骤。
3. 试述农药区域营销策略组合的主要内容。

任务 7 农药的库存管理

【知识目标】

做好农药库存合理控制的关键因素。

【技能目标】

掌握影响农药货品库存的主要因素，做好库存的合理控制。

在供大于求的买方市场，有库存是极为正常的现象，但像国内农药企业平均20%～30%的库存率就确实属于管理不善了，“一年苦心经营下来，收获的都是库存”道出了农药人的辛酸与无奈。库存过大将造成严重后果，农药商品因其特殊的季节性、地域性更容易造成库存，库存给企业带来的风险很大：一方面是资金的积压，另一方面是货物的过期贬值。此外货物存在仓库里，租金、管理费用也是一笔不小的成本。

如何才能做好库存的合理控制？其关键是要对渠道实际销售能力有一个客观的认识，抓好订单源头管理，必须注意以下几点：

一、安全库存量

首先要大概了解客户淡旺季日均销量，这可以通过去年同期的数据（月销量及相应库存）分析来了解，结合公司从收到订单—组织生产—路途运输过程的时间计算来确定合理库存。如：客户旺季平均日销量 150 件，发出订单到货入客户仓库正常时间是 5 天，那么最低安全库存量＝日均销量×（订单完成时间＋1），即 900 件。这个指标业务员要掌握好，并与经销商及时沟通，结合现有库存来确定最合适的发货量。

二、年份差异性

病、虫、草害的发生情况受天气影响很大，由此造成了农药不同年份销售量的极大差异，这就需要我们对各地植保部门发布的病、虫、草害情报高度重视，如天气长期干旱，杀菌剂、除草剂一般销量会下降，但杀虫剂销量一般会上升；相反，阴雨天气多的话，杀菌剂、除草剂往往销量会有扩大，而杀虫剂销量则会减少，这就需要据此调整同期发货量。

三、区域分类管理

区域分类管理是由农药需求的区域性特点决定的，如 A 产品在甲地好销，在乙地可能就滞销。这要根据以往同期销售数据来参考。畅销产品发货可宽松一些，其他产品的发货切勿一次过多。

四、客户分类管理

有的客户经营比较保守，宁愿缺货少卖也不愿意多进货，对此我们应该引导其确定最佳的进货时间和数量计划。有的客户订货很随意，习惯于靠大量压货来抢占基层网络，对下面网络的二批商、零售商的库存情况及动销走势也从不做调查，这样的客户往往是销量大、退货也大，此类客户发货一定要在自己实际掌握该经销商渠道二批商、零售商库存和需求大致情况的基础上决定。

五、掌握好发货节奏

对新产品来说，由于市场的未知性很大，务必做到少量多次，适当控制铺货密度，以免造成发一次货卖三年的情况。对老产品而言，市场销量一般可以得到大致的预测，销售的淡旺季也能基本掌握，发货可以做到前多后少，确保前期足量的铺货挤占终端，后期则要充分考虑渠道内存货状况，先加强渠道内部的库存调剂，然后发货也要调整为少量多次。

六、变一次结算为年中、年末两次结算

通过增加一次结算，能让经销商和厂家加强对渠道存货的过程控制，减少年底的库存风险。

七、将库存率纳入考核指标

将库存率作为考核营销人员绩效的主要指标和评价客户质量的重要依据，并与利益挂钩，与来年的政策支持挂钩。只有这样才能引起各方重视，主动避免无效库存。

通过对订单的优化管理，只能避免许多无效、重复、过量生产所造成的不必要的库存损失。而农药行业市场变化太大，在实际运作中通常还是会出现甲地大量库存而乙地、丙地大量缺货的情况。所以，实际操作中要鼓励不同区域的货物调剂，这对减少无效生产、降低整体库存、提高销售质量更具有现实意义。

【练习与思考】

试述如何做好农药货品库存管理。

任务 8 窜货管理

【知识目标】

1. 农药市场窜货的概念；
2. 农药市场窜货的主要表现及其危害；
3. 农药市场窜货的主体；
4. 农药市场窜货的原因。

【技能目标】

1. 能够分析农药市场窜货的主要表现及其原因；
2. 学会如何防范农药市场窜货现象。

当前，随着农资行业的发展，越来越多的人参与到农药销售工作中，在利益等因素的驱动下，销售人员采用不同的经营思路和销售手段，导致农药销售竞争更加白热化和无序化。在此情况下，窜货就成为了一种普遍现象，有人曾说“假冒如狼，窜货如虎”，认为假冒产品对企业危害极大，但与窜货相比，假冒只是“外伤”，可以早发现早治疗，但窜货对企业而言其是一种杀伤力较强的“内伤”，若不及时治疗可能会发展到“癌变”地步，使企业多年苦心建立的营销网络瞬间崩塌瓦解，危及农药企业的长远发展。

“窜货”是一个市场营销学中没有的概念，但它却是销售实践中一个让销售人员头痛不已的问题。如果说千方百计追求销量是解决销售发展的目标，那么窜货管理就是解决销售工作的另一个目标——稳定。没有稳定就没有发展，不能稳定的市场，是一个没有前途的市场。

一、何谓农药市场窜货

窜货是指违背生产企业和主流经销商意愿而产生的非正常货物流通，并由此引起一些不必要的纠纷，给企业市场带来负面效应的经营现象。窜货很容易造成价格混乱，使经销商利益受损，对该产品失去信心，同时也易导致消费者对品牌失去信任，如果处理不及时，会极大地影响企业和经销商的关系。

利益驱动论是窜货现象的理论基础，目标市场的细分是这一现象的物质条件，现代化的通信手段、快速便捷的第三方物流则为这一现象提供了有力保障。

根据窜货现象的表征可将其分为两大类型：

1. 非主流经销商主动出击型 这类经销商由于各种原因没有取得厂家某一品牌产品的市场代理权，为了获得不当利益，利用地区差价，从异地经销商手中购得产品，然后低于当地市价抛出。

2. 主流经销商和厂家业务员联合型 这种情况主要发生在同一企业不同地区业务员之间，以及不同经销商之间为争夺某一企业有限品牌资源而为之。

二、农药市场窜货表现

1. 按市场表现分类 在农药市场上，窜货表现主要有以下几个方面：

(1) 经销商之间的窜货。经销商之间的窜货是窜货的主要形式，如有的厂家在同一区域只设一个经销点，非经销点不供货，非经销点客观上不受厂家经销点限制，一旦经销点销售形势看好，非经销点为了生存，就得竞争，于是从外地购买带货销售或换货，而厂家对同一地区的经销点与非经销点的关系协调不力；还有的是甲地经销商看到当地的某个经销商经销的产品畅销，而自己那里没有，就想法从乙地购进销售，运用低价格来争夺市场。

(2) 营销人员区域窜货。营销人员区域窜货这种现象也比较多，尤其是一些管理制度不健全的厂家，业务员为获得高额的提成、回扣而从别的地方窜货。

（3）经销商配货销售或以假窜货。经销商配货销售，或是用假冒伪劣产品窜货，有的经销商将假冒伪劣产品与正规渠道的产品混在一起销售，掠夺合法产品的市场份额，或者直接以低于市场价的价格进行倾销，打击了其他经销商对品牌的信心，以带动其他品牌农药的销售；有的营销网络中的经销商低价倾销过期或者即将过期产品甚至假冒产品，扰乱了价格体系。

2. 按市场危害分类 按照窜货对企业造成的危害，可以将窜货分为三类：

（1）恶性窜货。经销商为了获取非正常利润，蓄意向自己辖区之外的市场倾销产品的行为即为恶性窜货。经销商通常采用的方式是以低于厂家规定的出手价向非辖区销货。恶性窜货给企业造成的危害最大，极易扰乱通路价格体系，使得通路利润大大下降，导致经销商没有积极性，企业辛辛苦苦建立起来的网络毁于一旦。

（2）自然性窜货。经销商在获取正常利润的同时，无意中向自己辖区之外倾销产品的行为称为自然性窜货。这种窜货会对被窜货区域价格体系造成一定影响，造成通路利润下降。

（3）良性窜货。企业在市场开发初期，有意或无意地选中了流通性较强的市场中的经销商，使其产品流向非重要经营区域或空白市场的现象即是良性窜货。这对企业的市场开发是一个较好的补充，等重点经营时再进行整合。

三、农药市场窜货的危害

窜货行为的发生，不仅严重扰乱当地市场的正常经营程序，影响经销商及厂家的信誉，而且会使经销商对产品品牌失去信心，干扰市场上正常的价格营运体系，造成同一地区价格混乱，消费者无所适从，从而直接影响到产品的市场销量，严重的还会导致某一品牌产品彻底退出市场。由于窜货行为的隐秘性，经销商和企业往往措手不及，生产企业巨大的广告宣传投入可能瞬间化为泡影，或为他人做了嫁衣，主流经销商则可能面临退货、价差、信誉崩盘等一系列问题。

大量窜货可以带来产品短期销量的猛增，但却是以牺牲市场秩序为条件，搞乱了通路价格体系，使得利润大大下降，经销商没有积极性，导致产品因经销商无利可图而滞销，最后黯然退出市场。企业辛辛苦苦建立起来的销售网络毁于一旦，所以可以说窜货是导致市场混乱的主要罪魁祸首之一。

四、农药市场窜货的主体

1. 经销商　在农药销售中，由于各个销售区域种植作物、气候因素和用药习惯等不同，或者企业为培育市场，不同的市场之间采取不同的价格策略，从而为窜货提供了可能。经销商窜货基本有两种情况，有的从外地向当地窜货，如有的经销商看到当地某个产品销售形势好，想法从外地购进；还有的将当地的货窜到外地，如发现某一产品在其他区域的需求比本地大，而本地销售不旺，经销商为了应付企业年初制订的产品销售奖罚政策，就会将货以平价甚至更低价转卖到异地，以换取厂家年底的高额奖励。

2. 农药企业市场人员　大多数农药生产企业对各个市场从产品、价格、渠道、促销到操作方法等方面难以绝对控制，而大都是靠市场人员操作，由于各个区域的情况不一样，企业对市场人员的政策和优惠措施也不相同。市场人员最大利益点在于销售额，有了销售额和完成的年度指标就有了提成与奖金，因此为了完成年度销售指标，不管是否在自己的销售区域，谁要货就给谁，销售需求大的市场就成了主要窜货点，还有市场人员甚至在公司销量大的区域秘密找个经销商实施代理。

3. 企业　企业和经销商一样也是利益最大化的，当看到某一经销商销售业绩不是太理想时，就会开始物色新的经销商了，并给予部分货物，如果能够区分品种还好，如果品种搭配不好，两个甚至多个经销商都在较近的范围内销售同一种产品时，市场自然就乱了；还有的企业管理层没有主见，只要经销商提出要求，不管是否合理，当地有没有经销商，只顾发货销售；另外有的企业由于监控不严，企业销售部门或者市场人员受利益驱动，违反区域政策，使区域产品价格不一样，易导致窜货。

4. 竞争对手 在一个销售区域里，常常会出现两家或者多家企业都在生产销售相同含量的农药，同样的产品，同样的市场，必然产生竞争。有的企业为了打击对方，把对方从市场上赶出去，就会鼓动其经销商想法购买部分竞争对手在当地十分畅销的农药，然后低价抛售，造成对方市场混乱动荡，经销商无利润可言，最后只好放弃该产品，甚至不再与该企业合作，转向别的企业。

五、农药市场窜货的原因

（1）农药市场价格的不规则性，是导致窜货乱价的主要原因。厂家价格体系不健全，在制订价格政策时只考虑了出厂价而没有考虑市场价，而农药销售网络是以个体经营户为主，为获取利润，价格仍是竞争中的主要手段，市场价格易被经销商操控。

（2）农药市场厂家对市场布局不合理。厂家销售网络规划失误，经销商选择、布局不合理，经销商之间距离过近，没有相应的隔离带，从而引起价格竞争。

（3）厂家对经销商年度激励政策不当，经销商为得到年终奖励而降价销售，以提高销售额，达到厂家规定的返利点；有的企业制订的促销政策不科学，促销费用分配不合理，让经销商有机可乘，靠窜货获得高额奖励。

（4）经销商从自身利益考虑恶意破坏市场，作为和农药生产厂家的谈判筹码。有的经销商因农药企业对自己的条件没有得到满足或者企业失信，而采用报复的方式；还有的是竞争对手的竞争策略，蓄意收买二级批发商将产品以低价捣乱对方市场，从而扩大自己的地盘。

六、农药市场窜货的防范

窜货既然四处存在，最好的窜货解决之道在于预防。为了有效防止恶意窜货行为的发生，常用的防范手段主要有：

1. 制订合理的价格体系

（1）制订合理的级差价格体系，规定好出厂价直到零售价各环节价格和利润空间，每一级别的利润设置不可过高，也不可过低，并对分销各环节价格进行监督。

（2）缩小同一品牌、同一规格的地区差价或实行全国统一价，让窜货无利可图。只要有一定的价格空间，相互窜货就在所难免。有时候窜货是客户之间交流的结果，原因是地区产品价格差额过大。

2. 调整相关政策　窜货之所以能够发生，说明企业的管理还有一定差距，因此企业应及时寻找差距，合理配置营销网点、营销资源，避免过度竞争。

（1）制订严密的管理制度。

①针对业务员跨地区窜货现象，农药企业应制订严格的管理规定，形成防火墙，严厉打击这种行为，一经发现，绝不姑息。

②对经销商，签合同之际就明确规定稳定价格的条款，把级差价格体系、窜货处理办法写进合同，用制度去管理和约束经销商。对本企业异地经销商，要坚决取消其产品经销权，只顾眼前自身小利而损害合作企业利益，这样的客户必须淘汰。

③企业销售部门要加强自律。某产品一旦畅销，就会有人走后门批条子，对这种情况销售部门要严格按规定办理，维护好产品的价格体系，从长远发展角度考虑，堵住源自企业内部的窜货源头。

（2）改变对经销商的政策导向。引导经销商成为最好的经销商，而不是最大的经销商。

（3）加快回款周期。采用月结或批结，减少经销商的盲目进货，防止渠道商存货过多形成冲货条件。

（4）严格窜货违规处罚程序。一般而言，应在确实掌握窜货证据的基础上，根据对市场造成的损失大小分别处理，对违反政策的经销商要坚决给予惩罚，如责令收回窜货产品、罚款、货源减量、停止供货、扣留返利直至取消经销权，尤其要注意对被窜经销商的安抚并给予一定利益补偿。

（5）企业领导层要经常和主流经销商保持良好的沟通，建立稳定的长期双赢的合作关系，一般情况下，企业不宜主动频繁更换主流经销商。

（6）强化企业营销制度管理。培养一种良好的企业营销文化氛围，杜绝业务员之间的跨地区作业，让投机取巧的窜货行为无立锥之地。

3. 产品防窜货标识 利用现代化的防伪防窜货手段。随着防伪技术的发展，在产品标签、外包装等部位印刷防伪防窜条形码等、实行发货微机跟踪记录等方式已经被一些农药企业采用，并且对于预防窜货也起到了较好的作用。同时，农药企业也可采用区域专卖符号、规格区分、暗记等多种防伪办法防范产品窜货。

（1）数码条码。利用通信、网络、信息加密、数码印刷等技术，为每件产品提供一个防伪防窜货码。防伪码是通过先进的技术为每一件产品生成一个数字密码，其具有一次性和唯一性。消费者在购买采用数码防伪标识的产品后，刮开数码防伪标签涂层后可通过免费电话、手机短信、上网等形式进行真伪查询，查询不受时间和地点限制，方便快捷，是目前市场中防伪级别最高和防伪效果最好的方法。数码防伪防窜货不会被经销商破坏或涂改，厂家通过说明书或广告宣传告之消费者，防伪标识残缺的产品视为假冒产品。即使经销商将防窜货码刮掉，也可通过防伪码查到窜货人。

（2）区域专卖。厂家也可对相同的产品，采取不同地区不同外包装、不同规格容量的策略。一般是通过文字标识，在产品的外包装上，印刷专“供××地销售、××地专卖”等字样。对发往不同区域的货物，打码编号登记，便于对窜货乱价作出准确判断和迅速反应。

（3）暗记。可针对不同的产品采用不同的暗记，让暗记发挥防伪效果，如同时作为“区域专卖符号”使用，就具备了防窜货功能。在防伪防窜货双重功能结合后，厂家可通过各种途径告知消费者防伪之处，这样，即使经销商知道了暗记内容和位置，也不会去破坏。如可采用荧光符号，采用长波荧光油墨印刷，将符号隐藏在产品包装的特定位置，日光下不可见，需使用紫外线照射查看产品合格证水印符号，同时不易被经销商破坏；企业也可用喷码机等机器在产品包装上直接标注流水号，产品出库时手工记录产品流向。

4. 划分隔离带　由于企业一般在省市或者县级设立总经销，而后由总经销在乡镇和村中设立零售商，因此企业产品主要窜货地方是在镇、村终端零售商或者两地的交界处，尤其是当两个镇同时都设经销点时，很容易在村一级零售商处发生窜货现象。

因此，企业在划分市场时，一定要设立好隔离带，明确每一个总经销的市场范围，在县级市场之间有一个镇作为隔离带，在乡镇级零售商处相互之间有几个村作为隔离带，从而减少相互渗透窜货的可能性。对本企业异地经销商，如果只顾眼前的自身小利而损害合作企业利益，发现其窜货后，要坚决取消其本企业产品经销权；严厉打击市场人员跨地区窜货行为，一经发现，绝不姑息，对这些损害企业利益的害群之马必须将其调离岗位。

企业对每一个地区的经销商数目应合理布局，根据市场容量来控制，疏密有致，不留市场空隙，不过分重叠。厂家要制订适度的经销商年度奖励政策，对客户从单一的折扣、返利转到综合奖励，如培训、旅游等，更公平、公正地从物质和精神两方面进行奖励。

5. 其他防范措施

（1）利用产品名称（商品名）的不同或是注册商标的不同由客户出面定做不同的产品，投放不同市场区域。这种做法具有排他性，可以有效避免窜货。缺点是同一产品不宜采用过多的商标名，否则，有造假嫌疑。

（2）不同的内外在包装材料及规格。这种方式目前为大多数中小型农药企业采用，利用包装规格的不同，产品标签设计、外箱材质不同等明显区别标志，投放到不同地区、不同经销商。缺点是公司规模化经营管理的难度大，容易造成管理混乱。

（3）为了保护经销商，防止恶意窜货，企业可配合经销商加大品牌宣传力度。利用各种宣传媒体，如电视、广播、报纸等扩大经销单位的市场知名度，强调销售渠道的专一性，借此提高企业产品的市场品牌认可度。

（4）把企业信用、业务员信用建设放到企业品牌建设的高度，强调市场经济条件下个人信用的社会价值是企业长期健康发展的根本保证。

七、窜货的市场积极性

任何事物都有其两面性。窜货在给企业带来危害的同时，也有其积极的一面。货物适当地异地流通可以打破市场价格垄断，提高企业的市场知名度，增加市场占有率。同时，由于更多客户的介入，对原有客户也会造成一定的压力，迫使客户提高销售积极性。市场短期内一定程度的混乱，只要在企业可控范围内，一般情况下，不需过问；相反，可以为企业新的销售年度客户淘汰打下基础。

【练习与思考】

1. 什么是农药市场窜货？
2. 试述农药市场窜货表现及其危害。
3. 试述农药市场窜货的原因及其防范对策。

项目五　农药促销方式与推广策略

【项目提要】

本项目主要介绍农药广告、农药铺货管理策略、农药常用促销方式、农药终端站店推广、农药客情关系维护以及农药新产品推广策略。

要求学生通过学习重点掌握：

1. 农化广告发展历程；
2. 农化广告主要媒体；
3. 农化广告投放策略；
4. 农化平面广告操作策略；
5. 农药渠道终端联动策略；
6. 农药产品铺货前所需信息；
7. 农药铺货定位与目标；
8. 农药铺货策略；
9. 如何制定激励政策；
10. 如何进行铺货监控；
11. 农药铺货后的服务内容；
12. 常见农药促销策略；
13. 农药促销赠品操作；
14. 如何举办农药产品推广会；
15. 如何进行农药 POP 促销；
16. 农药站店推广的主体、时间及一般步骤；
17. 农药客情关系维护策略；

18. 农药新产品推广的主要工作。

任务1 农药广告实务

【知识目标】

1. 农化广告发展主要阶段；
2. 农药行业广告常见媒体；
3. 农化广告投放策略；
4. 成功的平面广告具体要求。

【技能目标】

1. 掌握制订正确的农药广告投放策略的方法；
2. 掌握进行农药软文操作获得“三赢”的方法；
3. 掌握农药空中广告与渠道终端联动策略。

对于广告，不少农化企业是爱恨交加：一方面，有效的广告宣传方式可以取得“四两拨千斤”的功效，为企业产品销量乃至品牌提升发挥不可估量的作用；另一方面，不少企业也有满腹苦水，广告投放少了，效果不明显，还不如不做广告，投放量大，巨额的广告费用是一笔不小的开支不说，万一宣传效果没出来，将会造成经济损失。所以，曾有人无奈地说：“我知道我的广告费至少有一半被浪费了，但是，我不知道是哪一半被浪费掉了!”

在当前竞争时代，再好的产品，不宣传推广就会没有知名度。产品田间效果经得起检验，企业自身舍得投入，营销管理到位，同时配合以媒体广告做得好，广告发布频度高，企业离成功就不远了。但对企业来说，难度在于如何选择最适合本企业的广告宣传方式，如何用最少的费用产生最好的效果？

一、农化广告发展历程

从我国第一个农化影视广告诞生至今，农化广告已走过了十余个年头，在这十余年的风雨历程中，按照创意划分，我国的农化广告大致经历了如下四个阶段：

1. 无意识阶段　用现在的标准来看，最初无意识阶段里所产生的农化广告作品基本无创意可言，不仅创作无意识，农民也是盲目接受。在当时农民的意识里，只要能够在政府办的电视台或某个平面媒体上露脸，那这个产品一定很值得信赖，肯定是好产品。也正因如此，一批企业决策者凭借敏锐的直觉和超前的广告意识迅速树立了自己的品牌，为企业打下了良好的基础。

2. 形式主义阶段　在形式主义阶段里，大多数农化企业开始有了活跃的广告意识，但此时的广告形式重于内容，形式在不断翻新，对产品的功能描述可谓是高大全，全是包治百病，包杀百虫。广告创意最显著的特点是：娱乐性强，内容也较为冗长。

此时广告策划人对农民消费者的观念定义为：广告形式越好印象就越深，印象越深购买的概率就越高。所以，在这个时期也出现了很多以小品、戏曲等形式为主题的农化广告，如《地雷》《大复杀》等。

3. 卖点主义阶段　形式主义阶段发展到一定程度时，农化广告形式越来越雷同，产品功能同质化越来越严重，农民消费者对待产品广告开始理性起来，并有了一定的区分能力，于是广告差异化诉求势在必行。

因此，农化广告渐渐进入了卖点主义阶段。无论是专业广告公司还是生产企业，都把宣传重点放在了寻找产品的独特卖点上。但卖点不一定是优点，所谓的优点和缺点是相对而言的，关键要看策划者提炼的所谓“卖点”消费者是否认同和买账。多数策划人认为，卖点（广告诉求点）越单一越好。这一时期的代表作有《玉思它》《高盖》等。

4. 策略主义阶段　当所有产品都在寻找卖点的时候，策略就显得尤为重要了。有的广告看似平淡，却能够使产品在市场上迅速蹿红，而有的广告即使大喊大叫也还是没效果。原因就在于有无策略。

所谓的策略能够使商品在杂乱纷扰的市场中，寻找到生存空间及创意切入点，对于产品，行销计划就像是一束X光，能很快找出问题所在，然后对症下药，取得立竿见影的效果。所以，在如今广告烽烟四起的年代，有策略的广告才能真正“花小钱，办大事”。

策略没有好坏，只有对与错，方向一旦错了，后面的工作就会一路错下去。南辕北辙的故事，就在于策略失误，因此，策略是创意的大方向，是创意的路线图。对于任何一条广告而言，先定策略后做创意，才是对的广告，先做创意，后定策略，是有的广告叫好不叫座的原因所在。所以，只有策略先行，创意才能制胜，产品才能好卖，营销才能双赢。

由此可见，今天的农化广告已日趋规范与成熟，那些靠小聪明、歪点子的创意观念已远远落后，只有在策略前提指导下创作出来的广告才是今后我国农化广告发展的必然方向。其实，一个产品市场销量的多少，确实与广告制作水平有很大关系，但广告绝不是唯一的因素，其与产品的质量、药效、包装、命名、市场定位、定价、铺货渠道、广告投放策略技巧、促销手段等都有着直接或间接的关系。

总之，靠一条广告包打天下的时代已一去不复返了，无论厂商还是农民消费者，对今后农化广告的认知都将越来越理性，而今后的农化广告也只有真正以市场策略为导向，以消费者利益为出发点，站在消费者立场上为消费者着想，替消费者说话，农化广告才能步入一条健康发展之路。

二、农药行业常见媒体

农资产品不同于如饮料、食品、保健品和烟酒等快速消费品，无法在知名媒体上投入巨资进行大肆宣传后而一夜成名。农资产品必须厚积薄发，建设好营销渠道，发挥经销商的积极性，做好人员业务推广，搞好植保技术服务，然后配合媒体广告宣传，培训客户，示范农民，才能慢慢让产品品牌逐步深入农民心中。

广告方法固然很多（如柜台宣传推广就是一个不错的好方法），

但农化企业也需审时度势，因时制宜、因产品制宜，才能走出一条具有特色的成功之路。当前农药市场比较常见的广告宣传媒体主要有：

1. 纸质媒体

（1）综合性刊物。如《中国农药》《农资与市场》《中国植保导刊》《中国农技推广》《植保信息》《农药》《农药科学与管理》《现代农药》《农药市场信息》《农化市场10日讯》《国际农资资讯》《农药供求资讯》《农化商情》等。

（2）专业性刊物。如《中国水稻》《中国棉花》《蔬菜》《长江蔬菜》《上海蔬菜》《农业新技术》等。

（3）农业报纸。《农民日报》《农资专刊》《农资导报》《农村科技报》《南方农村报》等。

纸质媒体的优点是专业、客观，从事编辑的人员比较专业，信息量较大，可读性较强，适合于中高端群体阅读，文字广告的性价比较高，广告费用较适中，针对专业人士和技术人员做广告非常有效。

其缺点是：基层经销商和纯粹农民订阅的比较少。更发行量的限制，影响力多局限在局部，不能全部涵盖所有群体，而且农民的阅读积极性不高。个别杂志专业性太强，不适合农民阅读。

（4）其他小报。如《病虫情报》《植物医院》等内部性质的技术情报刊物。

如今的《病虫情报》和《植物医院》除少数部分县市能够进村入户外，大部分地区还是印刷数量在100～300份，用于乡镇农技站和上下级以及同行间信息交流，难以下乡到农户家中。

优点：专一、及时、准确预测预报病虫害情况，在农民心中比较权威，信誉度高。对作物针对性强，广告费用较低，农民非常信赖。

缺点：发行量有限，影响在局部。由于私人个体户的冲击，按配方可能在市场上买不到相应的农药品种。

2. 广播电台　昔日的农村，家家户户都有广播，曾是一大新鲜事物。如今，广播有逐步退出农村的趋势。只有少数地方，收音机还在受部分人的偏爱。

现在广播电台的对象，大概只有三种听众群：一是开车的司机；一是退休后老年人群；还有就是爱好音乐的年轻人。所以如今，交通台、音乐台和地方戏曲（剧）台仍然受到一部分人的喜爱，而这三种听众群对农资的兴趣不大甚至可以说没有。

对于丰富多彩的电视频道，农民的兴趣点在于电视连续剧上，所以农资企业在广播电台做广告也越来越少，在部分地方台电视连续剧上插播广告的越来越多。

优点：广告费用低，解说时间比较长。

缺点：广告听众没有针对性，收听广播的人越来越少。

3. 电视台 电视台主要包括中央电视台如CCTV-7及地方电视台。

（1）中央电视台七套（CCTV-7）的广告费用过高，而且大部分农村地区无法接收有线电视，农民大多数是自接室内或室外天线，最多只能接收3～5个电视频道，所以，CCTV-7在偏远农村的影响是微乎其微的，但是对于城市郊区农民和自接雷达天线的农民家庭，CCTV-7农资广告推广的效果还是非常好的。

（2）各地方的电视台媒体，费用相对而言比较低，但其效果会受到地域和自然条件的限制。如果只是开发某个局部地区的重点市场，地方电视媒体的优势还是比较明显的。

显然电视在四大媒体中普及率是最高的，但是受广告时间段的限制，加上农民农业科普意识不是很强，对于优良种子、特种养殖、药材种植、农产品深加工、农村第三产业等的关注度要远远高于农资农药的广告宣传。此外，一些地区的农资市场尚未完全市场化，销售渠道不畅，竞争不激烈，农民对农资没有充分的选择权，所以针对农民的农药广告营销策略要有所变化。

优点：电视广告效果比较好，辐射范围较大，影响较广。

缺点：广告价格较高，“淹没”在其他广告之中，针对性不强，风险较大，竞争加大，可信度也在下降。

此外，免费发放介绍企业产品技术的DVD（VCD）碟片，也是很好的视频推广手段。随着农民家庭收入不断增加，DVD（VCD）的普及率直线上升，企业把产品的使用方法和售后技术服务通过DVD（VCD）光盘进行宣传，可谓是事半功倍，既保证了企业产品的使用方法达到好的效果，也强化了企业形象，因此为农资企业服务的DVD（VCD）光盘摄制刻录制作商也要抓住市场时机。

4. 网络媒体推广

（1）门户网站。sina、yahoo、sohu、tom、163、263等。

（2）专业网站。www. chinapesticide. gov. cn、www. nongyao. com、www. pesticide. com. cn、http：//cropipm. com等。

（3）“B to B”网站。www. alibaba. com. cn。

（4）搜索引擎网站：google、baidu、easou、zhongsou、sogou、3721、tom、cha. sina、so. 163、so. tom等。

此外，BBS、Blog、博客、免费建设网站、供求信息发布、农民信箱、E-mail广群发以及自动留言和回复功能等，都具有一定的市场推广促销功能。

作为第四大媒体出现的网络，有着相当大的不可替代的优势。但就目前来看，网络在农业上的推广宣传只是浅尝辄止，尚不能做过多的广告投入。

虽然现在我国网民已经有1亿人左右，但根据统计，农民网民只有600万人左右，占总网民数量的1/16左右，而且根据我国农业、农村和农民的状况，短时间之内农民网络普及速度还不会太快，而现在适合在网上宣传的农资产品，大多数是初级品和半成品，主要是面向肥料、农药输出原料、原药和中间体的企业营销，即生产企业采购如生产设备、包装设备、化工原料、农药中间体等。

目前农药、肥料的生产企业大多数还只是停留在建设企业网站的初级阶段，只是把企业信息纳入网络之中，而没有有效的链接和收录。

只是建设企业网站，没有网络推广和宣传，企业网站就像互联网中的一个信息孤岛，外面的游客（网民）难以进入，自己企业的信息（水源）也难以汇入互联网的汪洋大海之中，形成类似孤独的死海现象。因此，企业在建设好网站之后，还要做一定的网络推广和在搜索引擎网站登录，并且需要做一定的行业关键词广告，同时要与主要搜索网站建好网站链接和网站登录。这样，即使陌生的“游客”也可以在茫茫网海中轻而易举地搜索找到企业网站。

目前，企业网络推广营销的对象，主要是中高端的技术人员、专业人士、年轻人和上下游生产厂家。农药生产企业、农药科研院所（校）、植保站、农技站、测报站、农资经销企业是网络的经常游客。农资直接用户农民和基层农资经销商还是网络岸上的看客，由于条件限制、经济原因和水平因素，还无法直接进行网上采购。

①农药原药企业。可以进行“B to B”形式业务，如针对外贸出口企业、制剂加工企业、生产设备企业、原材料企业和包装企业等进行网络推广。

②农药制剂企业。可以进行局部的“B to C”形式业务，如针对间接用户植保站、植保所、农技推广中心、分销商、零售商和最终直接用户农民进行技术培训和市场培育，直接的网上业务还是比较少的，外贸订单除外。

网络推广的优点：企业信息全部公开于网上，便于搜索查询，可减少传真邮递等办公费用，面向世界，辐射范围广泛，影响力度大，信息沟通方便。

网络推广的缺点：农民和基层经销商无法接触到，远离直接用户。费用比较高，需要一定的物质硬件和专人管理、维护。

纸质媒体、广播电台、电视台和网络等四大媒体，各有自己的擅长和利弊，企业可根据自己的实际情况和产品特点进行相应的组合，使其各得其所，从而为产品宣传推广发挥应有的作用。

三、农化广告投放策略

如果说投放广告只是将产品的基本信息传递给外界，那么正确的广告投放策略才真正对产品营销起到至关重要的作用。什么时间投什么样的广告、运用什么样的媒体投放、如何搭配广告媒体才能做到以最低的成本产出最好的效应。随着专业人士对广告效果与广告媒体研究的日益深入，广告的投放策略被赋予越来越多的科学和理性，而不再是一种随机性的决定。

“我知道我的广告费一半浪费了，可是却不知道是哪一半被浪费掉了!”这句经典的感叹句背后就是广告投放策略失误。有关研究表明，在面对同一种产品的市场推广时，正确的广告投放策略与无序的广告投放，其结果相差甚远。下面我们要探讨的便是如何制订正确的广告投放策略，以达到最有效的产出。

1. 集中式投放策略　近年来，业内总会时不时出现一些一经上市便销量飙升，在市场迅速蹿红甚至还没上市便有不少农民消费者和经销商打听的产品，留心的朋友会发现，在产品上市初期时段里，只要打开报纸、杂志，打开电视、收听广播，便躲不过这些产品的围追堵截。如此强力的广告投放显然会让更多经销商和农民记住产品和企业的名字，无论是偏于哪一种信息接收方式或者媒体阅读方式的消费者，在如此密集的广告投放面前，始终都无法躲过其广告信息的轰炸。这种集中投放式的广告策略虽然会引起一部分人的反感，但是效果也是极其显著的——目标对象对其印象加深，从而使产品销量一路飙升。

这种集中式的广告投放并非适合所有的企业及所有产品的市场推广。只有产品信息相对透明、企业无须花长时间培养市场对产品的认识，同时市场上同类产品竞争激烈众声喧哗、小成本广告投放很难见效果的情况下，才可以考虑使用此策略。

2. 连续式投放策略　广告的投放策略应根据产品或品牌所要达到的传播效果而定。从市场推广的角度看，产品可以分为市场启动期、市场成长期、市场成熟期及市场衰退期。而从产品宣传的目的看，可以分为提升产品知名度、打造品牌美誉度、树立产品形象等不同目标。不同的产品入市时期及不同的产品宣传目标，应采用的广告投放策略也不尽相同。

曾经有一家农药企业 A，听从某市场咨询公司的建议，决定以广东市场为试点，并先抢占佛山、中山、珠海、汕头四个地级市市场。在总部雄厚资金实力的支撑下，企业以高强度广告投放打响了市场推广攻坚战的第一炮。在密集广告投放辅助下，咨询电话络绎不绝，但奇怪的是，销售结果却并不理想。这种新产品由于机理复杂、售价高，加上无法预测的使用效果，大大抵消了广告宣传的吸引力。在投入近千万广告费之后，所售出的产品总价值竟然只有一千多万。由于广告效果不理想，企业也就中断了对这种产品的广告宣传。

在详细了解了产品与企业之后，我们不难发现，A 企业的广告投放策略与产品所要达到的传播目标不相一致，产品在市场推广上所陷入的困境正是由于不正确的广告投放策略造成的。由于此种产品是根据国外最新的研究成果生产的，在国内尚无同类产品，消费者对此种产品的认识基本为零。导致此产品在进行市场推广时所遇到的最大障碍就是经销商和农民的认知问题——如何说服消费者，使其认识到这种产品功能的有效性。由于产品售价昂贵，经销商在没有确切了解此产品的功能、效用之前，是不会轻易下决心进货推广的。这种购买的特性决定了此产品前期入市的广告投放必须是一种连续性的宣传与教育，而 A 企业过于急切的心理使其没有认真了解市场及消费者的购买心理，仓促上马大规模广告，妄想以强劲的宣传攻势在短时间内造成轰动效应，一炮而红。可惜市场永远是理性的，在消费者对产品信息了解不够全面、购买信心尚未完全建立之前，A 企业的密集广告投放无疑如泥牛入海。

从上面的案例我们可以得知，像 A 企业此类机能复杂、售价高昂、消费者对产品信息了解不够充分的新产品，在前期市场推广时适宜采取连续式的广告投放策略，有目的、有步骤地把产品信息传达给相关客户群。而且，广告投放应该选择与产品特性相匹配或者具有较高公信力、品牌知名度的媒体，利用这些媒体影响，提升产品的形象与知名度，为下一步市场推广铺平道路。

连续式的投放策略优势就在于细水长流般地将产品或品牌渗透

到消费者脑海中，使消费者对产品的印象与好感持续增加。当然，这种投放策略需要企业有较长远的广告预算，同时也要预防后进的竞争对手以高强度的广告投放进行包围及拦截。这些都是在制定连续式投放策略时所要考虑的因素和问题。

3. 间歇式投放策略　对于一些在市场已经非常畅销，或者品牌知名度相当高的产品，许多人认为已无投放广告的必要。在他们看来，广告的最大目的就在于传达产品信息及树立品牌形象，既然产品已经众所周知且品牌形象良好，何必再浪费额外的广告费呢？但是，广告投放除了以上两大功能外，还承载着一个非常重要的功能，那就是消费者情感唤醒的功能——这就是我们所要讨论的间歇式投放策略。

像可口可乐、百事可乐、微软、IBM 等行业巨头，无论是公司还是其主打产品，绝大部分的消费者都耳熟能详，而且，其品牌号召力也非常大。但是，除了在新产品面世时的正常广告投放外，我们不定时还能在有关媒体上见到这些公司一些已有旧产品的广告信息。这种间歇式的广告投放策略其目的显然不再只是产品本身信息的传达，而更是负担着唤醒消费者与产品之间的情感沟通的作用。从消费者的大脑记忆与情感遗忘程度曲线来看，在没有任何提醒的情况下，每隔三个星期的时间，消费者对产品与品牌的记忆度与情感度就会下降 2～5 个百分点。如果企业在此时没有进行相关的广告投放，其他品牌的产品就可能乘虚而入。

从市场推广的角度看，间歇式的投放策略适合于产品的高度成熟期，消费者对产品的记忆与好感只需间隔性提醒，而无需密集地接触。广告投放间歇期的长短，则要视市场竞争的激烈程度而定。

四、平面广告操作策略

相对于电视广告，报纸和杂志广告非常实惠。其不仅承载信息量大，而且可长时间翻阅，因此在农药产品营销中起到了举足轻重的作用。特别是一些企业在全国范围内采取了高频率的大版面报纸或杂志平面广告的投放策略，对产品销量的提升和企业品牌形象的提升都起到了强大的推动作用。

近年来，平面广告成为许多快速发展型企业宣传的重要武器之一。如果广告创作得好，几个版面炸开一个市场绝不是夸张，一旦创作得不好，几十万甚至上百万的广告费都打了水漂也绝不在少数。那么，如何去创作快速下货的平面广告呢?

一般来说，一个成功的平面广告，要求做到以下几方面：

(1) 无论版面大小，一定要把诉求的产品名称清晰地标示出来。要在比较醒目的位置标出产品的主治功能或适用对象，一定要让目标对象明白产品的功能和作用。

(2) 最好用对比手法标示出本产品的独特卖点。即和同类产品相比，它的优势和特点，或是配方，或是杀虫、杀菌等机理，或是成分、价格，总之必须有一项以上的特卖点，这样就会明显区别于同类产品。对于产品独特卖点的描述，一定要力求文案有新意，用易懂易记又不落俗套的语言吸引目标群体。

(3) 要讲究平面广告的排版技法。一个平面广告，排版技法是创意中的关键一环，一个清晰易懂、让人耳目一新的版面能够在最短时间内抓住读者的眼球。排版技法可不拘一格，要不断进行创新，不可把它固定成一种风格，要敢于探索。

(4) 在报纸媒体日益高涨的今天，平面报刊广告文案的撰写十分重要。写的每一个字，可以说真真是“一字值千金”，所谓“文案一滴血，杀伤一片人”，说的也正是文案在整个广告宣传计划中的重要作用。

除了纯粹的广告之外；“软文”这个属于新世纪时代的字眼，近些年犹如一股黑色旋风席卷着各个行业。自脑白金首创软文以来，软文策略便成为了保健品、化妆品等行业的重要营销利器。尽管其在农药行业已初露端倪，但综观整个行业，大多软文格调太过单一，多数宣传目的过于明显，使得软文完全成了纯文字广告，收效并不大。在经销商和农民越来越理性的今天，凡事都要讲求策略，软文广告亦是如此。

俗话说“各行都有各行的道”。在软文操作中，也有艺术和境界之分。翻翻手头的报纸杂志，软文境界之高低一看便知。境界高的软文可以在轻易之间以无形胜有形，让你在不知不觉中接受企业想传播的信息，而境界差的软文要么被读者一眼洞穿其真面目，要么就干脆被当作垃圾广告一样，看也不看一眼。

有专家认为，软文按境界高低可分为三种，企业需要对号入座，看看自己属于哪一种，以便确定今后的努力方向。

1. 垃圾广告　此类软文在报纸杂志上经常看得到。它的特点是：一般都在报刊的广告专版，很少有图片，有的还加了边框，其内容从头至尾都是王婆卖瓜似的吹嘘企业，诸如产品技术如何高、功能如何强等；标题大都缺乏创意，地址、联系人、电话都明显地标注在文后，广告意图过于明显。

这类软文几乎全是付费的，因为对于报纸杂志来讲，这些版面是当作广告版面销售的。真正看报纸内容的读者一般连看都不看一眼就翻页了，因而它的传播效果极差。企业为这种软文花了大量的广告费用，却得不到良好的效果。

很显然，这类软文是境界最差的。但是目前很多企业却停留在这个阶段，它们往往疲于应付产品研发、资本运作、销售渠道等工作，有的广告制作甚至全权交给广告公司去做，而对软文方面根本不重视。

那么，如何进行改进呢？

首先要在观念上搞清楚软文与平面广告的不同。软文完全以文字表现，它通过读者逐字阅读来传递内容，所以，软文有没有效果，首先是看它能不能吸引读者的阅读兴趣。而平面广告则不同，一个具有创意的设计，一幅极富冲击力的图片，或者是几句富有诗意的短句，都有可能给人以无法抗拒的感染力。

因此，软文的制作必须充分注意到这些差异，要扬长避短，决不能用操作广告的方式来处理软文。

具体来说，要坚持两点原则：

（1）一定不能放在广告版，文章周围最好全是正文，最好是与企业所处行业有关的专刊、专版、专栏。也不能刊登整版，否则也有广告嫌疑。

（2）文章撰写要求无商业气息，严禁自卖自夸式的口吻，尽量回避易让消费者认为文章是广告的一切名词、图片和形式，如果不是特别需要，不要留下联系方式。要知道软文不是广告，它要改变的是消费者的观念、认识，如果是营销方面的信息，完全可以在更具冲击力的广告中体现。

2. 正面报道 此类软文属中等境界。它们常常出现在报纸的正文版面，特点是文章篇幅不大，属于新闻报道式的。当然，其内容是以媒体的视角来报道企业，在字里行间或含蓄或直白地把企业赞扬一番，从而为企业进行“客观”的宣传。因为它们是新闻形式，大多数读者都看，所以这种软文还是有些阅读率的。不过，随着有偿新闻的泛滥，读者的识别意识也越来越强，对于一些明显带有倾向性的报道，他们也是心知肚明，而这迟早要影响到文章的阅读率。

3. “三赢”做法 软文的最高境界是：不管你怎么看都很难确定它是不是软文。它是“三赢”的，即读者、媒体、企业三方都获益。这类软文说起来较为复杂，从某种意义上说，这种软文已经不是普通意义上的“软文”了，而是媒体自发发表出的文字。它一般分为两类，一类是企业无需付费，文章中的内容是企业提供的非常有价值的东西；另一类则是媒体付费采写的关于某企业正面或中性的报道。总的来说，这种软文的特点是一媒体产出了有价值的文章，读者获得了有益的信息，企业经媒体报道提升了知名度和美誉度。这种“三赢”的结果应当是所有软文操作人员梦寐以求的。

具体如何进行软文操作？

软文操作的初级阶段，就像手工作坊，来一个订单，做一件产品，但是经过一段时间后，企业接触的媒体多了，积累的报道也随之增多，这时就应该走向规模化、产业化。此时，建立软文的标准件是一个聪明的办法。

软文的标准件就是把企业对外界宣传的语句统一起来，避免重复性的工作，也避免企业对外口径不一致的现象。标准件必须非常谨慎、细心地编撰，因为它代表着企业对外的正式发言。标准件一旦出台，就要马上在公司宣传、散发，最好让员工统一学习，这样就可以在不同场合保持统一口径。

有的企业有标准件，但仅仅是几篇介绍公司和产品的文章，由于在各种报刊上都用，结果让人看都看烦了。企业可以尝试“模块化”的标准件制作法，通过对各模块的组合搭配，写出的软文口径统一，而且形式千变万化。

具体做法是，在公司数据库建立一个专门的文件夹，其中包括以下几个模块（可以视情况增加其他模块）：

（1）企业历史。列出公司自成立以来发生的较大的、有新闻价值的事件及具有里程碑意义的阶段；通过内部采访，了解企业从创立前到现在的整个历程、故事，比如曾经遇到何种困难，是如何克服的，遇到何种机会，又是如何抓住的等。

（2）企业规模。包括经营规模、人员规模、成员企业以及营销网络等代表企业发展状况的信息。

（3）企业产品（业务）系列介绍。可能公司产品类别较多，所以要分开作介绍。但无论哪一种，介绍词都需突出产品的概念定位及功能特性，并统一口径。

（4）企业认证、荣誉和市场地位。包括公司的市场影响力、各种认证和排名等。这一块通常需要及时加入新的内容。

（5）企业规划。包括公司制订的一段时间内的目标、战略发展方向、计划等。

（6）企业方法。包括企业文化、管理理论、经营模式，也可以是独特的经营管理策略等。

（7）重点人物。包括公司董事长、总经理以及其他一些在公司发展中举足轻重的人，介绍他们的观点、故事、轶事以及一些简短的语言花絮。这类模块必须注重积累，并不断充实内容，把媒体曾经对他们的报道加以整合。

（8）图片、影片库。如公司标志性建筑、办公场景、重要事件场面、产品包装、广告图片以及重要人物照片等。

需要强调的是，标准件自始至终要按照寻找新闻点的思路编写，要换位思考，充分考虑媒体和读者的视角，切忌王婆卖瓜，切忌纠缠于产品功能细节而忽视真正具有新闻价值的东西。

那么，究竟什么时候运用这些模块？这些模块又如何排列组合呢？有两点需要注意：

一是要把握时机。要在时间方面找到一个由头，如新产品上市、获得奖项、大项目中标、与其他企业建立合作关系、本行业突发事件以及企业诉讼等。

二是要有针对性。不同报刊有不同的背景和特色，而不同版面内容侧重点也不同，最终软文的风格也一定不同。不过，由于需要的资料都来源于软文标准件，它们的基本内容是一致的。

五、渠道终端联动策略

一般而言，广告、铺货、促销是大多农药产品进入市场的三大策略。那么我们需要思考这样几个问题：我们手里的资源到底有多少？我们进行市场运作的各个手段目的是什么？我们如何运作市场才能在与竞争品牌的对抗中长期立于不败之地？

1. 高空广告不再是单一的市场拉动手段 据专业人士调查，随着终端内可供选择的单品数量不断增加，高空广告投入这一传统营销工具已经不足以长期维持消费者对产品以及品牌的忠诚度。其实这并不是否认高空广告投入的作用，而是强调单一的高空投放已经不足以支撑市场的销售要求。

时至今日，媒体迅猛发展，广告充斥视野，大多广告被众多品牌尤其是强势品牌的密集攻势所掩埋，如果有充分的资源支持，高空广告能够极大提升一个品牌的影响力。但这样的理想状态对于大多数企业来说只能是望而却步，在有限的资源情况下，很多企业的有限高空投放不可避免沦为阈下广告（不能引起目标受众的注意和兴趣的广告）。

2. 终端是消费者沟通的有效平台 大多消费者是在被动地接

受广告，消费者从接受广告刺激到购买，中间要经过时空转换的距离障碍，从家到销售终端点，一般消费者的短暂购买冲动会被这个距离障碍所磨灭或减弱，除非不断地通过被动的信息刺激使消费者深刻地记住该品牌，当消费者在终端接触产品时，记忆就会被唤醒，购买冲动有可能会再次激起，乃至付诸购买行动。

广告的目的本质上是要把产品或者品牌的信息送达消费者。相对高空广告而言，终端作为产品销售的地方，可以跟消费者作更亲密的接触，把终端作为与消费者沟通费平台或工具，其过程可控性更强，效果更容易评估，由此而言，终端成为广告大战之后的营销主战场是必然趋势。

3. 推拉互动，持续提升市场销量　前面已经提到过，空中广告对消费者的拉力是有限的，唯有与渠道终端的推动结合起来才能发挥更大的效力，让市场上的终端也成为企业的推广窗口，借助终端 POP、横幅、张贴画、各种小礼品甚至终端老板的口碑，使产品或品牌的信息不断刺激消费者，促成购买，这才是我们做市场的最终目标。

渠道、终端的推力来源于对市场的信心，来源于企业对市场持续不断的搅动，以及消费者持续不断的购买，空中广告作为其中的一个工具，对市场起到的是一个“保健”效能，就像一个亚健康的人如果不吃饭、不喝水，只靠保健品是不可能维持生命的。今天的市场更需要我们去精耕细作，需要我们在距离消费者更近的地方加强与消费者的沟通，只有这样才能发挥空中广告的持续影响力，把空中广告的影响延续到消费者产生购买的区域——终端。

4. 空中广告造势，终端活动取量　空中广告最大的作用是提升品牌形象，但是大多单一的品牌形象广告对消费者来说只是被动地接受，如果能将活动信息通过媒体传播出去，将会吸引更多目标消费者主动的关注，与空中广告配合的地面活动可以从以下几个方面来思考：

（1）核心诉求必须要统一。广告本质上就是一种信息，这种信息只有不断重复地刺激消费者，简单的重复，久而久之消费者就会不知不觉受到这种信息的影响。

（2）加强活动与渠道、终端的联动。终端活动形式要结合当地特点来设计，在内容上将产品诉求巧妙地与当地地域或者文化特点建立某种联系，从而加大消费者的接受程度。农村区域性很强，但文化活动比较贫乏，结合这些，可以帮助产品在终端点比较集中的乡镇做大型路演活动，在活动中加强观众的参与性，将产品品牌信息恰当融入到活动之中，无疑可以极大提升产品在消费人群中的认知度和美誉度。建议在做活动的同时考虑发放一些打折卡、优惠卡，将消费者的购买行为引导至终端上实现，这些都是我们活动与渠道、终端联动的方法，这样做能够有效提高终端的动销率，进而提升渠道、终端的信心，只有这样才能真正发挥渠道网络的效率，这对销量目标的实现有着极大的促进作用。

【练习与思考】

1. 试述农药行业常见的媒体及其利弊。
2. 试述农化广告投放的主要策略。
3. 试述如何成功进行农药的平面广告操作。
4. 试述如何实现农药空中广告与渠道终端联动，实现销量目标。

任务 2 农药铺货管理策略

【知识目标】

1. 农药铺货的概念；
2. 农药铺货一般策略；
3. 农药销售激励政策的种类。

【技能目标】

1. 掌握农药铺货的主要前期准备工作；

2. 掌握一般的农药铺货策略；
3. 学会如何制定激励政策；
4. 学会如何进行农药铺货的监控工作和铺货后的服务工作。

铺货是指生产企业与经销商之间相互协作，在一定时期内开拓市场的一种渠道营销活动，铺货可以迅速开拓市场，高效开展营销活动。

传统铺货是指产品从厂家或经销商出发，经过各级分销商至终端上柜销售，最后到达消费者的过程。终端铺货就是产品进入零售店，并摆上柜台，有效传达给消费者。现代铺货讲究铺“心”，是将产品作为一种载体，通过情感、规范及利益的三方驱动，达到多赢的铺货效果。

铺货是一个系统的工作，一旦失败，不仅打击营销人员、经销商的积极性，损伤经销商的感情，还会打破企业的整体销售计划，增加企业后续工作的难度。那么，企业如何才能做好铺货管理工作呢?

一、铺货信息扫描

1. 了解目标区域市场情况　在铺货准备阶段，企业首先应该了解目标区域市场的相关情况，诸如整个市场的特征、产品销售整体状况，消费者的消费趋势、消费习惯等，当然，销售终端的经营特点和性质是最为关键的一环。一般来说，终端调查主要内容如表 5-1 所示：

表 5-1　销售终端调查表

终端调查内容	终端的物理条件	内容：单位名称、企业性质（国营、私营、个体、外资、合资）、上级主管及股东背景、地理位置、规模（面积、楼层数）、专用于售卖本类产品的面积、售卖形式（开架、柜售、散摊、批零）、周边社区情况、周边其他售点情况、成立时间（经营历史）等

（续）

终端调查内容	终端的人员状况	与己相关的人员排序：总经理、部门经理、负责人、具体联系人、财务、库管等 主要关联人员情况：职位、关联点、在本单位工作时间、每月收入、圈内关系，性别、年龄、学历、生日、家庭成员、性格特征、业余爱好等 联系方法：办公室电话、家庭地址、宅电、手机、电子邮件等
	经营状况与口碑	过往销售整体数额、同类商品营业额、已有竞品品牌种类及数量 竞品情况：广告费、销售形式、结款方式等 供应商之评价（实力、信誉、承诺兑现状况等） 与同行（终端单位）之关系 呆死账之传说与实证 危机预测与防范等

企业了解终端市场，切忌大刀阔斧，不认真调查，图虚荣、高成本、吝啬“体力”。在了解终端情况的过程中，调查人员应尽量采用画图、填表、归档的方式。了解终端的方法主要有：

（1）“扫街”式走访、观察，所谓百闻不如一见；

（2）同行（竞品）跟随，因为一般情况下，竞争对手有他自己的想法；

（3）与当地业内人士访谈，很多时候，经验之谈会减少许多失误和不必要的浪费；

（4）消费者的调研，以便弄清楚消费者的消费习惯；

（5）资料的收集与查阅，比如调研公司、统计部门或新闻媒体的一些调研报告或文章；

（6）自己企业原有的一些调研和资料，也包括一些经验类推。

2. 与经销商进行沟通　在铺货之前，企业营销人员要与经销商进行沟通交流，按照企业对目标区域的总指导方针，协商好铺市的产品品种、规格、数量、价格以及渠道选择等。

作为经销商，他们担心的是时间和人力问题，但最关键却是利益问题，所以要告诉经销商铺货花费的具体时间和人员，声明不会产生人手和时间不足的问题，同时还要告诉他们铺货不仅能够减轻库存压力，增加利润，而且还可以培养经销商与零售终端的良好关系。

3. 熟知竞争对手情况　“知己知彼，百战不殆”，竞争对手的实力、促销策略，替代品的销售情况、价格，消费者的认知度、市场占有率、未来发展动向等也是我们应该了解的内容，以便制定相关政策保证铺货顺利地进行。

二、准确铺货定位

做好产品及市场定位，产品属于低价位还是高价位，是中档产品、低档产品还是高档产品，定位一定要明确，以便为目标市场的选择提供依据。

对特定的企业或特定的产品而言，并非所有的终端都是有效的。因此，企业应明确产品铺货对象及市场情况，采取不同的定位和策略。

三、明确铺货目标

制订铺货目标，一般要遵循以下三个原则：

1. 切实可行　在市场调研的基础上，结合企业自身实力、产品及相关资源制订出切实可行的目标。目标是行动的导向，有了正确的目标，才能保证计划的顺利完成。

2. 目标明确可衡量　铺货目标数量化，这样做便于考核，应避免在目标方案中出现不确定的含糊字眼，避免使用有歧义的词语，力求明确、简洁，使人一看即知。

在目标明确的同时，还要使制定的目标可衡量，如“三个月内将产品铺到湖北市场”“两个月全国的铺货率要达到80%”等，以便后期的评估工作。

可衡量的铺货目标，还利于对铺货人员工作进行评估，为其任务的完成提供可供参考的依据。

四、制定铺货策略

1. 铺货策略

（1）拉销铺货。一般来说，拉销铺货策略主要有两种：一是广告铺货，二是公关铺货。

①广告铺货有两种操作方式。

广告在前，铺货在后。即通过广告使消费者了解产品，熟知其功能、特征，使消费者产生需求，从而拉动消费，促使经销商和终端商主动要求铺货。这样做，终端的阻力小，经销商比较自信，也比较支持，能够促进其快速完成铺货任务，同时货款回收也比较快。

但是，有利就有弊，提前打广告风险较大，如果铺货不顺利，就会造成浪费大量的广告费，也会挫败消费者、销售终端和批发商的积极性。

铺货在前，广告在后。为了有效降低风险，很多企业多采用此种方式。虽然这种方式风险小，广告浪费少，但铺货阻力很大，首先有实力的经销商和零售终端不愿意接受；其次，将花费较长的铺货时间，甚至还会出现产品滞销，销售终端纷纷要求退货的问题。

至于该采取哪种策略，企业还应根据自己的实力，把握铺货和广告的度，两种方法进行有效折中，可能会收到意想不到的效果。可根据铺货重点和目的的不同，将广告和铺货分为几个阶段（表5－2）：

表5－2　广告铺货

铺货阶段	广告策略
测试阶段	不投入，测试经销商和销售终端的态度
第一阶段	小投入，刺激经销商和销售终端的积极性
第二阶段	少投入，建立消费拉力，赢得经销商和销售终端的信任
第三阶段	大投入，渗透销售终端，迅速扩大铺货率

②公关铺货。通过大型的公关活动，使众人熟知企业产品并引起消费，它与广告铺货有异曲同工之处。如某企业产品在推向市场时，为加快铺货，策划了“托起明天希望”的大型公关活动，现场销售产品，并将所得款项全部捐给希望工程，从而得到了人们的认可，提高了品牌知名度，拉动了终端进货。

（2）推销铺货。推销铺货主要是利用厂家的优惠条件、促销赠品或人员上门推销等方法推劝经销商、终端铺货，一般采取人海战术法和目标对象法两种。

2. 把握铺货时机　产品处于生命周期的不同阶段，铺货产生的作用是不一样的。在产品的成长期，需要通过铺货来创造产品与消费者见面的机会；当产品逐步进入成熟期，这时铺货对迅速提升产品销量起着非常重要的作用；在产品进入衰退期之后，很多终端商对产品的销售都不抱以积极的态度，于是还需要用铺货来提高产品在终端的见面率。

另外，不同产品淡旺季所采取的铺货策略也不一样。在淡季进入旺季时，需要铺货抢占终端，在旺季转入淡季时，也需要铺货。这主要是因为淡季竞争不是很激烈，各品牌在促销、广告等方面都没有大动作，同时淡季进入市场，让通路成员和消费者都有一个初步印象，为旺季热销做铺垫。如果在旺季才开始铺货，待铺货完成时已进入淡季，会错过旺销的高峰期，同时竞争的激烈程度进一步加强，很有可能被碰得“头破血流”。

3. 借力铺货　企业也可以采用搭便车的策略，通过畅销产品来带动新产品的铺货，把新产品和畅销产品捆绑在一起销售，利用原有畅销产品的通路来带货销售，如此就可以降低新产品的铺货阻力，使新产品快速抵达渠道的终端，从而尽快与消费者见面。

五、制定激励政策

1. 对终端商实行不同的激励政策　当前，终端货架资源越来越有限，进入门槛越来越高，新产品层出不穷，所以尽管铺货很重要，但并不是想铺货就能把货顺利铺下去。尤其对中小企业来说，产品知名度不高，企业推广费用有限，终端铺货总是遇到很大的阻力。

激励政策对减少这种阻力有着非常重要的作用，激励的形式有很多种，如定额奖励、定级奖励、赠送奖励、进货奖励、陈列奖、铺货风险金、免费产品和现金补贴等。采取激励政策，要注意对经销商进行必要的控制：

（1）防止提供滋生窜货的土壤，把握促销方法和标准，防止某些经销商乘促销之便，浑水摸鱼，进行窜货。制定激励政策的同时，还要制定严格的惩罚政策，一旦发现窜货，立即采取措施，甚至可以视情况取消其经销权。

（2）促销费用及促销赠品要真正用于消费者。经销商将促销费用、促销赠品据为己有是常有之事，厂家要制定有效的政策，采取相应的措施阻止。如将赠品雨伞变成雨衣，并缝合在商品的包装里，定期对各地经销商的广告力度进行调查，对知名度高、广告投入力度大的经销商进行奖励，还可以在各种促销活动推出之前，及时通知终端商和消费者等，促使经销商拿出促销费用进行宣传。

（3）加强对经销商铺货配合的激励。经销商的合格对铺货工作能否成功开展有着十分重要的作用。为调动其配合企业铺货的积极性，对其进行激励也是应该和必要的。某农药企业在铺货前期，进展很不顺利，经销商认为企业的返利太低，不愿配合企业铺货，企业为此也很苦恼。后来，其改变策略，返利不变，但是设一个“最佳配合铺货奖”，每年拿出很大一部分资金来对铺货情况良好的经销商进行奖励，激励其铺货。此举充分调动了经销商的积极性，产品很快地铺向了市场，市场状况也得到了很大的改善。

2. 针对铺货人员的政策

（1）激励政策。可以从多个角度对铺货人员进行奖励，如根据铺货量、铺货率、铺货完成的时间等设立各种奖项，对如期完成、提前完成、完成效果好的铺货人员，进行物质和精神的奖励，奖项的设立要体现公平、公正、公开的原则。在制定激励政策时，可对回款设立专门的奖项，不仅可以调动大家的积极性，还可以解决货款回收难的问题。

（2）惩罚政策。铺货目标的完成有一定的时间限制和评估标准，对于超额完成目标的固然要进行奖励，而对于未完成的，也要进行适当的惩罚，并分析其原因所在。如果属于客观原因，如地方颁布法令不许销售，自是无可厚非。如果是铺货人员的原因，如铺货工作不到位、客户拜访不及时等，那就要进行惩罚，可扣发部分工资，取消奖金。当然惩罚只是一种手段，并不是目的。

（3）货款回收政策。部分企业盲目追求铺货量和铺货率，回款老大难已日渐提到日程上来。企业应制订相关政策对终端进行约束，在铺货达到一定的程度后，应将货款由经销商收回，赊销也需由经销商同意。

六、加强铺货监控

（1）对铺货人员的监控。铺货人员的工作是否到位，是铺货成功的关键。铺货人员是企业监督的重点，每天铺货的进度如何，是否按计划实施，实施效果怎样，企业都应密切关注。当然报表的填写只是监督一个方面，企业还要时不时地对铺货区域进行调查。

（2）对终端商的监控。货物发到零售商处，是摆在货架上，还是被积压在仓库里，都是厂家必须监督的。企业需要派铺货人员经常到各个市场巡查，监督经销商和零售商及时将货物摆上货架，并摆放在显眼的位置。

（3）对经销商的监控。

七、做好铺货后的服务

1. 铺货对象的回访工作　赊销铺货，是一个需要经常性管理与服务的工作。有的货铺上了，但是台牌下面是竞争者的产品，第一视觉位置上无货，有的是“铺”在了终端商的仓库里，没有上门面和柜架。

因此，铺货人员不仅要及时填写各种表格，还要做好铺货对象的回访工作，安排好电话访问内容及以后拜访的时间，接近与经销商及终端的关系，而且每次的回访都应及时记录，填写市场调查跟踪表，以便为铺货对象提供及时的服务。铺货人员还要与经销商的铺货人员建立良好的关系，共同把市场做好。

2. 及时兑现承诺 铺货时的承诺一定要切合实际，否则即使经销商和终端听信了企业的承诺铺了货，可无法兑现的承诺会使经销商和终端对厂家不信任而拒绝销售卖货物。

终端铺货是销售工作的第一环节，对企业后期整个品牌走向良性的运营道路起着非常重要的作用。企业唯有重视铺货，并在实际操作过程中，运用恰当的铺货策略，才能保证后期销售工作的正常开展，拓宽企业的销售通路，从而为企业健康发展打下坚实的基础。

八、加强相关保障

在终端铺货中，业务人员和经销商为完成公司的任务，易使用非常规手段，使公司利益受损，因此，面对终端铺货应做好以下保障：

（1）加强账务管理，保障风险为零或最小。前期终端铺货，促销力度较大，原则上不允许赊账，个别终端要做好回访工作，控制风险，将其控制在合理的范围内。

（2）加强终端理货，保障有回头客。终端的生动化与否，直接影响终端销量，严防缺货，及时回访及时补充，保障二次销售顺利进行。

（3）加强厂商交流，保障信息畅通。很多时候厂家的铺货都结束了，很多经销商还不知道产品价位，更谈不上促销政策。有时还会出现促销政策被经销商截流的现象，这些都值得企业深思。

高效铺货是每个厂家、商家亟待解决的问题，如何才能在同行业中遥遥领先，值得厂商思索和探索。

【练习与思考】

1. 什么是农药铺货？

2. 试述农药铺货的一般策略。

3. 试述如何制定铺货激励政策。

任务 3 农药常用促销方式

【知识目标】

1. 农药促销的概念；
2. 常见农药促销策略；
3. 农药赠品促销的目的与原则；
4. 农药赠品促销的主要措施及其注意事项；
5. 农药产品推广会的一般工作内容；
6. 农药产品推广会注意的事项；
7. 农药 POP 广告的类型及其主要功能。

【技能目标】

1. 掌握常见的农药促销策略；
2. 学会如何进行农药赠品促销；
3. 掌握农药产品推广会的一般流程及注意事项。

在营销组合中，促销手段的重要性日益提升。事实上，营销活动能否取得预期效果，产品是前提，价格是调节工具，分销是通道，促销是助推器，服务是最终保障。当代社会日趋信息化，“酒香不怕巷子深”已不再是人人坚信的商业哲理。离开了促销，尤其是进入市场早期的营销活动，相当一部分产品将难以立足市场。

促销，有广义与狭义之分。广义的促销包括广告、公共关系、人员推销、营业推广、新闻报道等诸多形式。狭义的促销，即人们常说的销售促进。

一、常见促销策略

从组合的角度看，促销策略有两种基本思路：一是推动，也称推的策略；二是拉引，也称拉的策略。无论推动还是拉引，都要针对消费者或用户购买准备的若干阶段，以不同的促销组合针对不同的阶段，提高各促销手段在不同阶段的作用力和效率。

1. 广告策略 广告是一种高度大众化的信息传播方式。广告信息的社会影响大，市场渗透力强，利用广告形式传播信息，既可扩大产品销售，又能树立企业形象，但广告促销的成本较高。

广告策略的要点是根据促销目的对各种广告媒体的比较选择。受众或目标市场受众对不同媒体的接触状况不同，报刊、电视、广播、邮寄和户外广告，一次投入的平均接触频率也不同。广告策略的另一个着眼点是广告的投放时机。所以说，广告媒体和投放时机是广告策略的两大基本选择，关系到广告效果的好坏。

2. 人员推销策略 人员推销是营销人员直接向消费者可能的用户推销产品，既是销售活动，也是信息互换的促销过程。

人员推销的目的不仅是实现销售或增加销售量，发现并培养新的顾客，而且还向顾客传递产品或服务信息，介绍关于产品以及相关方面的知识并解答某些问题，并通过推销了解顾客需要和分析市场，为营销决策提供第一手参考资料，都是推销的目的。良好的人员推销也有助于提升企业形象，巩固和扩大客户规模。

人员推销可以是推销员对顾客、推销小组对用户这类对应方式，也可采用专题会议形式，将顾客相对集中起来，由技术专家介绍产品，由推销人员分头洽谈业务。

人员推销的效果主要取决于推销人员的数量与素质。从一般意义上说，推销人员要懂得与产品有关的专业知识，了解购买心理等，具有一定的文化素质和职业道德。因此，建立一支高素质的推销员队伍，对推销人员的年龄、文化、智商、口才和行为道德有较高的要求，定期对销售人员进行培训教育。企业销售人员达到一定的规模，具备了较好的素质和结构，人员推销能否有效地实现促销和营销目的，需要科学的督导、激励等管理制度和方法。

3. 营业推广策略 利用营业场所介绍、展示产品，鼓励购买的方式方法称营业推广。营业推广策略首先表现为推广场所的选择，其次表现为选择促销与购买奖励的具体形式和内容。在营业推广期间，营销企业可以向购买者赠送礼品、新产品样品，实行有奖销售等，在推广现场展示介绍产品，鼓励顾客购买。

从总体上看，营业推广以展示介绍和销售激励两大内容构成。展示地点、时间确定后，介绍产品的形式、技术方法和载体条件要有创意。在销售奖励方面，明确奖励的对象、重点和期限，承诺奖励的规模和比例，取信于顾客。

4. 公共关系策略　在促销组合中，公共关系这一方式已得到不少农化企业的重视。相对于其他促销手段，公共关系对销售的直接促进作用并不明显，但公关手段运用得当，不仅能改善企业与社会各界的沟通和联系，促进企业和品牌形象的提升，而且在克服突发事故对企业营销活动的影响方面，有其独到的功效。

公共关系的涉及面很广，泛指企业外部各个方面。公共关系的对象众多但载体单一，传媒既是公关的主要载体，又是公关的对象。离开了传媒，公关活动的影响力和效果大打折扣。

实施公关策略，企业可选择的方法有很多，但要强调运用得当，在情在理。最常用的方法是利用新闻或创造新闻，但要避免在公众中产生炒作和有偿新闻的嫌疑。无论是企业内部的事件还是企业与社会的联系，有新闻价值、社会意义的题材要尽量发掘，主动编制。公益活动讲究社会效益，因此，主动筹办公益活动或积极参与公益活动，是企业实施公共策略的有效方法。

狭义的促销就是在短期内利用商品以外的刺激物刺激商品销售的一种营销活动。在当前农药市场营销活动中，常见的促销方式主要有推广会、促销宣传品、卖点广告（POP）、传单、条幅等。

二、促销赠品操作

赠品促销是指顾客购买商品时，以另外的有价物品或服务等方式来直接提高商品价值的促销活动，其目的是通过直接的利益刺激，达到短期内的销售增加。赠品能直接给顾客实惠，这种实惠加深了顾客对该商品的印象，有利于加强商品的竞争力，将赠品灵活运用于促销活动中，能够产生良好的促销效果。

赠品促销多用于在一定营销状况下，吸引消费者购买新产品、弱势产品和老顾客的重复购买，它符合两个基本特点：一是消费者在购买时能够立即获得赠品；二是所赠的品种具有很强的吸引力。

1. 赠品促销目的

（1）提升产品或品牌认知度。新品牌或新品上市之时，为了让消费者体验产品使用感受，常开发试用性产品作为赠品。由于这种方式被越来越多的企业所采用，再加上产品品质良莠不齐，所以效果也越来越有限。

（2）刺激产品销售。这是许多买赠活动最直接的目的，希望借用赠品的吸引力增加对消费者的吸引。

（3）提升品牌形象。大型品牌推广的路演活动中，赠品一般都比较精致，价值感强，以体现和提升品牌形象。

当然这些目的不是互相对立的，可以相互兼顾，但孰轻孰重必须弄清楚。

2. 赠品促销原则 促销赠品选择一般应遵循三条原则：保持与产品的关联性；设计程序简单化；不要夸大赠品的价值，即“看得见，拿得到，用得好”。

（1）保持与产品的关联性。赠品设计中有一个基本的原则，那就是尽量送与产品有关联的赠品，要从产品的特征、功用和品牌的属性、内涵等多方面进行斟酌，找出与产品本身、品牌诉求有关联性的赠品来赠。同时更要注重赠品带给顾客的价值感和实用性，这样能够使消费者在使用这些赠品时随时能够产生对品牌的联想。但是有一些企业却不重视赠品与产品的关联性，结果东西送了，却没有达到预期效果。

（2）设计程序简单化，赠品一定要易拿。对于购物赠礼，最好是减少一些不必要的环节，譬如拿小票去排队等待，拿小票换赠品券再去兑赠品等。当我们在促销现场派赠品时，一定要牢牢记住这一条规定。千万不要付出努力后还使品牌在消费者心目中没有留下好印象。

（3）别夸大赠品价值。廉价的赠品不如不送。我们的顾客经过这近二十年的市场经验培养，早已不是商品短缺时代那种为了二斤咸鱼也要排通宵长队的顾客，现在的他们对于商品的价值感已经具有了非常准确的评估能力。你给他的赠品如果夸大大离谱的话，可能出现他们对品牌的信任感降低的问题。适当夸大赠品价值是有必要的，这样会在一定程度上增加消费者物有所值的感觉，但是过分夸大就可能会弄巧成拙。

3. 赠品促销操作措施 要防止渠道截留，有效用好配赠品，需要厂家了解自身问题所在，从配赠品的形式、配赠的方法、配赠的监控、渠道的沟通与交流等多方面入手，实实在在为渠道着想，并最终找到解决问题的方法，帮助企业稳定发展。

（1）广告宣传要充分。在施行赠品促销之前，广告宣传的工作是头等大事。广告宣传的策划必须符合本次赠品促销的目标消费群体的地域、人口分布、购买习惯、购买地点、兴趣偏好等元素的特征。有的放矢的把促销的地点、方式方法、促销由头、赠品推荐等信息发布出去。

（2）新颖性——突出赠品的独特卖点。好奇是人的天性，新奇的东西无论对小孩还是成人，都有很大吸引作用。创新性的赠品开发还能弥补企业赠品经费上的不足——不一定成本高的才是好赠品。

要给赠品取一个响亮的名字，叫起来既要响亮还要朗朗上口，最重要的就是还得与产品的独特卖点挂钩。我们首先摸清楚促销的目标，消费群体喜欢什么，对什么敏感，最近有哪些热点使他们关注或兴奋，然后将这些元素与售卖产品本身的核心利益相结合。

（3）适当炒作，凸显促销赠品价值。在促销活动中，赠品的价值一般都不会太大，那就要看企业如何炒作宣传。在通过赠品吸引消费者前来光顾促销和购买的策划中，商品本身为消费者提供的利益已经不再是唯一的诱惑点了。在人来人往的商店里，同规格、同功效、品质相近的同类产品挤在一起，消费者有很大的选择空间。在这时，凸显你的赠品价值就显得非常有必要了。炒作价值和夸大价值不同。夸大价值是直白地告诉你这件赠品价值多少钱，过分的夸大令人难以信任。而适当的炒作赠品价值则需要从赠品的使用利益与情感利益等方面进行炒作。赠品虽简单，概念要到位，一个打着品牌标识的赠品当然比没有标识的三无产品更有价值。物以稀为贵，定制的赠品和限量赠送都会产生额外的超值感。

（4）关联性要多强调。传播学研究认为：人类对于一个信息一般要经过7次的刺激才能有较深的记忆。那企业就不妨多做几次宣传。在促销现场，为了增加消费者对产品和赠品的记忆度，我们需要在活动中反复提及产品的功能利益、消费者利益和情感利益，还要反复强调赠品与产品的内在关联性以强化消费者记忆。其结果是，在生活中消费者使用或者看到这个赠品就会产生对产品利益的联想。

（5）强化概念——赠品是附加值的体现。在进行赠品促销时，一些企业往往把概念颠倒了过来，或者说概念没有完全弄清楚。他们在宣传口径上常常这样说道：只要您购买了多少价值的产品你就能获得什么样的赠品。这样往往给到消费者一种他支付的价值里面包括了赠品价值的概念。假设我们换一种口径来宣传呢？“我们这次促销的价格在同类产品里是很优惠的了，您今天购买产品能够会得到实实在在的优惠，而且，为了感谢您的光顾，我公司还将免费赠送××”。后者因为强调了“免费”这两个字，在感觉上，把前面口径里的“买了才能送”变成了后者的“不但买得实惠，而且还有赠品送”，我们可以看到前后二者得本来意思是差不多，但是效果却是天壤之别。一定要学会偷换概念把“你送”变成“他想要”！

（6）借力打力——依靠外部现身说法。在赠品促销活动中，仅仅依靠企业的促销执行人员自说自话的宣传其赠品如何如何好，如何有价值还是不够的，这时一些企业往往会采用利用产品专家或者临时聘请的明星主持人等在公众中有一定影响力的人进行宣传。

事实证明，这种方法的效果是比较好的，虽然从某种角度上来看，这样的成本要比一般性的宣传要多，但是其所产生的影响却很大。而且通过这种方法宣传的赠品便可能具有较长时间的生命周期，不至于产生一次性制作的赠品做完一次活动后就没用的现象。因为“意见领袖”的号召力可以使得消费者萌生还想获取的念头。

（7）集中摆放，注重赠品陈列和展示。对于赠品与产品关联性的强调，除了通过现场的节目、游戏等方式操作之外，赠品展示也是行之有效的方法。

（8）限量赠送是催化剂，设置悬念造成紧张感。这种手法也是经常被使用的。“限量”“先到先得”比“买一赠一”更有号召力。成功的赠品发放是：你让消费者觉得他喜欢的那一款赠品已经没有多少了。即便是买一赠一的常规促销也要给出一个时间限制作为条件，让消费者感到只有在这个时间内才有这个机会。一旦消费者认为任何时候都有赠品，那么赠品就已经成了产品的一部分，成了“应该给的，而不是额外送的”。很多企业买赠活动天天搞，销量却反而下降，就是这个原因。采用限量赠送的方法时（特指在促销现场），我们尽量不要让消费者看到赠品过多堆积的场面，在兑换台上适宜仅摆放少量的赠品。兑换台角落等地方适当的摆放一些盛装赠品的空箱子，对于一些消费者非常喜欢的赠品则摆放更少。

另外还可以采取的方法有：在配赠品包装上打上非卖品的标志；“逼迫”渠道将之送给消费者，以达到配赠的目的将配赠品与渠道分离，厂家直接将配赠品送到消费者的手中，代理商接触不到奖品，自然无法将直截留，在选择配赠品时，应该充分考虑到渠道各个环节的需求以及消费者的需求，有的放矢，根据不同区域的情况不同对待。真正让渠道满意；让消费者喜爱和接受；注意配送的比例，以让渠道各个环节方便地将配赠品送给下一级销售网络和消费者；做好渠道的监控工作和沟通工作，了解配赠品究竟流向了哪里，起到了哪些作用，存在哪些问题，并及时纠正和解决问题。

4. 赠品运用忌讳

（1）长期使用同一赠品。赠品是诱饵，不是常规产品的组成部分，因此一旦赠品没有了吸引力，就应该马上更换。有的企业不是考虑赠品是否诱人，而是因为经销商需要——“别的厂家都有赠品，所以我们也必须有赠品”，为了赠品而准备赠品，所以一年四季就一种赠品，或者赠品永远是本企业的产品，这样的赠品就失去了应有的价值和功能。

（2）无节制地使用赠品。现在促销中有个怪现象：产品卖不动就送赠品、做特价、搞抽奖。但是抗生素经常使用就会让病人产生抗药性，或者对药物的依赖性，赠品对消费者来讲就是个“甜头”，可这“甜头”天天都有，它还能有吸引力吗？只会让消费者对赠品产生依赖——没有赠品就不买账。

（3）不要用产品做赠品。产品作为赠品最省事，却是最容易让消费者厌倦的做法，而且直接降低了产品的心理价位。一旦你用正规产品作为赠品，消费者就不是按赠品来计算你的价格，而是将价格均摊到你的产品中，自己重新给这个产品定了心理价位。以后只要高于这个价格，消费者就会认为太贵。

另外，从赠品的管理方面来说，拿正规产品做赠品将很难管理控制。

三、产品推广会

农药推广会是一种非常有效的推广方式。由于我国农民朋友的文化水平普遍不高，文字阅读能力不强，很难看懂农药说明书，相比而言面对面的讲解更形象生动，农民朋友容易接受，听得懂，记得牢。此外，农药是一种技术含量很高的特殊商品，销售时要将正确方法传授给农民，否则，好产品若使用不当，照样也发挥不出应有的功效，而推广会可以在对农民进行培训，讲病虫害的发生规律，如何预防及防治技术的同时，把产品介绍进去，变卖产品为传授技术，让农民接受技术的同时接受产品。

1. 会前准备工作

“预则立，不预则废”，细致扎实的会前工作是农药推广会成功的关键。

（1）销售代表必须充分地、仔细地与客户协商好，并对整个推广会的过程进行仔细策划。

（2）确定会议类型。即准备召开什么类型为主的推广会，是召开综合型的，还是单项型的，是针对二级经销商的还是直接针对农民朋友的。一旦确定了主题，便可以开展一系列的策划和准备工作。

（3）根据会议类型确定邀请对象，但一般为以下几个方面：当地农药方面的官方代表，一般是农业局领导；当地农药技术专家，一般是植保站领导；当地总经销商；其他人员。

（4）落实人员后，根据人员数确定会议规模，选择会场，确定时间，并发出邀请函，可采取电话邀请和书面邀请的方式。

（5）对于一些重点的邀约对象，销售代表要亲自邀约。

（6）详细策划会议的程序及所需用品及注意事项等。

①应准备的用品。幻灯片、投影仪、样品、宣传资料（企业纸杯、企业形象圆珠笔、企业形象稿纸、单页、彩页、企业内刊报、条幅、胶带、投影仪、笔记本电脑、企业画册等）、小纪念品等。

②销售代表必须在开会前将货物发至客户处，备足货源。

③根据会议规模，企业和客户必须配备一定人员，成立会务组，相互协作，分工明细，权责到人。

（7）制订一套非常有刺激进货的让利政策或奖励政策。

2. 会场布置

（1）会场的地点一般为宾馆、客户的会议室等。

（2）会议的主席台上方悬挂产品推广会条幅，并标明客户名和企业名，会场门口置几块欢迎词板，会场粘贴一些宣传画，放置台卡，会议桌上摆好企业形象纸杯、企业形象稿纸、企业形象圆珠笔、企业形象纸袋或企业形象塑料袋、材料及其他宣传品。

（3）布置开会所需的一切用品：如粉笔、话筒、扩音设备、投影仪，每个品种的样品等。

（4）会场门口陈列企业样品、宣传册、宣传品；并将产品宣传册成套装好，准备签到册。

（5）主席台上可设置抽奖箱，放置奖品。

（6）考虑到会人员的时间差，可放置企业内刊报纸进行情绪调节，控制场面，也可改企业介绍性质的广告带（专题片）。

（7）详细进行人员分工，确保人尽其责，制定会议程序表，并落实到人。

3. 会议程序及注意事项

（1）签到、发放资料、宣传册、小礼品、会议程序表等。

（2）会议的主持可由客户主持，由其致开幕词并宣布会议程序。

（3）由企业的到会最高级别代表介绍企业的宗旨、理念、目标、发展战略、产品销售形势等公司简介、企业文化。

（4）由企业的销售代表或当地技术权威介绍产品情况及使用情况。现场讲解人员专业技术水平要高，对所推广产品要了如指掌，对它的功用、使用注意事项要熟烂于心。另外，必须要有扎实的植保知识和农药知识功底及较强的试验、示范实践能力，也就是要“专”，这样推介起来才能得心应手。其次，要有广博的其他知识准备。除了专业知识外，还要有人文地理、各地种植业结构分布、病虫害发生趋势等知识，只有对当地的情况心中有数，讲起来才能对答如流，带给受众最需要的信息，专题推广会才能开出实效。

（5）会场的氛围要有人气，主要是现场气氛要活跃，要能吸引受众。一是推介的销售人员要能带头活跃气氛，能具有一点表演才能最佳。二是要用通俗易懂的方式方法进行推介，生动、形象，带点幽默也何尝不可。三是穿插一些放松身心的节目，即兴表演一些节目，组织抢答赛，题目要简单，主要目的在于宣传企业、客户、产品的有关情况，给踊跃参与者赠送一些纪念品，能极大调动受众的积极性，集中其注意力，不仅记住企业和产品，也记得产品的好处和用法，能激起强烈的购买欲，从而达到开专题推广会的目的。

（6）抽奖及兑奖可放于活动的最后进行，即订货基本完毕后进行。

（7）可采取当场提货有奖的方式。

4. 会后情况

（1）销售代表要与客户在会后马上清理订单，将订货客户分类，对订货量大的客户要加强跟踪服务；对于订货量小的客户也可用信函、电话加强联络，确保销售的良性循环。

（2）销售代表要及时督促客户给没有提货的客户尽快送货到位。

（3）及时调整客户货源、库存，并加紧收款工作。

5. 注意事项

（1）推广会过程中要注意调动合作单位的积极性，包括其各级人员的积极性。要特别尊重客户及其他人员，如推广会注名一定要将客户的名字一同注明，并可将真名注在前面。

（2）农药推广会在介绍产品和企业时要把握一条原则，语言文字一定要简单扼要、通俗易懂，时间可根据不同推广会进行相应控制，以 8～15 分钟为宜，多家企业开的时候更要控制好介绍产品和企业的时间，因为农药推广会中产品的利益是关键。

（3）多家生产厂家一起开时，更要注意争取客户的全面支持和政策上的灵活多样及竞争力。

（4）要注意南北各地区的差异，要用普通话或最利于受众理解的语言进行讲解。

（5）幻灯片制作。先是根据当地的病虫草害发生情况，讲解相关植保技术，不能为推介而推介，要真正使受众有所得，也可以穿插一些科学种田、科学买药、用药知识及识别真假农药知识，然后进行重点产品介绍，以 2～3 个产品为宜，产品如果太多就没人看了。产品介绍要注意提炼突出卖点，突出优势，突出使用方法，不能泛泛而谈。企业介绍以 6～8 分钟时间为宜，可配以大量的实景图片，做到眼见为实。

（6）针对农民朋友的推广会，开完会后，可采取到会人员每人 10～20 元的奖励方式，不建议吃大锅饭。

无论何种推广会，销售人员必须根据具体情况，精心策划、精心组织，与客户精诚合作，才能无往而不胜。

四、POP促销

所有在终端零售店面内外能帮助促销的广告物或其他提供有关商品情报、服务、指示、引导等标示，都可称为POP广告。在当今竞争激烈的零售业，担任消费者与零售商之间媒介的POP广告越来越成为提高销售业绩的重要手段。POP的合理运用，不仅可以取代促销人员的功能，减低人员成本，还可以极大地美化店面环境，促进客户的购买欲望，实现增加销售额的目的。

POP广告依功能可分为两类：销售型POP和装饰型POP。销售型POP主要功能是代替店员作售物说明，能一目了然地传递商品价格及特性等信息，促进顾客的购买冲动，装饰型POP是以提高卖场形象为目的，充分营造卖场气氛，构建与众不同的个性文化氛围和卖场形象。

农药销路与POP广告关系密切，因为POP广告会营造出良好的店内气氛，并且农民消费者对音乐、色彩、形状、文字、图案等越来越表现出浓厚的兴趣。目前，不少企业和零售商也认识到了POP的重要作用，农药终端零售中POP应用已十分普及，包括招贴画、铜牌、立牌卡、宣传折页、明白纸、手册、包装物、价格表、吊旗、产品模型、灯箱等。

终端推广人员如能有效使用POP广告，会使农民享受到购物的兴趣，并且购买时的信息会对顾客的购买行为产生影响。所以，农药推广人员要具备一定的POP广告方面的知识，在拜访零售商时，给其提出一定的建议，并给予实际的帮助。

此外，传单、条幅等也是农药企业常用促销方式。其中，条幅广告成本低廉，在农村市场运用十分广泛，其在实际运用中，分布要有一定的气势，同时保证一定的数量和悬挂位置。

【练习与思考】

1. 试述常见的农药促销策略。
2. 试述农药赠品促销的主要操作措施。

3. 试述如何举办农药产品推广会。
4. 试述农药POP促销的类型及其主要功能。

任务4 终端站店推广

【知识目标】

1. 农药终端站店推广的含义；
2. 农药站店推广人员与时间；
3. 农药站店推广的注意事项；
4. 农药站店推广的一般步骤。

【技能目标】

1. 掌握站店推广的基本技巧；
2. 掌握农药站店推广的一般步骤；
3. 掌握农药站店推广人员主要培训内容。

站店推广员的出现，是农资营销继铺货之后的新进展。当铺货普及并成为大家都了解的基本销售手段后，厂家或经销商需要以新的营销手段创造竞争优势，站店推广就是在这种情况下受到重视的。

什么是站店推广？很多人可能还不知道。但是，农资业界知名经销商——海南三亚的黄忠在四年前就开始做站店推广。现在，黄忠已经成立了一个专门的部门——推广部，配备专车专人做站店推广。

站店推广又称为驻店推广，虽然对农资行业是个新名词，但在其他行业（如快速消费品行业）一般被称为导购员或促销员。在大型卖场，导购员已经替代卖场营业员，成为导购、推销、理货、报单的主要人员。甚至可以说，大卖场的很多工作就是厂家（或经销商）派出的导购员完成的，导购员之间的竞争已经成为终端竞争的最前沿。

一、为什么要进行站店推广

如果问决定终端零售店销量的主要因素是什么，人们可能回答“品牌”“价格”或“客情关系”。我们所做的调查发现，下列三种情况下，终端零售店的产品销售情况最好：

（1）厂家或经销商派人站店推广时，销量至少比平时增加3倍；

（2）厂家或经销商在终端对用户做促销时，销量可以爆发式增长；

（3）终端老板柜台边上的产品销售情况好。

一般零售终端都有几百甚至上千种单品，终端老板不可能把所有产品放在同等重要的程度。有些产品之所以销售情况不好，不是产品本身的问题，而是老板想不起来推销。只要派人站店，终端老板很容易想到你的产品。而且，只要站店推广员在现场，老板“不看僧面看佛面”，总会在消费者面前为你多美言几句。

在站店推广还没有普及的时候，那些最早做的厂家或经销商无疑已经取得了领先。也许有一日，站店推广会像今天的铺货一样再次成为大家都熟悉的销售手段。

二、谁来做站店推广

目前，有少数厂家和经销商有专职站店推广员，还有一些厂家和经销商把站店推广作为新业务员实习阶段的一项工作。

但对大多数厂家和经销商来说，配备专职的站店推广员还有点奢侈，如果不能提高站店推广员的效率，专职推广员的代价确实有点高。于是，让业务员在每天的旺销时间专职做站店推广员就成为了首选。其实，每个终端店每天都有旺销时间，这个时间去送货或做客情关系，都很让人反感，还不如直接让业务员在这段时间做站店推广更划算。只要提高业务员的工作效率，每天完全可以安排业务员从事两个小时左右的站店推广工作。

三、什么时候做站店推广

站店推广的最佳时间就是终端的旺销时间。据我们观察，有三类不同的终端零售店，其每天的旺销时间正好错开。菜市场附近的终端零售店，每天凌晨 4：00 以后就开始旺销，菜农卖菜后顺便购买农资，天亮的时候旺销时间就结束了。乡镇终端的旺销时间通常是 9：00～15：00；农民一般上午进城买农药，下午打药。村级终端由于离农民较近，农民随用随买，下午正好是旺销时间。

如能有效安排站店推广员的工作，一个专职站店推广员一天之内完全可以在 3 个店轮流做站店推广。

合理安排站店推广员的时间分配很重要。有的站店推广员只在一个终端停留一会儿，不像做站店推广工作，更像做客情关系。还有的站店推广员一天跑几个乡镇，时间完全浪费在路途中，等到达终端店，旺销时间早就过去了。

当然，如果企业业务员资源有限或一时调配不开，就要有选择地去做站店推广。那么，该在哪类终端做？答案是客流量最大的终端。因此，站店推广时，一定要对终端运行分类，主要时间集中在客流量大的终端做推广。

站店推广最佳时间：

①菜市场附近终端——每天凌晨 4：00 以后；

②乡镇终端——每天 9：00～15：00；

③村级终端——每天下午。

四、站店推广如何争取终端配合

站店推广的实质是把购买其他产品的用户变成购买本企业产品的用户。对于终端零售店来说，只是用户使用产品的变化，并没有新增用户。如果站店推广员不管用户想购买什么产品，只是一个劲地推销自己的产品，就可能引起终端老板的反感，因为终端老板害怕这种强势的站店推广可能会赶走客户。

因此，做好站店推广应注意以下三个问题：

（1）不要过分强势推销，应做好隐性推销；

（2）对于指牌购买的用户，一定要尊重用户的意见；

（3）要站在终端老板的角度考虑问题，不要让终端老板为难。

五、站店推广“五步曲”

目前，多数站店推广员做推广时要么帮终端老板打杂，要么帮助站柜台当营业员，甚至还有部分推广员站在一边无所事事。即使如此，站店推广仍然有较大效果。要做好专业化站店推广，就要把站店推广作为一门科学来研究。根据一线实践，在此提出专业化站店推广“五步曲”：

（1）第一步。每周做一次“本周主要病虫害调查”，在推广之前做到心中有数。做调查时一定要亲自下农田或菜地，与农民交流，了解农民的需求。

（2）第二步。针对本地的主要病虫害，请专家推荐用药配方。推荐配方时，既可找本企业的，也可找社会知名专家。如“××省农科院×××专家推荐×××病虫害用药配方”，将用药配方张贴在终端醒目处，在配方中巧妙地将自己的产品包含进去。这种推巧方法比硬性推销有效得多，因为农民信专家而不一定相信一个小小的站店推广员。这种方法是用“意见领袖”引导消费者。

（3）第三步。每天早晨到终端前，先到农田或菜地里找一些病虫害标本，这些标本就是站店推广的道具。站店推广难度比较大的事是找不到与农民搭话的机会，有了标本做道具，就很容易搭上话，而且农民还很容易信服。

（4）第四步。当农民买药时，拿着标本问农民是不是这种病。带着病虫害标本推销农药，农民更容易被说服。

（5）第五步。农民购买农药后，不妨让农民留下地址或电话，以备回访。回访的目的有三个：一是迅速了解用药效果，做到心中有数。二是将使用效果反馈给终端老板，增强终端老板推销产品的信心。三是以后农民来买药时，可以先问“你们是哪个村的”？然后再告诉他：“×××使用这种产品效果很好，不信可以去问。”这种“证言”式推销比空口无凭的推销更有说服力。

综上所述，站店推广“五部曲”可概括为：

第一步下基层做病虫害调查；

第二步找专家推荐用药配方；

第三步找病虫害标本做道具；

第四步拿出标本对症下药；

第五步集信息、做回访、立“活广告”。

六、新站店推广员培训

编制标准化手册，让业务员快速成为站店推广高手。

优秀的企业之所以能够做到“让平凡的人做出不平凡的业绩”，就是能够把工作做到标准化，不给一线人员犯错误的机会。

对一个站店推广员来说，通常遇到的问题只有二三十个，把这些问题弄明白了，就能够成为一个合格的站店推广员。如果让他们自己去摸索，可能需要较长的时间。如何缩短新业务员的摸索时间呢？一个有效的办法就是编制标准化销售手册。可以把每个站店推广员遇到的主要问题列出来，然后由公司业务能力强的工作人员给出标准化的答案，没有标准答案的也可以给出选择性答案。新招聘的站店推广员只要背会了这些标准答案，进入状态的时间就可以大大缩短。

【练习与思考】

1. 试述站店推广争取终端配合的方法。
2. 试述农药站店推广的主要步骤。
3. 试述农药站店推广员的选择及其培训。

任务5　客情关系维护

【知识目标】

1. 客情关系的三个方面；

2. 客情关系维护策略；
3. 新业务员建立、维护客情关系的策略。

【技能目标】

1. 掌握维护客情关系的主要策略；
2. 掌握新业务员建立、维护客情关系的策略。

良好的客情关系，是销售人员必备的素质之一。客情不能保证销售人员一定能完成销售业绩，但却是完成良好销售业绩的润滑剂。

客情关系可分为三个方面，一是和经销商的关系，这是客情关系中最主要的一环，也是我们最常讲的客情关系，它能帮助销售人员更好地管理经销商；二是和零售商的关系，这直接关系到产品的陈列好坏以及特殊陈列所花费用的多少，它能帮助销售人员节约公司投入在市场上的资源；三是和公司内部各部门的关系，它能帮助销售人员得到公司其他部门更多的支持和协助。

（1）与经销商的关系。销售人员和经销商总是充满着对立的统一。真正良好的客情，不是通过酒桌、饭桌来确立的，赢得经销商真正信赖的是销售人员的专业知识，因为专业知识加上销售网络，才是经销商获得利润的真正保证。毕竟所有的关系都是建立在商业利益基础之上的。

销售人员与经销商之间的客情关系，是靠专业销售知识去维系的，当然还需要良好的人际关系技巧，懂得如何去和各种各样的人打交道。

（2）与零售终端的客情。除了和经销商的客情，与零售门店的客情关系维护也很重要。零售门店的客情是业务员经常与零售门店联系、回访而来的，零售终端的良好客情，永远属于那些勤劳的业务人员。

（3）公司内部的客情关系。在公司内部关系维护上，不论是对市场部、物流部还是财务部，和总部各部门保持良好的客情关系，是一个互相理解的过程，管理好这些同事，在必要的时候才能获得他们的支持，从而让销售人员觉得做事事半功倍。

一、客情关系维护策略

我们这里所谈到的客情关系维护，主要是针对客户（经销商、零售终端等）的关系维护。这种客情维护，是指在公司明文规定的销售政策之外，充分调动所能争取的资源及运用个人的努力与魅力给予合作客户情感上的关怀和满足，为正常的销售工作创造良好的人际关系环境。

1. 常规性周期型客情维护 常规性周期型客情维护是指那些有规律的周期性发生的客情维护，主要包括下述几项内容：

（1）周期性情感电话拜访。作为社会属性的人都是有情感需求的，情感需求包括两个方面：一是对朋友情、亲情的需要，另外一方面则是归属感的需要，也即是人们都希望自己能够归属于某个组织。而销售人员在正常工作电话拜访之外的情感电话拜访，则可以充分满足经销商对第二类情感的需求。

情感电话拜访有两个注意事项：电话时间相对于非常规律性的周期性工作电话拜访而言，要相对不规律一些，以在客户心目中弱化“工作”氛围，强化“感情”印象；电话内容以“嘘寒问暖，情感关怀”为主，且要关心适度。

（2）周期性实地拜访。进行这种纯客情维护性实地拜访时，要注意如下几个事项：可以给经销商带一些价值不高但很实用的小礼品；要给经销商带来其所认识的公司高层的问候；最好能结合一些小规模的培训活动，让客户感觉有所收获。

（3）重大节假日客情维护。其实目前大多数企业都做到了在节假日进行客情维护，采用的方式一般为致贺词和送礼品，但在实际运作中由于方方面面的原因，而未能选用合适的贺词和礼品，导致效果不佳。对此，企业销售人员可注意以下内容：

①贺词载体的选择。现在人们传达贺词的媒介非常多，如短信、电话、电子邮件、寄贺卡等。这几种载体各有各的特点，具体

选择时应在充分考虑接受者个性特点的同时，巧妙运用逆向思维。如几年前电子邮件使用者很少时，可使用电子邮件发送贺卡并提醒对方接收，可给对方带来惊喜，而在如今广泛使用传真短信的年代，若能静下心来给客户寄去一封情真意切的贺信，可能会使他印象深刻。

②贺词内容的确定。其实，大多数人在节假日早就对群发出来的道贺短信审美疲劳了，所以贺词内容一定要根据对方的具体情况编写，要祝贺其内心在下阶段非常想实现的事情，另外再加上一两句朴实无华的贺词即可。

③道贺要亲历亲为。给客户道贺如发短信或寄贺卡上定要亲历亲为，不可假手别人代劳。

（4）要送有“来历”的礼品。送给客户的礼品不一定很贵重，但一定要有点“来历”，比如企业领导人出国所购等，总之要让客户体会到销售人员在礼品上所花的心血。

2. 重大营销事件发生时期的客情维护 这里的重大营销事件，特指经销商区域市场的重大营销事件，如新店开业、经销商自行组织促销活动及召开下级经销商会议等，应该说这都是一些对经销商而言非常重要的时刻。此时销售人员除给予热情洋溢的精神鼓励外，如果有可能一定要到现场一起运作。

此时可谓是一个与经销商并肩战斗的最好机会，期间销售人员不辞辛苦地超负荷运作，可以大大拉近与经销商的心理距离。

3. 代理商个人情景客情维护 对经销商而言，会有一些值得他个人纪念的日子，若能有效收集到这些信息，并善加利用则可收到奇效。一般来讲经销商个人情景客情维护有如下三种情况：

（1）经销商生日。虽然社会上一部分人对生日不是很重视，但无论如何在生日这天收到真心祝福总是一件开心的事情。特别是公司召开经销商营销会议期间，出其不意地为其准备一个小型的庆祝仪式，定会让他十分惊喜，也能让其他客户感觉到企业对他们的重视。

（2）经销商非规律性重大喜事。这部分主要是指经销商诸如得子、结婚等非规律性重大喜事，销售人员需尽可能到现场祝贺，有可能的话最好能争取一位公司高层出席以示重视，因为这往往是经销商最重要的社交活动，其所看重的关系人物大多会出现在在这种仪式上，这时销售人员及公司领导的出现能让经销商感到备受重视。

（3）经销商非良性意外事件。非良性意外事件主要是指经销商不幸遭遇亲人去世、生病等情况，销售人员知道消息后应在第一时间致电问候，但电话要言简意赅。简单慰问后，真诚主动地对其表示：生意上的事不用担心，以后再说，您先处理家事，然后就可挂断电话，经销商定会记住这份超越生意的关怀。

4. “多管闲事”客情维护 有时经销商由于文化水平、环境局限等诸多因素，在生意之外会犯一些低级错误，这时销售人员可以给他一些善意的帮助，当然要注意方式方法，经销商会觉得你拿他当朋友看，关系自然会不同。

5. 重大环境事件客情维护 这是指经销商所在区域有时会遭遇到诸如自然灾害、传染病侵袭等，此时销售人员要及时联系代理商表示对该事件的关注并表达对客户本人安全的担心，从而给代理商雪中送炭的温暖感。

6. 销售人员个性客情维护 主要是指销售人员根据自己的特点，随时留心进行客情维护的机会。如销售人员发现自己和某一经销商有共同爱好，则可以时常有意无意地聊聊，通过这样的点点滴滴加强彼此的关系。

客情维护，其实也就是销售人员利用一切可能的机会对合作客户进行情感关怀，其“运用之妙，存乎一心”，并无固定格式。

二、新业务员客情关系维护

很多厂家随着市场拓展和业务发展的需要，经常会从学校毕业生中引进一些新业务人员，充实到销售一线去。只有获得客户的认可和信任，在客户的充分支持下，业务新手才有机会去展示自己的才华，才有可能创造良好的销售业绩，才有可能体现自己的价值。

那么，业务新手如何过好客户这道关，以最快速度赢得客户的认可与信任？

1. 学会做人，拉近与客户的距离 销售员每天都要与不同的客户打交道，只有把客户关系处理好了，才有机会向客户推介产品，客户才有可能接受你的产品。作为业务新手，第一件事情就是学会做人，不断培养自己的情商，拉近与客户的距离。

（1）业务新手要做一个自信的人。在自己的心目中没有什么不可能，决不怀疑自己的公司，决不怀疑公司的产品，决不怀疑自己的能力，相信自己一定能够征服客户，客户一定会对你另眼相看。当遭遇客户刚开始时的一两次冷眼或不热情的态度时，业务新手心里要明白：这只是客户还没有或不完全了解你之前的一种本能反应，没有什么大不了。千万不要客户一两次冷眼或不热情就怀疑自己能否在这里继续干下去。一旦有这种想法，那结果肯定是在这个客户这里干不下去。

（2）业务新手要做一个主动的人。天上不会掉馅饼，业务新手的命运掌握在自己的手中。客户不理睬，可以主动去推销自己，关心他及他周边的人，用真诚行动去感染客户及他的家人，如每次拜访为客户或他家人捎点小礼品等；客户不告诉你市场情况，可以主动去问客户一些情况；市场的真实情况，也可以自己主动深入到客户市场一线，亲自去了解市场情况。此外，还可以主动通过其他一些间接手段去了解。

（3）业务新手要做一个能吃苦的人。很多客户不认可刚从学校毕业的新手，很大一部分原因是怀疑业务新手不能吃苦。做销售，业务新手相对没有太多的经验，没有太多的关系网，没有太多的老本可以吃，唯独的方法是比别人拜访客户的时间更长，比别人拜访的客户更多，比别人拜访客户的频率更高，也就是说比别人吃更多的苦。

（4）业务新手要做一个可靠的人。业务新手除了自信、主动、吃苦还不够，还必须使自己成为一个值得客户信赖的人。业务新手应该严格遵守厂家的职业规范和作业制度，坚决不做任何有损客户与厂家利益的事情，做到公私分明。

同时，业务新手还要有诚信，不能做到的事情坚决不承诺，承诺的事情坚决做到。只有这样，才能使客户依赖你，才有可能获取客户最大的支持与配合。

（5）最后业务新手还要做一个好学的人。业务新手要养成多问的习惯，既不要觉得“自己什么都懂，而客户什么都不懂，客户不如自己”而不去问，也不要怕“问多了，怕客户嘲笑自己愚笨”而不去问。此外，业务新手还要养成多听的习惯。倾听可以使人更能受到对方的尊重。

2. 从简单做起，让客户对自己产生信任感　很多刚从学校毕业的业务新手，一下市场，就想管理大的区域，就想做非常好的销售业绩。有这些想法固然是好事情，但由于受社会经验、专业知识、销售技能等因素的制约，业务新手要马上单独运作和管理好一个县级或市级市场甚至更大区域的市场，难度很大。业务新手刚刚接手业务时，只有从简单的事做起，从容易的事做起，做出成绩来，让客户对自己产生信任感。

（1）从最小的区域市场单元做起。业务新手开始管理的区域不应过大，每个行业每个厂家都有自己最小的区域市场单元，业务新手可以选择从厂家最小的区域市场单元做起。

选择从最小的区域市场单元做起，对业务新手的成长及业绩提升很有好处：一是管理区域小，业务新手市场拓展与市场管理的目标与思路比较明确，知道应该做什么，应该怎么做；二是管理区域小，相对更容易操作一些，操作成功的机会也要大些；三是便于业务新手树立信心。

（2）从最简单和最基础的工作开始。销售工作是一项复杂且充满挑战性的工作，活动内容主要包括区域市场调查、竞争对手分析、市场开发计划、客户资信调查、客户开发、客户管理与维护、终端网点建设、终端促销、产品投诉处理等。同时，开发与管理的对象也很多，有经销商、零售商、消费者等。而业务新手要将每项销售活动执行到位，将每个层级的客户开发与管理好，确实有难度。

业务新手可以从走访零售店，帮助零售店做促销等基础性工作开始，积累产品知识和销售技能，逐步取得客户的认可与信任，最终达到驾驭和管理客户乃至整个区域市场的目的。

3. 与客户共同销售，用业绩赢取客户充分信赖　通过做人，销售人员拉近了与客户的距离。通过从简单做起，使客户对你产生信任感。但做销售，最终的结果是销售业绩，是销量的持续增长和市场份额的不断提升。接下来，业务新手还应深入下去，将客户的激情充分调动起来，与客户共同开发与管理市场，获取良好的市场业绩，最终使自己成为客户的合作伙伴，让客户感觉和你合作是最好的选择。

（1）帮助客户重新调研、分析与规划市场。业务新手通过全面的市场调研与数据分析，评估客户的机会、威胁、优势与劣势，制订客户现在与未来的市场发展规划，包括经营定位、发展区域、网点布局与选择标准、经营产品定位与策略、价格策略、促销政策等。

（2）与客户共同开发与培育网点。业务新手动员客户亲自或与其业务员一起前往市场一线，根据客户发展的总体规划与要求，搜索、物色、开发和培育新的网点，不断壮大客户的分销网络。

（3）与客户共同管理市场。业务新手主动帮助客户管理市场，包括区域市场的渠道冲突控制、价格维护与控制、下线网点管理、竞争策略制定与调整等。

（4）帮助客户提高经营管理水平。业务新手除了业务上帮助客户提升外，还应成为客户的经营管理顾问，通过培训、现场指导、传、帮、带等方式帮助客户提高其财务管理水平、销售管理水平、人力资源管理水平。

【练习与思考】

1. 试述客情关系有哪几个方面。
2. 试述客情关系维护的主要策略。
3. 试述新业务员客情关系维护的主要策略。

任务6 农药新产品推广策略

【知识目标】

1. 农药新产品开发推广的意义；
2. 农药新产品推广的主要工作；
3. 农药新产品的具体推广策略；
4. 农药新产品推广的借助力量。

【技能目标】

1. 掌握农药新产品的营销策略；
2. 掌握农药新产品的具体推广策略；
3. 学会如何善于借助相关力量进行农药新产品推广。

随着农药市场由卖方市场转向买方市场，农药的营销环境在逐步发生变化，农药产品品种已由匮乏到品类丰富，由产品供不应求到供大于求，复配农药品种多得让人眼花缭乱。

实践证明：企业只有老产品，经销商会出现审美疲劳，农作物也会出现抗性；光卖老产品，通路渠道的利润空间越来越狭窄，企业难以操作；逐步淘汰老产品，是企业提高进步的表现，也是渠道开发的需要。没有配方一成不变而销量一直很好的产品，只有不断更新变化的产品；企业的发展是一个逐步淘汰老产品、推广新产品的进化过程。

面对农药市场同质化竞争日益激烈的形势，很多农药生产企业都十分重视新产品开发，期望通过开发新产品来寻找企业突破点和新增长点。但在不断开发新产品的同时也伴随着越来越多的困惑，有的是企业灵感突发认为自己找到了一个新的市场空白点，新产品开发迅速上马，结果产品还没有开发出来，后劲已明显不足；有的是企业开发第一个产品时推广很成功，市场形势看好，但第二个、第三个产品推广情况不尽如人意，本认为应该能迅速打开市场，但结果产品在市场上销量却一直徘徊不前；有些企业昔日的拳头产品现在成了市场上的大路货，市场已经开始萎缩，企业就被动地开发了很多新产品，但一直未能形成规模效应，面对着一批“鸡肋”产品发愁。尤其是随着复配农药新品种不断出现，农药企业普遍感觉新产品推广困难，产品不上量，客户不买账，到头来很多产品想尽千方百计花了不少钱办下农药登记证，利用各种途径进行了宣传推广，好不容易让农民得到认可，可仅仅是一年半载就成了明日黄花。

新产品是企业发展壮大的条件，是业务量提升的保证，也是企业和商家成长赢利的来源。企业的新产品得不到市场认可，很多是营销过程中缺乏配合，企业内部和外部分割，导致新产品开发成了企业研发部门的事情，而产品推广则是市场部门的事，销售则是销售部门的事，结果是企业研发部在努力研发新产品，市场部门也做了较为精彩的市场策划，但到头来却并未得到销售部门的认可。

要做好新产品的推广，应做好以下几方面工作：

一、产品开发定位要准

许多企业在新产品开发上，往往是人云亦云，开发的产品没有自己的特色，新包装袋里面装着旧的质量没变、颜色没变的老产品，却把它当成新产品宣传推广，仅仅是商品名和包装改变，销售区域改变，这种产品即使广告做得再好，宣传力度再大，恐怕也难以在市场上站住脚跟，只要经销商和农民一试验，立马就会露出马脚。因此企业对新产品的开发必须有针对性，必须以市场为转移，而不是一股脑地把所谓的各种产品都推向市场，使经销商摸不着头脑，分不清主次，最后生产厂家不仅浪费了钱财，也不利于企业形象树立。

对于新上市的农药产品企业一是要做好策划，策划是产品成功走向市场的基础，一个好的农药产品需要多方面的市场调研，根据市场需求开发生产的产品才会更有市场。策划时首先要做好剂型选择，研究好配方，让消费者感受到产品是新产品并对作物具有高疗效；二是要着重产品卖点提炼，寻找自己产品与众不同之处，使产品一问世便有丰富的内涵；三是要有一个好的商品名，让用户易记，通俗易懂；四是要有一个好的包装设计和规格定位，使产品让人过目不忘，有吸引力，从而赢得顾客的心；五是开发速度要快，国内农药生产厂家很多，你开发这个产品，其他公司也可以开发，这就需要农药产品策划者能以快制慢，争取很快进行产品登记，投放市场，抢占市场先机，做出自己优先品牌来，从而促进产品的销售。

二、新产品推广策略要新

没有远虑，必有近忧，新产品推广不但需要大量的投入，更需要精心的策划和坚决的执行。任何新产品在推广之前，都要充分考虑新产品的未来品牌推广、知识产权运用、市场上的产品发展趋势、国家的政策等长远因素，而后建立完善的产品推广战略并进行推广，从而使企业少走弯路，减少不必要的花费。一个新产品问世后，企业应在人力、物力、财力等方面下功夫，以便能更快地解决新产品上市所遇到的各种问题。

1. 制定新产品营销策略

（1）产品推广策划要详细。在新产品推广之前，企业应建立起完善的品牌推广手册，它将起到推广行动纲领的作用，产品推广手册包括产品推广口号、品牌定位、推广策略和渠道策略等。农药新产品初推阶段一般可选择进行新产品发布会，让企业技术人员或者邀请植保专家对产品进行介绍，让经销商初步了解产品性能、产品卖点、产品利润点、产品提成制度等新产品营销政策。新产品需要生产企业制定比较完善的利润梯度，保证批发商与零售商的利润，是启动市场的先决条件。

（2）产品促销活动要新颖。刚上市的新产品大家还不认识，就需要对经销商进行推广和农民消费者进行引导，让经销商和农民能够认识新产品，使其销售新产品或使用新产品。对产品促销采取的措施有免费试用、返利销售、有奖销售等，对消费目标市场采用地区电视广告支持、人员推广相结合的方式，尤其是现场推广极具说服力，推广专家和技术人员讲解，然后现场使用，通过效果说话，有的地方往往一个现场推广会能带来几万甚至十万的销售收入，从而更利于新产品在目标市场的推广，容易一炮走红。

（3）营销政策要灵活。新产品与老产品不同，老产品基本不需要公司进行产品推广与促销，经销商需要产品时候，一个电话业务员签单发货就可。而新产品由于市场局限，需要试销，产品量需求不确定因素多，就需要多市场时刻把握，确切地掌握市场动态与产品销售情况，及时总结产品推广及销售的经验，以利于提高并达到促进销售的目的。对于新产品营销政策可以适当调整，允许经销商赊欠部分货款，但必须年底前结清，也允许新产品优先生产、优先发货、优先推广等，并加大对新产品资金投入，以方便新产品的推广与促销等，协调好生产部门与销售部门的关系。

（4）新产品上市速度要快捷。在当今竞争激烈的环境中，速度决定一切，需要对市场深刻了解、快速反应。农药企业需要通过对市场趋势的及时分析、市场竞争态势的准确判断和对消费者心理的精准把握，从而作出精准的市场细分，进而完善对农药新产品营销体系，保证企业新产品在市场上的营销制胜。农药产品策划要快，登记要快，产品开发要快，产品生产线建立也要快，对于产品生产尽快进入销售渠道更要快，这样才可以迅速占领有利位置，赢得市场先机，获取先进市场的利润。

另外，不同的产品需要依据其产品特性建立自己的产品渠道，在不同的地方确定不同的宣传风格，有所侧重。在产品与目标市场定位上，可以避开品牌较多的中高端市场，切入市场竞争最薄弱环节，迅速在行业市场的金字塔消费结构的底端站稳脚跟，然后寻求向中高端突破，有了相当知名度后开始推出中高端产品以提升品牌形象。从而既减少了中间费用使最终零售价相对下降，也强化了对终端的掌控能力并提高终端拦截能力，掌握了销售通路的主动权，销售、服务反应迅速，独创的通路策略。

2. 新产品具体推广策略

（1）下乡进村讲课。为了让农民获得新农药更多的信息和科技知识，解决农民在使用上存在的疑难问题，下乡进村推广在重点地区是非常有效的。

①授课地点。村委会或者便于集中的地方。

②授课时间。提前一周需要确定。

③受训人员。种植户、科技示范户、农村“意见领袖”、喜欢尝试新生事物的农民。

④授课内容。综合防治的基本技巧，如何实现增产增收；如何辨别真假农资；如何轻松地防治病虫害；新产品机理及使用方法；使用新产品后的效益分析与成本核算等；现场讲课内容有奖问答。

⑤人员组织。当地经销商或者零售商。

⑥讲课人员。聘请植保技术专家或者企业自己的技术服务人员。

⑦会场布置。

硬件。电视机、VCD影碟机，或者投影机、笔记本电脑等。

软件。技术光盘、明白纸、宣传单页，制作幻灯片PPT。

很多企业在销售旺季来临前，开展“送电影下乡”活动，每场电影150～200元/晚，在放电影的中间，穿插企业广告宣传片（10分钟，分别3次），也是很有效的推广策略。

（2）大型专题促销活动。为了提高新产品在市场内的知名度，提高新产品的现场销量，在销售旺季到来时，由厂家与经销商共同组织大型专题推广促销活动，直接针对基层农民或者部分零售商等促销。

一般情况下，厂家安排咨询问题回复人员2人、播放光碟1人、分发传单1人、销售有奖礼品发放人员1人、主讲人1名。经销商方面的人员：开票人员、送货人员和司机等。活动现场指挥由厂家经理负责全局监控，经销商协助现场调度等事务。要各个环节都考虑清楚，否则会容易突发事故，将影响推广。

①厂家和经销商的共同职责。现场销售促销方案提前公布；监督指导宣传人员及礼仪人员工作；现场促销及宣传气氛地把握；产

品销售、奖品发放的指导及调配；有奖促销活动进程的控制；新闻媒体人员的接待与引导；防止竞争对手的干扰。

②厂家销售宣传业务人员职责。向到场参会人员就产品知识进行宣讲，并对提出如有关竞争对手产品等问题进行回答。活动的意义、重要性的讲述，提高现场士气和来者的信心。

③新闻宣传。通过政府部门邀请县级电视台进行现场追踪报道，尽可能最大限度地发挥活动效果，至少每天在县电视台连续两次播放。新闻的主题与无公害农资主题、现场标语、海报的口号相吻合，形成凝聚效果。

④活动的时间和地点。

时间。在时间上尽量让农民有空闲参与且在新产品的销售旺季之前。

地点。在地点上也要让农户方便到达，选在各县或乡镇驻地，而且要事前与城管、工商部门沟通好。促销活动持续时间 2～3 小时。

⑤活动实施步骤。

步骤一：请当地政府农业主管领导致辞。

步骤二：植保专家现场讲解新产品功效、使用方法、时间、浓度和注意事项，经济效益分析，典型案例介绍等。

⑥现场促销方案讲解。包括首次提货量、奖励限定期限（如一周有效）、设定奖励标准；购货有奖（如广告衫、笔记本、挂历、科普图书等），现场发放；穿插互动参与节目调节气氛，如有奖问答、脑筋急转弯、“买就赠”活动、使用者经验介绍（现身说法，要提前联系准备好）。

⑦总结。整理现场会资料。所属区域的种植面积、种植习惯；农民在种植中遇到的一些常见问题；参会人员资料；收集农民的反馈信息；总结经验并制订下一步工作计划；针对现场会反馈信息探讨如何开发潜在的客户，提高市场占有率、美誉度；电话或者短信联系，会后沟通跟踪。

（3）墙体广告促销。为了支持终端的销售工作和提高产品在目标市场内的知名度，持续提高产品销量和市场占有率，给目标市场一个视觉冲击，墙体广告是非常有效的。

①地点的选择。选择种植较集中便利的乡镇村组，在较显眼的地方如村口、交通要道等墙壁上粉刷描述新产品名称和效果的标语。语言尽量直观化。

②规格。面积 3～10 米^2；字数在 10 字左右，根据当地习惯和墙体选择相应的颜色和字体粉刷。

③数量。根据各乡镇种植面积等定制墙体广告粉刷数量。

④广告语。广告语要简洁精炼，卖点突出。如蚜克——蚜虫的克星、病毒特——病毒病的特效药、菌杀保果——杀菌又保果。

（4）电视广告促销。电视媒体的优势是传播辐射范围广、传播速度快、容易控制等。

①市场调查。

前期调查。电视台覆盖范围，区域内电视广告效果，电视台广告负责人、联系电话，广告费用优惠折扣等。

农户的调查。农户最爱看的电视节目及时段，区域内农户收视率情况。

②电视台的选择。如县级无线微波台，尽量不选择有线台（农村容易收看不到）；选择收视率高、覆盖面积广的频段进行播放。

③播放时间。根据产品销售季节而定。

④播放时段。选择在黄金时间晚 20：00～22：00，根据农时黄金季节可与当地县电视台联系，根据农民作息规律，确定播出时间。

⑤播放次数。至少 90 次以上，提前预告（广告要有持续性，最好在 3 个月以上，不可断断续续）。

⑥播放内容。新产品功效诉求（提供统一脚本，也可以屏幕飞字或者栏目角标广告）。

⑦费用结算。电视广告费用按次进行结算。

（5）零售商播放光盘促销。光盘播放能让农户从视觉和听觉上对产品有全面、系统的了解和认识。方案如下：

①播放光盘的条件。零售商要有较强执组织能力；与当地政府部门有良好的工作接触，能利用当地政府的资源优势宣传公司产品；对产品有一定的认知度，且有一定的忠诚度；能耐心地回答农户有关新产品及种植技术方面的问题；有敬业精神，能够吃苦耐劳；服务意识强，可以提供相关的农药信息。

②播放光盘。

硬件。电视机、VCD、企业产品光盘、放映场所（可容纳50人以上）。

软件。技术光盘。

③光盘播放网点的建立。光盘播放以重点专业村为单位，由零售商的业务员进行播放。同时，配售“送科技下乡”系列科普丛书销售。播放形式：依村组流动巡回播放。

④播放时间与次数。光盘的播放时间尽量安排在农户空闲时间，在产品的销售旺季到来前热播。

⑤利用“磁带＋喇叭＋车”模式在重点种植基地巡回播放。在销售旺季来临前，先制作好产品录音磁带，在微型车身外安上喇叭音响，在重点乡镇种植基地巡回播放高音喇叭，讲解产品知识，在田间地头来回播出。

（6）村级广播促销。农村广播辐射范围广、可信度强，可形成联动效应。

①广播促销的地点。专业村、对科技接受快的村组、不需要任何投资主动接受的农业种植基地。

②介入方法。通过经销商、零售商的关系网络进行攻关；由乡（镇）科技部门牵头、引荐；直接找村委会洽谈。

③广播促销的时间。销售旺季，黄金时间不得低于3次。

④广播内容。产品卖点、原理及使用方法介绍、典型案例介绍。

⑤县级广播电台。也可以在地县级广播电台进行电台广播宣传。

（7）明白纸促销。明白纸就是把产品理论变成农户易于接受的语言，把复杂的原理简单化，做到“四个一”，即让农户“一看就懂、一学就会、一用就灵、一算就明白”。

明白纸促销主要解决的是产品面向千家万户的普及问题，同时，充分发挥零售系统点多、面广的辐射优势，用明白纸宣传到村、入户到人。

①明白纸内容。企业制定标准内容和提供模板。

②明白纸发放。企业促销员下乡发放，每天800～1 000张，或者请人代发；代理商向零售商发放，零售商向农民发放（应避免造成浪费）。

③零售商明白纸促销。

柜台发放。在零售店内对农户进行宣传。

集市发放。在农户集中的集贸市场（或赶集）设立宣传点进行明白纸促销发放。

张贴宣传。在农户比较集中注意的地方张贴宣传画、明白纸进行宣传。

（8）试验示范推广促销。为了让农民更真实地认识和了解新产品的使用效果及操作规程，解决农民在生产过程中遇到的疑难问题，更好地服务于农民，使产品知名度得到进一步提升，可召开小型试验示范现场会。具体程序如下：

①科技试验示范户的确定标准。有一定的种植经验，在当地有一定的影响力，能起到模范带头作用；善于与人沟通，有良好的人际关系，能够传播影响他人；有较强的组织能力，能协助公司组织产品推介会、技术交流会等活动。与当地政府部门有良好的工作接触，能利用当地政府的资源优势宣传公司产品；能耐心回答有关产品及种植管理技术方面的问题；成为示范户后不能再使用市场上的同类其他产品，对市场上出现的同类产品能及时反馈，并配合厂家做好对比试验示范；可免费使用厂家提供的一定量的试验样品。提前选好示范田（交通便利的大路口），制作插牌，要求确保试验示范效果。

②参观人员的召集。确定试验示范田间现场会的召开时间，由终端销售人员、示范户或村支部召集本村、邻近的农户参加。与政府部门沟通，邀请相关媒体记者参与活动。

③会前布置。试验示范田围悬挂主横幅（活动主题：××新产品应用效果示范现场会）一条，产品条幅（功能及特点）数条。除主横幅可略长、略宽外，其余条幅均要求色标一致；显眼处张贴海报、咨询人员散发彩页、技术资料；展板摆放在活动场所两侧或斜前方，用展板表述内容包括：企业简介、产品介绍、活动须知等。

④试验示范现场会的召开程序。

步骤一：参加现场会人员签到。包括农户的姓名、联系方式、住址、种植种类面积等；

步骤二：由科技示范户讲述产品使用效果及种植经验。包括使用产品时间、用量、效果反馈和注意事项，对比药剂的劣势和不足，综合成本效益分析等。

步骤三：企业人员现场讲解产品相关知识，解答农户提出的问题。

步骤四：现场产品销售推广及“送科技下乡”科普系列丛书。

步骤五：示范现场会总结。请当地植保技术人员对试验示范结果进行评述和总结。

（9）种植基地企业大客户促销。大型种植基地企业（农场、果园、茶园、基地）是农药市场中的大客户，消费能力和水平都非常高，具有“消费专家”影响带动作用。对基地企业进行市场公关一定要讲策略，否则很难开展。

①业务切入点。搜集种植基地企业的真实信息。其中包括：基地的社会环境关系、客户在种植方面的需求；客户急需解决的问题；对客户技术顾问情况的了解；客户的消费情况等。

根据调查的情况确定重点切入方式：间接切入——熟人关系介绍；直接切入——关于客户的问题，提出解决方案；迂回切入——寻找客户的技术顾问，让其给客户提出建议需求。

②正面接触——产品宣导。选择了合理的切入方式后，进入与客户面对面接触阶段，此阶段切记不要着急卖货，或问客户“您要多少货”之类的话，要做好明确的产品宣导工作，向客户提供一项

能够解决问题的技术方案。

③产品试验。有一部分客户还是关心用上产品后究竟效果怎么样，对于客户这样的心理，应采取试验方式进行解决。

试验方法。根据企业产品试验操作规程进行。

试验结束后，用实验结果和客户沟通，达成订货。

④订货阶段。

客户订货方式。通过沟通直接订货；试验后看到效果订货。

为了解除客户的顾虑心理，有要求的客户可采取协议订货原则。约定供货方式，送货上门；约定付款方式，货到付款；约定其他服务、技术指导等。

对客户采取赠货促销。进货量达到一定数量时，进行产品奖励，订大批量产品时，直接奖励产品，用产品奖励的方式激励相关技术人员，可协商赠其他不同品种的产品。

⑤客户回访。在客户购买产品后，实行售后回访。回访目的是和客户沟通感情，使其坚持长期使用产品和进行产品使用跟踪，及时促成再次进货。同时，对客户存在的问题帮助提出解决方案，增强客户依赖心理。再者，通过回访还可以总结整理客户使用产品效果，形成大客户成功案例等。

（10）事件营销。事件营销是通过借势和造势提高企业或产品的知名度、美誉度，树立良好品牌形象，并最终促成产品或服务的销售活动。

①业内著名专家策略。当用户不再把价格、质量当作购买顾虑时，利用众所周知的专家的知名度去加强产品的附加值，可借此培养客户对该产品的忠诚感情，赢得客户对产品的购买行为。

②突发问题策略。利用农业突发事件，结合产品的核心价值不失时机地将其联系在一起，如碰上冻害、除草剂药害、倒春寒、干热风、作物大面积发生苗期病害、农产品出口遭遇退货或销毁、进超市过不了药残检测关或其他企业质量不达标等突出问题，来达到借力发力的传播效果。

通过策划、组织和制造具有新闻价值的事件，吸引媒体、社会团体和农户的兴趣与关注。

③舆论策略。通过与相关媒体合作，发表大量介绍和宣传产品或服务的软文，以理性的手段传播自己。

④联合组织活动策略。为推广产品而组织策划的一系列宣传活动，吸引消费者和媒体的眼球达到传播自己的目的，被称为联合组织活动策略。如与农业部门合作开展“送科技下乡”活动，与农业执法大队在“3·15”期间合作开展“辨别真假农资”等打假扶优活动。

⑤提炼概念策略。心理市场和产品市场同时启动，先推广一种观念和概念，有了观念和概念，产品市场慢慢就会做好。结合产品的表现形式：把产品与某一例具体的病虫草害联系在一起，把产品定位细化，如龙克菌——专业防治细菌病害；病毒特——病毒病的特效药等，一个产品提炼一个口号和概念。

三、推广要善于借力

1. 借助专业机构 企业在召开推广会时，往往要召开新闻发布会、新产品说明会等各种形式的会议和宣传活动。虽然这都是一些非常好的活动，但由于厂家和经销商准备不充分，不仅没有达到预想的效果，反而让客户觉得企业不够成熟，营销意识不强。如有的经销商在事前承诺会有多少观众来参观，有多少基层零售商来签订合同，而真正在开会时，企业才发现来的客户非常少。有一些参观者来参加是为了向企业索要点纪念品，对企业散发的宣传材料并不关心，随便看一眼就随手扔掉了，结果弄得会议处彩纸飞扬，会议召开后不久，现场就只剩下农药生产企业人员和经销商。

应该说企业的组织人员大都是从自身考虑，往往对市场的整个环境并不熟悉，不论在实战经验还是专业度上都有一定的欠缺。因此企业可适时借助专业机构来进行，可通过专业的策划公司，对整个活动的前期准备、会期组织和会后答谢进行一个良好的策划，这样不仅可提高企业效率，节约资金，而且还会加大成功率，同时企业还应借助报刊、电视台等新闻媒体的力量，对公司和招商活动进行详细的宣传报道，使会议办的有声有色，这样才会更好吸引经销商，达到理想效果。

2. 借助企业的老产品　一些企业在老的拳头产品一炮走红、成为一些地方农民使用农药的首选药后，企业便计划借优势品牌力量将其他新产品顺利推出。通过利用现有渠道进行销售，不仅减少新产品的市场开发费用，而且会使新旧产品在市场上形成组合搭配，更好地满足农民的不同需求。但如果缺乏科学合理的产品定位及投资组合，往往会适得其反，不仅新产品推广没做好，反而还会对原优势品牌产生影响。

企业在新产品上市时，应对新老产品之间进行协同性组合，发挥出各自优势，形成优劣势互补。如原有产品不适应市场或处于急剧的市场衰退时，企业就应对原有产品进行快速低调处理，维持旧产品的销售政策不变，同时为了争夺市场，并尽可能多地获取利润，应加强对新产品的宣传和促销，将大部分经销商转入新产品的销售。

同时，根据新旧产品在市场上同期销售的比率及时制订相应的返利比例，达到延长旧产品的销售期、加速新产品更换等不同的目的。当然不能让老产品阻碍了新产品的开发，拳头产品作为企业销售的主流利润来源，企业往往会对拳头产品的市场份额过于乐观估计，认为自己的产品一定会有十分稳定而长期的市场，从而忽视了新产品的开发，推广力度跟不上，对市场反应不够迅速，从而影响了企业的正常经营。新产品开发和推广必须有前瞻性、计划性，不能盲目乐观，不能让老产品成了新产品的绊脚石。

四、企业要讲信用

很多企业为了能提高市场占有率，在举行招商会和推广会时，常常夸大其词，只要能和经销商签订合同，能预交货款就行，至于其可行性如何，根本不去考虑。结果等签了合同后，到用药旺季到来之际，厂家单方提高出厂价格，经销商不交款不付货，由于经销商已经预交货款，而又没有再和别的厂家签订合同，为保证旺季销售，只好吃个哑巴亏。还有的企业由于在年底前签订合同太多，企业根本没有相应的生产能力，等来年由于原材料供应不及时，无法及时给经销商供货，这也是一些企业年前红火一阵，结果在第二年由于不讲信用而失去经销商的信任、无人问津的重要原因。同时还要注重在推广时对农民的承诺兑现，如有的承诺帮助农药现场诊断配药，而等推广会结束时，农民真的邀请厂家和经销商到其农田中进行服务时，其却又百般推托，如此便会失去农民的信任，结果一传十，十传百，农民就会对生产厂家和经销商不那么相信了。

【练习与思考】

1. 试述农药新产品的主要营销策略。
2. 试述农药新产品的具体推广策略。
3. 试述如何开展大型专题促销活动。
4. 试述如何进行试验示范推广促销。

参考文献

张兴．2008．农药营销管理学［M］．北京：中国农业出版社．

曾峰．2011．海南热带农产品绿色营销通论［M］．北京：中国经济出版社．

毕璋友．2009．农药应用与管理［M］．重庆：重庆大学出版社．

李治民．2008．农资农家店营销员培训教材［M］．北京：金盾出版社．

陈光全．1991．农药营销管理指南［M］．北京：中国商业出版社．

昆明市植保植检站．2006．农药经营和使用基础知识［M］．昆明：云南科技出版社．

农业部人事劳动司．2006．农资营销员［M］．北京：中国农业出版社．

沈晋良．2002．农药加工与管理［M］．北京：中国农业出版社．

刘兴华，陈维信．2002．果品蔬菜贮藏运销学［M］北京：中国农业出版社．

柏生，张伟．2004．多维广告战：108 个成功策略及经典案例［M］．北京：中国经济出版社．

钱为家．2010．全球战略 CSR 案例报告：第四代企业的价值驱动优势［M］．北京：中国经济出版社．

走进小康丛书编委会．2009．创业知识与技能［M］．银川：宁夏人民出版社．

王志刚．2006．市场、食品安全与中国农业发展［M］．北京：中国农业科学技术出版社．

中国农药信息网 http：//www.chinapesticide.gov.cn/

中国农药网 http：//www.agrichem.cn/

中国农药咨询网 http：//www.ny114.cn/

农药工业网 http：//www.ccpia.com.cn/

中国农药工业协会 http：//www.ccpia.org.cn/

图书在版编目（CIP）数据

农药使用与推广／陈勇兵主编．—北京：中国农业出版社，2013.11（2024.1重印）
ISBN 978-7-109-18446-6

Ⅰ．①农…　Ⅱ．①陈…　Ⅲ．①农药施用-中等专业学校-教材　Ⅳ．①S48

中国版本图书馆CIP数据核字（2013）第239103号

中国农业出版社出版
（北京市朝阳区农展馆北路2号）
（邮政编码 100125）
责任编辑　刘　佳　舒　薇
文字编辑　浮双双

中农印务有限公司印刷　　新华书店北京发行所发行
2014年4月第1版　　2024年1月北京第5次印刷

开本：880mm×1230mm　1/32　　印张：9.5
字数：250千字
定价：35.00元